高等学校教材

大学物理

（下）

主　编　黄仙山

副主编　何贤美　夏金德　韩玉峰

参　编　（按姓氏笔画排序）

丁成祥　马建军　王　东

王　斌　刘　畅　刘　剑

刘厚通　吴建光　邹　勇

唐绪兵　莫绪涛　巢梨花

冀月霞

合肥工业大学出版社

图书在版编目(CIP)数据

大学物理/黄仙山主编．—合肥：合肥工业大学出版社，2014.12
ISBN 978-7-5650-2019-3

Ⅰ.①大…　Ⅱ.①黄…　Ⅲ.①物理学—高等学校—教材　Ⅳ.①04

中国版本图书馆 CIP 数据核字(2014)第 261248 号

大学物理(上、下)

黄仙山　主编　　　　责任编辑　汤礼广　王路生

出　版	合肥工业大学出版社	**版　次**	2014 年 12 月第 1 版
地　址	合肥市屯溪路 193 号	**印　次**	2015 年 2 月第 1 次印刷
邮　编	230009	**开　本**	710 毫米×1000 毫米　1/16
电　话	理工编辑部：0551-62903087	**印　张**	32.75
	市场营销部：0551-62903198	**字　数**	600 千字
网　址	www.hfutpress.com.cn	**印　刷**	合肥星光印务有限责任公司
E-mail	hfutpress@163.com	**发　行**	全国新华书店

ISBN 978-7-5650-2019-3　　　　定价：68.00 元(上册 38.00 元、下册 30.00 元)

本书中物理量的名称、符号和单位

量的名称	符号	单位名称	单位代号	备注
长度	L,S	米	m	
面积	S	平方米	m^2	
体积	V	立方米	m^3	1L(升)$=10^{-3}m^3$
时间	t	秒	s	
位移	$s,\Delta r$	米	m	
速度	v,u	米每秒	m/s	
加速度	a	米每二次方秒	m/s^2	
角位移	θ	弧度	rad	
角速度	ω	弧度每秒	rad/s	
角加速度	β	弧度每二次方秒	rad/s^2	
质量	m	千克	kg	
力	F	牛顿	N	$1N=1kg\cdot m/s^2$
重力	G	牛顿	N	
功	W,A	焦耳	J	$1J=1N\cdot m$
能量	E,W	焦耳	J	
动能	E_k	焦耳	J	
势能	E_p	焦耳	J	
功率	P	瓦特	W	$1W=1J/s$
摩擦因数	μ			
动量	p	千克米每秒	$kg\cdot m/s$	
冲量	I	牛顿秒	$N\cdot s$	
力矩	M	牛顿米	$N\cdot m$	
转动惯量	J,I	千克二次方米	$kg\cdot m^2$	
角动量(动量矩)	L	千克二次方米每秒	$kg\cdot m^2/s$	
压强	p	帕斯卡	Pa	$1Pa=1N/m^2$

（续表）

量的名称	符号	单位名称	单位代号	备注
热力学温度	T	开尔文	K	
摄氏温度	t	摄氏度		$t=T-273.15$
摩尔质量	M	千克每摩尔	kg/mol	
分子质量	m_0	千克	kg	
分子有效直径	d	米	m	
分子平均自由程	$\bar{\lambda}$	米	m	
分子平均碰撞频率	$\bar{Z}$	次每秒	1/s	
分子数密度	n	每立方米	$1/m^3$	
热量	Q	焦耳	J	
比热容	c	焦耳每千克开尔文	J/(kg·K)	
质量热容	C	焦耳每开尔文	J/K	
定容摩尔热容	$C_{V,m}$	焦耳每摩尔开尔文	J/(mol·K)	
定压摩尔热容	$C_{p,m}$	焦耳每摩尔开尔文	J/(mol·K)	
比热容比	γ			
黏度	η	帕秒	Pa·s	
热导率	k	瓦每米开尔文	W/(m·K)	
扩散系数	D	二次方米每秒	m^2/s	
熵	S	焦耳每开尔文	J/K	
电流	I	安培	A	
电荷量	Q,q	库仑	C	
电荷线密度	λ	库仑每米	C/m	
电荷面密度	σ	库仑每平方米	C/m^2	
电荷体密度	ρ	库仑每立方米	C/m^3	
电场强度	E	伏特每米	V/m,N/C	
电势	V	伏特	V	1V/m=1N/C
电势差、电压	U	伏特	V	
电容率	ε	法拉每米	F/m	
真空电容率	ε_0	法拉每米	F/m	

（续表）

量的名称	符号	单位名称	单位代号	备注
相对电容率	ε_r			
电偶极矩	p, p_e	库仑米	C·m	
电极化强度	P	库仑每平方米	C/m^2	
电极化率	χ_e			
电位移	D	库仑每平方米	C/m^2	
电位移通量		库仑	C	
电容	C	法拉	F	1F=1C/V
电流密度	j	安培每平方米	A/m^2	
电动势	ε	伏特	V	
电阻	R	欧姆	Ω	1Ω=1V/A
电导	G	西门子	S	1S=1A/V
电阻率	ρ	欧姆米	Ω·m	
电导率	γ	西门子每米	S/m	
磁感应强度	B	特斯拉	T	$1T=1Wb/m^2$
磁导率	μ	亨利每米	H/m	
真空磁导率	μ_0	亨利每米	H/m	
相对磁导率	μ_r			
磁通量	Φ	韦伯	Wb	1Wb=1V·s
磁化强度	M	安培每米	A/m	
磁化率	χ_m			
磁场强度	H	安培每米	A/m	
线圈的磁矩	P_m, m	安培平方米	$A \cdot m^2$	
自感	L	亨利	H	1H=1Wb/A
互感	M	亨利	H	
电场能量	W_e	焦耳	J	
磁场能量	W_m	焦耳	J	
磁能密度	w_m	焦耳每立方米	J/m^3	

前　言

大学物理为高等学校理工类专业的一门重要的基础课程，它的主要任务是为工程应用型人才的成长较系统地打下必需的物理学基础，同时培养学生初步掌握科学理论的学习方法和解决实际问题的基本方法，增强学生学习其他专业知识的能力，开阔学生视野，激发学生探索和创新的欲望，提高学生的综合素质。

为适应教学改革的新形势，进一步提高大学物理课程的教学质量，选择合适的教材就显得至关重要。为此，安徽工业大学应用物理系教师，结合自己多年的教学经验并吸收当前国内外大学物理课程教材编写的许多长处，集体编写了这本《大学物理》(上、下)教材。

本教材按照120学时设计(供选择)，分为上下两册，共有18章。上册主要内容有力学、气体动理论和热力学基础、机械振动、机械波和波动光学等。下册主要内容有电磁学、狭义相对论和量子力学基础等。全书内容一般按照大多数高校的课堂教学顺序进行编排，这也与学生的认识过程以及物理规律的表现基本一致。

编者的初衷是为一般工科院校的本科生提供一套难度适中、深入浅出、篇幅不大、易教易学的大学物理教材，但在编写过程中，编者充分体会到了实现这一目标的困难与艰辛。令编者自豪的是，在困难面前，编者不仅没有止步，而且对本教材的编写还进行了适当地探索和创新。

首先，本教材对力学中质点运动学和质点动力学的内容进行了浓缩，原因是大学新生在学习大学物理之前已经在中学上了五年的物理课，再加上多年的应试教育和题海战术训练，给他们中间的许多人造成了物理课"概念抽象、内容繁多、题目难解、上课枯燥"的印象。正是出于此原因，因此本教材在力学部分中对学生已烂熟于心的力学概念不再用浩繁篇幅加以论述，而是大胆进行了简化；另外，将微积分、矢量运算等高等数学工具应用于力学概念和定理的表述，尽量做到令人有耳目一新之感。

其次，本教材打破以往大多数《大学物理》教材将电磁学放在上册的惯例，取而代之的是机械振动、机械波和波动光学。因为这些内容虽各自独立,可相互间又紧密联系,因此与上册内容放在一起,易教易学;另外,编者在多年的教学过程中还发现如果将电磁学安排在上册,学生在学习这部分内容时由于还没有掌握足够的高等数学知识,因此往往对微积分的学习会产生畏惧心理,再加上电磁学概念晦涩,从而会让有些学生丧失学习热情。

本教材的最大特点是思路清晰,表达准确,深入浅出,能让学生乐于阅读。本书在讲解物理学中的基本概念和基本原理时,力求避免使用一些艰涩的术语和复杂的公式;对重要的概念和原理,几乎都配有例题。为了便于教学,编者将可以作为选讲内容和适合学生自学的内容,在书目中特意用"*"标出;另外,还为各章配有一定量的思考题和习题,并提供了参考答案。

本教材的编写凝聚了安徽工业大学大学物理教研室绝大部分一线教师的心血。本教材编写分工如下:第1～3章,刘畅;第4章,丁成祥;第5章,刘剑、冀月霞;第6章,马建军;第7章,邹勇;第8章,王斌;第9～10章,莫绪涛;第11章,何贤美;第12章,吴建光;第13章,王东;第14章,夏金德;第16章,巢梨花;第17章,刘厚通;第18章,唐绪兵;第15章及各章后的习题和答案,韩玉峰。全书由黄仙山统稿。

最后,感谢安徽工业大学招生办主任张清教授对本书的编写工作提出了许多宝贵意见,感谢安徽工业大学数理学院副院长孙文斌同志对本书的编写工作给予的大力支持,在此也对在编写过程中给予各种帮助的其他同仁表示诚挚的谢意。另外,还要感谢合肥工业大学出版社的编辑,他们为本书的顺利出版付出了同样的辛勤劳动。

教学是一门艺术,编写出好教材则可让这门艺术大放光彩。本书的成功编写是我们大学物理教研室的教师对多年教学实践的经验总结和对教学创新的有益尝试。鉴于编者水平有限、编写时间仓促,本书难免存在疏漏和不当之处,敬请读者批评指正。

编　者

目　　录

下　册

电磁学篇

近代物理学篇

电磁学篇

静电和静磁现象很早就被人类发现。由于摩擦起电现象，因此十八世纪以前，人们一直采用这类摩擦起电机来研究静电场，其代表人物如本杰明·富兰克林。人们在这一时期主要了解到了静电力同性相斥、异性相吸的特性、静电感应现象以及电荷守恒原理。

库仑定律是静电学中的基本定律，其主要描述了静电力与电荷电量成正比、与距离的平方成反比关系。人们曾将静电力与在当时已享有盛誉的万有引力定律做类比，发现彼此在理论和实验上都有很多相似之处。其间苏格兰物理学家约翰·罗比逊和英国物理学家亨利·卡文迪什等人都进行过实验，验证了静电力的平方反比律；法国物理学家库仑于 1784 年至 1785 年间进行了著名的扭秤实验，证实了静电力的平方反比律；库仑在其后的几年间还研究了磁偶极子之间的作用力，得出了磁力也具有平方反比律的结论。不过，他并未认识到静电力和静磁力之间有何内在联系，他一直将电力与磁力吸引和排斥的原因归结于假想的电流体和磁流体——具有正和负区别的、类似于“热质”的无质量物质。

库仑发现了磁力和电力一样遵守平方反比律，但他没有进一步推测两者的内在联系，然而人们在自然界中观察到的电流的磁现象（如富兰克林在 1751 年发现了放电能将钢针磁化）促使着人们不断地探索这种联系。首先发现这种联系的人是丹麦物理学家奥斯特，他本着磁力和电力一定有内在联系的信念进行了一系列有关的实验，最终于 1820 年发现接通电流的导线能对附近的磁针产生作用力，这种磁效应是沿着围绕导线的螺旋方向分布的。

在奥斯特发现电流的磁效应之后，法国物理学家让-巴蒂斯特·毕奥和费利克斯·萨伐尔进一步详细研究了载流直导线对周围磁针的作用力，并确定其磁力大小正比于电流强度、反比于距离、方向垂直于距离连线，这一规律被归纳为著名的毕奥-萨伐尔定律。而法国物理学家安德烈-玛丽·安培在奥斯特的发现仅一周之后(1820 年 9 月)就向法国科学院提交了一份更详细的论证报告，同时还论述了两根平行载流直导线之间磁效应产生的吸引力和排斥力。在这期间安培进行了四个实验，分别验证了两根平行载流直导线之间作用力方向与电流方向的关系、磁力的矢量性，确定了磁力的方向垂直于载流导体以及作用力大小与电流强度和距离的关系。安培还在数学上对作用力进行了推导，得到了普遍的安培力公式，这一公式在形式上类似于万有引力定律和库仑定律。1821 年，安培从电流的磁效应出发，设想了磁效应的本质正是电流产生的，从而提出了分子环流假说，认为磁体内部分子形成的环形电流就相当于一根根磁针。1826 年，安培从斯托克斯定理推导得到了著名的安培环路定理，证明了磁场沿包围产生其电流的闭合路径的曲线积分等于其电流密度，这一定理成为了麦克斯韦方程组的基本方程之一。安培的工作揭示了电磁现象的内在联系，将电磁学研究真正数学化，成为物理学中又一大理论体系——电动力学的基础。麦克斯韦称安培的工作是“科学史上最辉煌的成就之一”，后人称安培为“电学中的牛顿”。

在奥斯特发现电流磁效应之后的 1821 年，英国《哲学学报》邀请当时担任英国皇家研究所实验室主任的法拉第撰写一篇电磁学的综述，这也导致了法拉第转向电磁领域的研究工作。法拉第考虑了奥斯特的发现，也出于他同样认为自然界的各种力能够相互转化的信念，猜想电流应当也如磁体一般，能够在周围感应出电流。他在实验中发现对于两个相邻的线圈 A 和 B，只有当接通或断开线圈 A 时，线圈 B 附近的磁针才会产生反应，也就是此时线圈 B 中产生了电流。如果维持线圈 A 的接通状态，则线圈 B 中不会产生电流，法拉第意识到这是一种瞬态效应。一个月后，法拉第向英国皇家学会总结了他的实验结果，他发现产生感应电流的情况包括五类：变化中的电流、变化中的磁场、运动的稳恒电流、运动的磁体和运动的导线。法拉第电磁感应定律从而表述为：任何封闭电路中感应电动势的大小，等于穿过这一电路磁通量的变化率。不过此时的法拉第电磁感应定律仍然是一条观察性的实验定律，确定感应电动势和感应电流方向的是俄国物理学家海因里希·楞次，他于 1833 年总结出了著名的楞次定律。法拉第定律后来被纳入麦克斯韦的电磁场理论，从而具有了更简洁更深刻的意义。

法拉第另一个重要的贡献是创立了力线和场的概念，力线实际是否认了超距作用的存在，这些思想成为了麦克斯韦电磁场理论的基础。爱因斯坦称其为“物理学中引入了新的、革命性的观念，它们打开了一条通往新的哲学观点的道路”,意为场论的观念是有别于旧的机械观中以物质为主导核心的哲学观念。

麦克斯韦对电磁理论的贡献是里程碑式的。麦克斯韦自1855年开始研究电磁学,1856年他发表了首篇论文《论法拉第力线》,其中描述了如何类比流体力学中的流线和法拉第的力线,并用自己强大的数学功底重新描述了法拉第的实验观测结果,这部分内容被麦克斯韦用六条数学定律概括。1861年至1862年间,麦克斯韦发表了第二篇电磁学论文《论物理力线》,在这篇论文中麦克斯韦尝试了所谓“分子涡流”模型,他假设在磁场作用下的介质中存在大量排列的分子涡流,这些涡流沿磁力线旋转,且角速度正比于磁场强度,分子涡流密度正比于介质磁导率。这一模型能很好地通过近距作用之说来解释静电和静磁作用以及变化的电场与磁场的关系。更重要的是,它预言了在电场作用下的分子涡流会产生位移,从而以势能的形式储存在介质中,这相当于在介质中产生了电动势,这成为了麦克斯韦预言位移电流存在的理论基础。1865年麦克斯韦发表了他的第三篇论文《电磁场的动力学理论》,在论文中他坚持了电磁场是一种近距作用的观点,指出“电磁场是包含和围绕着处于电或磁状态的物体的那部分空间,它可能充有任何一种物质”。至此,麦克斯韦提出了电磁场的一共包含有20个方程的方程组。1887年至1888年间,赫兹通过他制作的半波长偶极子天线成功接收到了麦克斯韦预言的电磁波,即电磁波是相互垂直的电场和磁场在垂直于传播方向的平面上的振动,同时赫兹还测定了电磁波的速度等于光速。赫兹实验证实电磁波的存在是物理学理论的一个重要胜利,同时也标志着一种基于场论的更基础的物理学即将诞生。爱因斯坦盛赞法拉第、麦克斯韦和赫兹的工作是“牛顿力学以来物理学中最伟大的变革”,而“这次革命的最大部分出自麦克斯韦”。

本篇主要介绍静电场和稳恒磁场的规律以及电磁感应规律。

第 11 章 真空中的静电场

相对于观察者为静止的电荷所激发的电场,称为静电场。本章我们研究真空中静电场的基本特性,并从电场对电荷有力的作用,电荷在电场中移动时电场力对电荷做功这两个方面,引入描述电场的两个重要物理量:电场强度和电势。同时介绍反映静电场基本性质的场强叠加原理、高斯定理以及场强的环路定理,特别介绍了应用高斯定理求解具有对称性分布的电荷所产生的场强的方法。静电场是电磁学的入门,本章所介绍的一些概念、规律以及处理问题的方法贯穿于整个电磁学中,在学习过程中应注意提高这方面的能力。

§11-1 电荷 库仑定律

1. 电荷

人们对于电的认识,最初来自人为的摩擦起电现象和自然界的雷电现象。事实上,两个不同质料的物体,例如丝绸和玻璃棒,经互相摩擦后,都能吸引羽毛、碎纸片等轻微物体。表明这两个物体经摩擦后,处于一种特殊状态,我们把处于这种状态的物体称为带电体,并说它们分别带有电荷。

实验证明,物体或微观粒子所带的电荷有两种,而且自然界也只存在这两种电荷,即正电荷和负电荷。带同号电荷的物体互相排斥,带异号电荷的物体互相吸引。静止电荷之间的相互作用力称为静电力。根据带电体之间的相互作用力的大小,我们能够确定物体所带电荷的多少。表示电荷多少的量称为电量,常用符号 Q 或 q 表示,在国际单位制(SI)中,电量的单位是库仑,符号为C。

(1) 电荷守恒定律

借助于摩擦、感应、极化均可起电。比如为什么摩擦可以使物体带电呢?我们知道,常见的宏观物体(实物)都由分子、原子组成,而任何元素的原子都由一个带正电的原子核和一定数目的绕核运动的带负电的电子所组成,原子核又由带正电的质子和不带电的中子组成。每一个质子所带正电荷量和一个电子所带负电荷量是等值的，通常用$+e$和$-e$来表示。在正常情况下，原子内的电子数和原子核内的质子数相等，从而整个原子呈电中性。由于构成物体的原子是电中性的，因此，通常的宏观物体将处于电中性状态，物体对外不显示电的作用，而当两种不同质料的物体相互紧密接触时，有一些电子会从一个物体迁移到另一个物体上去，结果使两物体都处于带电状态。因此所谓起电，实际上是通过某种作用破坏了物体的电中性状态，使该物体内电子不足或过多而呈带正电或带负电状态。通过摩擦可使两物体间接触面增大且更紧密，同时，还可使接触面的温度升高，促使更多的电子获得足够的动能，易于在两物体的接触面间迁移，从而使物体明显处于带电状态。

大量实验证明，无论是摩擦起电的过程，还是用其他方法使物体带电的过程，正负电荷总是同时出现的，而且这两种电荷的量值一定相等。当两种等量的异号电荷相遇时，则互相中和，物体就不带电了。由此可见，在一个与外界没有电荷交换的系统内，无论进行怎样的物理过程，系统内正、负电荷量的代数和总是保持不变，这就是由实验总结出来的电荷守恒定律，电荷守恒定律与能量守恒定律、角动量守恒定律一样，是自然界中的基本定律。

(2) 电荷的量子性

当一种物理量只能以分立的、不连续的数量存在时，我们就说这种物理量是量子化的。到目前为止的所有实验表明，电子或质子是自然界带有最小电荷量的粒子，密立根在其著名的油滴实验中直接测得电子电荷的数值$e=1.6\times10^{-19}$ C。任何带电体或其他微观粒子所带的电荷量都是电子或质子电荷量的整数倍。这个事实说明，物体所带的电荷量不可能连续地取任意量值，而只能取某一基本单元的整数倍值。电荷量的这种只能取分立的、不连续量值的性质，称为电荷的量子性，这个基本单元或称电荷的量子就是电子或质子所带的电荷量。虽然如此，由于电荷的基本单元（即电子电荷量e）很小，因而宏观过程中涉及的电荷量总是包含着大量的基本单元，例如在通常220V、100W的灯泡中，每秒通过钨丝的电子数就约有3×10^{18}个，致使电荷的量子性在研究宏观现象的实验中表现不出来。所以，在研究宏观电现象时，可以不考虑电荷的量子性，仍把带电体上的电荷看作是连续分布的。随着人们对物质结构认识的不断深入，发现基本粒子不基本，它们是由更小的粒子夸克和反夸克组成，并预计夸克和反夸克的电量应取$\pm\frac{1}{3}e$或$\pm\frac{2}{3}e$。现在一些粒子物理实验已间接证明了夸克的存在，只是由于夸克禁闭而未能检测到单个自由的夸克。不过今后即使真的发现了自由夸克，仍不会改变电荷量子性的结论。

(3) 电荷的相对论不变性

实验证明,一个电荷的电量与它的运动状态无关。如加速器将电子或质子加速时,随着粒子速度的变化,电量没有任何变化。这一实验结果表明了电子或质子的电量与其运动状态无关。所以,在不同的参照系观察,同一带电粒子的电量不变,电荷的这一性质叫电荷的相对论不变性。

2. 库仑定律

库仑定律是研究静电性质的基础,它给出了两个静止的点电荷之间的相互作用规律。

两个静止带电体之间的作用力即为静电力,一般来说,静电力与带电体的形状、大小和电荷分布、相对位置以及周围的介质等因素都有关系,非常复杂。但是当带电体本身的线度与它们之间的距离相比足够小时,就可以把该带电体看作点电荷,即带电体的形状和大小可以忽略,带电体所带电量可以看成集中到一个"点"上。

1785 年,库仑(A. De Coulomb) 从扭秤实验结果总结出了真空中两个静止的点电荷之间相互作用的静电力所服从的基本规律,称为库仑定律。可表述为:在真空中,两个静止点电荷之间相互作用力的大小与这两个点电荷的电量 q_1 和 q_2 的乘积成正比,而与这两个点电荷之间的距离 r 的二次方成反比,作用力的方向沿着这两个点电荷的连线,同号电荷相斥,异号电荷相吸。其数学形式可表述为

$$\boldsymbol{F}=\frac{1}{4\pi\varepsilon_0}\frac{q_1 q_2}{r^2}\boldsymbol{e}_r \tag{11-1}$$

式中 $\boldsymbol{F}$ 为一个点电荷对另一个点电荷的作用力;$\boldsymbol{e}_r$ 为由施力点电荷指向受力点电荷的矢径 $\boldsymbol{r}$ 的单位矢量,即 $\boldsymbol{e}_r=\frac{\boldsymbol{r}}{r}$;$q_1$ 和 q_2 均为代数量;而 ε_0 称为真空介电常数(又称真空电容率),是电学中常用到的一个物理量,其值为 $\varepsilon_0=8.8541\times 10^{-12}\,\mathrm{C^2\cdot N^{-1}\cdot m^{-2}}$。

库仑定律是直接由实验总结出来的规律,它是静电场理论的基础。后面我们还将看到,以库仑定律中力与距离二次方成反比为基础将导出其他重要的电场方程,因此定律中二次方反比规律的精确性以及定律的适用范围一直是物理学家关心的问题。以库仑当时所做的扭秤实验的精度,算得静电力与距离二次方成反比中的幂与 2 的差值约为 0.2,现代更精密的实验测得幂为 2 的误差不超过 10^{-9}。对于很小的范围,卢瑟福的α粒子散射实验(1910 年),已证实距离 r 小到 $10^{-15}\,\mathrm{m}$ 的范围,现代高能电子散射实验进一步证实小到 $10^{-17}\,\mathrm{m}$ 的范围,库仑

定律仍然精确地成立。大范围的结果是通过人造地球卫星研究地球磁场时得到的，它给出库仑定律精确地适用于大到 10^7 m 的范围，因此一般就认为在更大的范围内库仑定律仍然有效。

实验还证明，各对点电荷之间的静电力彼此是独立的，即任何一对点电荷之间的静电力都遵守库仑定律，并不因为邻近存在其他电荷而改变。所以，当空间有两个以上的点电荷时，作用在某一点电荷上的总静电力等于其他各点电荷单独存在时对该点电荷所施静电力的矢量和，这一结论叫做电场力的叠加原理。库仑定律和电场力的叠加原理相配合，原则上可以求解静电学中的全部问题。

应用库仑定律时应注意：库仑定律是两个静止的点电荷相互作用力的规律。例如，真空中有相距很近的 A、B 两板，相距为 d，面积为 S，分别带有 $+q$ 和 $-q$ 电量，两板间的作用力就不能用库仑定律，这是因为此时不能把两带电板看作是点电荷。若两板相距很远，那么两板均可看成点电荷，此时可以用库仑定律。

§11-2　电场　电场强度

1. 电场

库仑定律表明，真空中两个相互隔开的点电荷也可以发生相互作用，那么电荷之间的相互作用是怎么进行的呢？历史上曾有过两种不同的观点。在很长一段时期内，人们认为两个相隔的带电体之间的相互作用，是一种“超距作用”，这种超距作用的传递既不需要媒质，也不需要时间。到了 19 世纪，英国科学家法拉第提出新的观点，认为带电体在其周围空间激发电场，处在该电场中的其他带电体将受到它的电场力(即电力)作用。即：带电体之间的互相作用是靠它们之间的电场来传递的，这种作用可表示为：

$$\text{电荷1} \underset{\text{产生电场2}}{\overset{\text{产生电场1}}{\rightleftarrows}} \text{电荷2}$$

近代物理学证明，后一种观点是正确的。后一种观点之所以经过一段时间后才得以证实，这是因为电场是一种特殊的物质，一种看不见、摸不着的物质，人们很容易将其忽略。

近代物理证实，电场也是物质存在的一种形态，它与分子、原子等组成的实物一样,也有能量、动量和质量,所不同的是,它没有静止质量。

相对于观察者为静止的带电体在其周围所激发的电场称为静电场。由于电场看不见、摸不着,因此给我们研究它带来困难,但静电场只要存在,它就会有所表现,因此,我们可以从静电场对外的表现入手,来研究它的性质。静电场对外的主要表现有:

(1) 电场的力的性质 —— 引入电场中的任何带电体都将受到电场的作用力。

(2) 电场的能的性质 —— 当带电体在电场中移动时,电场力将对它做功,表明电场具有能量。

(3) 电场能够使引入电场中的导体或电介质分别产生静电感应或极化现象。

如何描述静电场的这些性质呢?这就是本章我们要着重讨论的内容。

2. 电场强度

引入电场强度矢量的目的是用它来描述静电场的力的性质。

一个研究对象的物理特性,总是能通过该对象与其他物体的相互作用显示出来。静电场的一个基本特性就是它对引入其中的任何电荷有力的作用,因此我们可以利用电场的这一特性,从中找出能反映电场性质的某个物理量来。为了定量地了解电场中任一点处电场的性质,可将一个试探电荷 q_0 放到电场中各点,并观测 q_0 受到的电场力。试探电荷应该满足下列条件:首先所带的电荷量必须足够小,避免由于它的引入而影响原电荷的分布,否则测出来的将是原电荷作重新分布后的电场;其次线度必须足够小,以便能用它来确定电场中每一点的性质。所以我们说:试探电荷是一个电量很小的点电荷。

如图 11-1 所示,为了定量描述场源电荷 q 产生的电场,放一试探电荷 q_0 到场点 P,其所受电场力为 $\boldsymbol{F}$。实验表明对于同一个场点,$\boldsymbol{F}$ 的大小与 q_0 成正比,但比值 $\boldsymbol{F}/q_0$ 则为恒定值,与试探电荷无关;而对于不同的场点,比值 $\boldsymbol{F}/q_0$ 则不相同。所以比值 $\boldsymbol{F}/q_0$ 是一个由场源电荷分布及场点位置决定的客观物理量,与试探电荷无关,可以用它来描述场点处的电场特性,定义为电场强度或简称场强。

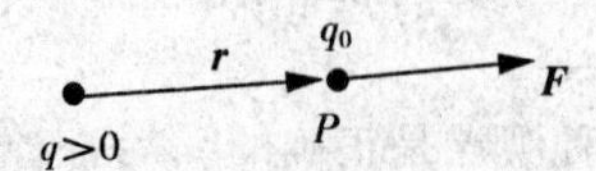

图 11-1 试探电荷 q_0 在点电荷 q 的电场中受力

由于场强是描述电场的力的性质的物理量,所以应为矢量,用符号 $\boldsymbol{E}$ 表

示，即

$$\boldsymbol{E}=\frac{\boldsymbol{F}}{q_0} \tag{11-2}$$

对电场强度定义式的讨论：

(1) q_0 是代数量，可正可负。q_0 为正时，场强 $\boldsymbol{E}$ 的方向和电场力 $\boldsymbol{F}$ 的方向相同；q_0 为负时，场强 $\boldsymbol{E}$ 的方向和电场力 $\boldsymbol{F}$ 的方向相反。

(2) 场强 $\boldsymbol{E}$ 的物理意义——电场中某点电场强度 $\boldsymbol{E}$ 就等于放在该处的单位正电荷所受到的电场力。

(3) 场强 $\boldsymbol{E}$ 是一个矢量点函数，随着空间位置的不同，场强 $\boldsymbol{E}$ 通常也不相同，即 $\boldsymbol{E}=\boldsymbol{E}(x,y,z)$。所有这些场强 $\boldsymbol{E}(x,y,z)$ 的总体形成一矢量场。静电场（或稳恒电场）中的场强 $\boldsymbol{E}$ 与时间 t 无关。

(4) 场强 $\boldsymbol{E}$ 是场源电荷 q 在场点 P 处所产生的电场强度，与试探电荷 q_0 无关。但 q_0 的受力 $\boldsymbol{F}$ 不仅与场强 $\boldsymbol{E}$ 有关，而且与试探电荷的带电量 q_0 有关。

在 SI 中，电场强度的单位是 $\mathrm{N\cdot C^{-1}}$ 或 $\mathrm{V\cdot m^{-1}}$。这两种表示法是一样的，在电工计算中常采用后一种表示法。

3. 电场强度的计算

如果电荷分布已知，那么从点电荷的场强公式出发，根据场强的叠加原理，就可求出任意电荷分布所激发电场的场强。下面说明计算场强的方法。

(1) 点电荷的场强

如图 11-1 所示，设在真空中有一个静止的点电荷 q，则距 q 为 r 的 P 点处的场强，可由式(11-1) 和式(11-2) 求得。在 P 点处放一试探电荷 q_0，由式(11-1) 可知，作用在 q_0 上的电场力是

$$\boldsymbol{F}=\frac{1}{4\pi\varepsilon_0}\frac{qq_0}{r^2}\boldsymbol{e}_r$$

再由式(11-2) 即可求得点电荷 q 在 P 点产生的场强为

$$\boldsymbol{E}=\frac{\boldsymbol{F}}{q_0}=\frac{q}{4\pi\varepsilon_0 r^2}\boldsymbol{e}_r \tag{11-3}$$

式中 $\boldsymbol{e}_r$ 是由场源电荷 q 指向场点 P 的单位矢量；由式(11-3) 可知，点电荷 q 在空间任一点所激发场强的大小，与点电荷的电荷量 q 成正比，与点电荷 q 到该点距离 r 的平方成反比。如果 q 为正电荷，即 $q>0$，则 $\boldsymbol{E}$ 的方向为以 q 为球心沿径向向外；如果 q 为负电荷，即 $q<0$，则 $\boldsymbol{E}$ 的方向为以 q 为球心沿径向向内。电场呈球对称分布，如图 11-2 所示。

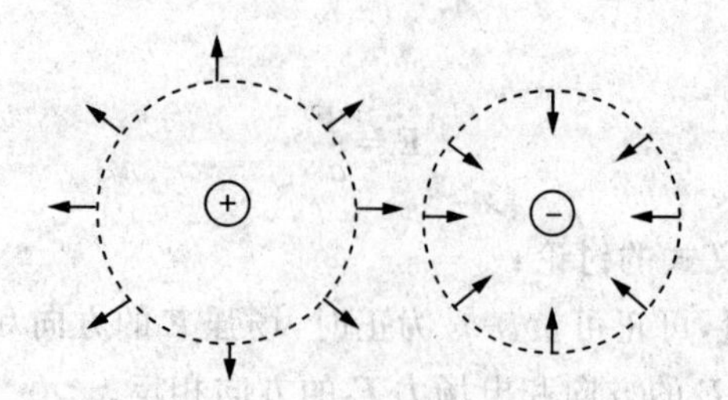

图 11-2 点电荷的电场具有球对称性

(2) 场强叠加原理和点电荷系的场强

如图 11-3 所示，若干个点电荷构成一个点电荷系，研究其在 P 点处形成的场强情况。为此在 P 点放一试探电荷 q_0，根据电场力的叠加原理，试探电荷 q_0 所受电场力为

$$\boldsymbol{F}=\boldsymbol{F}_1+\boldsymbol{F}_2+\cdots+\boldsymbol{F}_n=\sum_{i=1}^{n}\boldsymbol{F}_i$$

式中 $\boldsymbol{F}_i$ 是点电荷系中第 i 个点电荷单独存在时 q_0 受到的电场力。再按电场强度的定义有

$$\boldsymbol{E}=\frac{\boldsymbol{F}}{q_0}=\frac{\boldsymbol{F}_1}{q_0}+\frac{\boldsymbol{F}_2}{q_0}+\cdots+\frac{\boldsymbol{F}_n}{q_0}=\sum_{i=1}^{n}\frac{\boldsymbol{F}_i}{q_0}=\sum_{i=1}^{n}\boldsymbol{E}_i \tag{11-4}$$

式中 $\boldsymbol{E}_i$ 是点电荷系中第 i 个点电荷单独存在时在场点 P 处产生的电场强度。

式(11-4)表明，点电荷系在某点产生的电场强度等于构成点电荷系的各个点电荷单独存在时在该点产生的电场强度的矢量和。这就是场强叠加原理，它是电场的基本性质之一。利用这一原理，可以计算任意带电体所激发的场强，因为任何带电体都可以看作许多点电荷的集合。

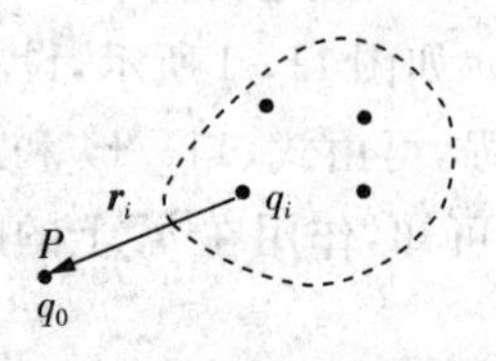

图 11-3 电场强度叠加原理

根据点电荷产生的场强公式(11-3)，可将点电荷系产生的场强公式写成

$$\boldsymbol{E}=\sum_{i=1}^{n}\boldsymbol{E}_i=\sum_{i=1}^{n}\frac{q_i}{4\pi\varepsilon_0 r_i^2}\boldsymbol{e}_{ri} \tag{11-5}$$

(3) 连续分布电荷的场强

如电荷是连续分布的带电体，可以把带电体分割成无限多个电荷元 $\mathrm{d}q$，每个电荷元可视为点电荷，求出 $\mathrm{d}q$ 在场点 P 产生的元场强 $\mathrm{d}\boldsymbol{E}$ 为

$$\mathrm{d}\boldsymbol{E}=\frac{\mathrm{d}q}{4\pi\varepsilon_0 r^2}\boldsymbol{e}_r$$

式中 $\boldsymbol{e}_r$ 为电荷元 $\mathrm{d}q$ 到场点 P 的矢径 $\boldsymbol{r}$ 方向的单位矢量，如图 11-4 所示。根据场强叠加原理，整个带电体在 P 点产生的总场强为

$$\boldsymbol{E}=\int\mathrm{d}\boldsymbol{E}=\int\frac{1}{4\pi\varepsilon_0}\frac{\mathrm{d}q}{r^2}\boldsymbol{e}_r \tag{11-6}$$

若电荷连续分布在一体积内，例如，电解液中的正、负离子及电子管中空间电荷的分布等，这种分布称为体分布，用 ρ 表示电荷体密度，则式(11-6)中 $\mathrm{d}q=\rho\mathrm{d}V$；若电荷连续分布在一曲面或一平面上，例如，玻璃棒经过摩擦后所带的电荷就分布在表面层里，导体带电时，其电荷也分布在导体的表面层里，这时我们可以把带电薄层抽象为"带电面"，用 σ 表示电荷面密度，则 $\mathrm{d}q=\sigma\mathrm{d}S$；若电荷连续分布在一曲线或一直线上，用 λ 表示电荷线密度，则 $\mathrm{d}q=\lambda\mathrm{d}l$。相应地计算 $\boldsymbol{E}$ 的积分分别为体积分、面积分和线积分。

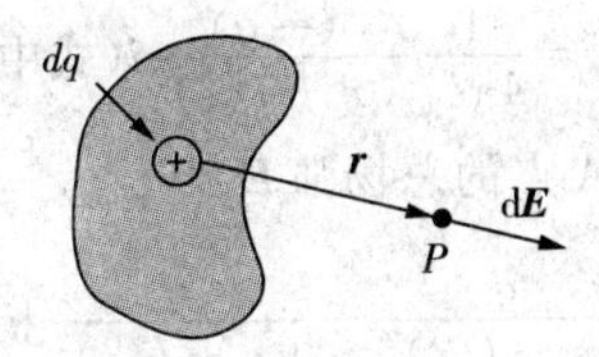

图 11-4　带电体的电场强度

根据带电体上的电荷是体分布、面分布或线分布等不同情况，相应地计算场强的公式(11-6)可改写为

$$\boldsymbol{E}=\int_V\frac{1}{4\pi\varepsilon_0}\frac{\rho\mathrm{d}V}{r^2}\boldsymbol{e}_r$$

$$\boldsymbol{E}=\int_S\frac{1}{4\pi\varepsilon_0}\frac{\sigma\mathrm{d}S}{r^2}\boldsymbol{e}_r$$

$$\boldsymbol{E}=\int_l\frac{1}{4\pi\varepsilon_0}\frac{\lambda\mathrm{d}l}{r^2}\boldsymbol{e}_r \tag{11-7}$$

式(11-7)的右端是矢量的积分式，实际上在具体运算时，通常必须把 $\mathrm{d}\boldsymbol{E}$ 在 x、y、z 三个坐标轴方向上的分量式写出，然后再积分。后面，我们将通过几个典型的例题，介绍连续分布电荷所激发场强的计算方法。

(4) 电偶极子的电场强度

两个等量异号的点电荷 $+q$ 和 $-q$，当它们之间的距离 l 比所考虑的场点 P 到二者的中心位置距离 r 小得多时，这一电荷系统就称为电偶极子。从 $-q$ 指向

$+q$ 的矢量 $\boldsymbol{l}$ 称为电偶极子的极轴。电荷量 q 与矢量 $\boldsymbol{l}$ 的乘积定义为电偶极矩，简称电矩，电矩是矢量，用 $\boldsymbol{p}_e$ 表示，即 $\boldsymbol{p}_e = q\boldsymbol{l}$。电偶极子的电矩 $\boldsymbol{p}_e$ 是表征电偶极子本身属性的重要物理量。

电偶极子是一个重要的物理模型，在研究电介质的极化、电磁波的发射和吸收等问题时，都要用到电偶极子模型。下面分别讨论：

1）电偶极子轴线的延长线上一点的场强

如图 11-5 所示，选取电偶极子轴线的中心 O 为坐标原点，沿极轴的延长线为 Ox 轴，轴上任一点 A 距原点 O 的距离为 x。

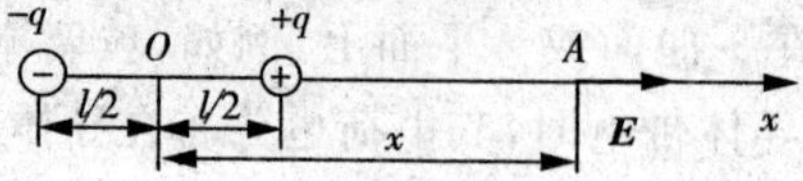

图 11-5　电偶极子轴线延长线上一点的场强

由式(11-3) 可得点电荷 $+q$ 和 $-q$ 在 A 点所激发的电场强度分别为

$$\boldsymbol{E}_+ = \frac{1}{4\pi\varepsilon_0}\frac{q}{(x-l/2)^2}\boldsymbol{i},\ \boldsymbol{E}_- = \frac{1}{4\pi\varepsilon_0}\frac{(-q)}{(x+l/2)^2}\boldsymbol{i}\text{（式中 } \boldsymbol{i} \text{ 为 } x \text{ 轴正向单位矢量）}$$

由场强叠加原理可得 A 点的总场强 $\boldsymbol{E}$ 为

$$\boldsymbol{E} = \boldsymbol{E}_+ + \boldsymbol{E}_- = \frac{1}{4\pi\varepsilon_0}\left[\frac{q}{(x-l/2)^2} - \frac{q}{(x+l/2)^2}\right]\boldsymbol{i} = \frac{2qxl}{4\pi\varepsilon_0 (x^2 - l^2/4)^2}\boldsymbol{i}$$

由于 $x \gg l$，上式分母中的 $(x^2 - l^2/4) \approx x^2$，所以上式可写为

$$\boldsymbol{E} = \frac{2ql}{4\pi\varepsilon_0 x^3}\boldsymbol{i} = \frac{1}{4\pi\varepsilon_0}\frac{2\boldsymbol{p}_e}{x^3} \tag{11-8}$$

式(11-8) 表明在电偶极子轴线的延长线上任一点的电场强度 $\boldsymbol{E}$ 的大小与电偶极子的电矩 $\boldsymbol{p}_e$ 的大小成正比，与电偶极子中点 O 到场点 A 的距离 x 的三次方成反比；电场强度 $\boldsymbol{E}$ 的方向与电矩 $\boldsymbol{p}_e$ 的方向相同，如图 11-5 所示。

2）电偶极子轴线的中垂线上一点的场强

选取电偶极子轴线的中心 O 为坐标原点，并取 Ox 轴和 Oy 轴如图 11-6 所示，$+q$ 和 $-q$ 分别在 B 点所激发的场强 $\boldsymbol{E}_+$ 和 $\boldsymbol{E}_-$ 的大小相等，其值为 $E_+ = E_- = \dfrac{q}{4\pi\varepsilon_0 r_+^2}$，方向如图 11-6 所示。由对称性分析得

$$E_y = 0,\quad E_x = -2E_+\cos\alpha = -2\frac{q}{4\pi\varepsilon_0 r_+^2}\cdot\frac{\frac{l}{2}}{r_+} = -\frac{ql}{4\pi\varepsilon_0\left(y^2 + \frac{l^2}{4}\right)^{\frac{3}{2}}}$$

由于 $y \gg l$，上式分母中的 $(y^2 + l^2/4) \approx y^2$，所以上式可写为 $E_x = -\dfrac{ql}{4\pi\varepsilon_0 y^3}$，故 B 点的总场强为

$$\boldsymbol{E} = E_x \boldsymbol{i} = -\frac{ql}{4\pi\varepsilon_0 y^3}\boldsymbol{i} = -\frac{\boldsymbol{p}_e}{4\pi\varepsilon_0 y^3} \tag{11-9}$$

式(11-9)表明在电偶极子的中垂线上任一点的电场强度 $\boldsymbol{E}$ 的大小与电偶极子的电矩 $\boldsymbol{p}_e$ 的大小成正比，与电偶极子中点 O 到场点 B 的距离 y 的三次方成反比；电场强度 $\boldsymbol{E}$ 的方向与电矩 $\boldsymbol{p}_e$ 的方向相反。

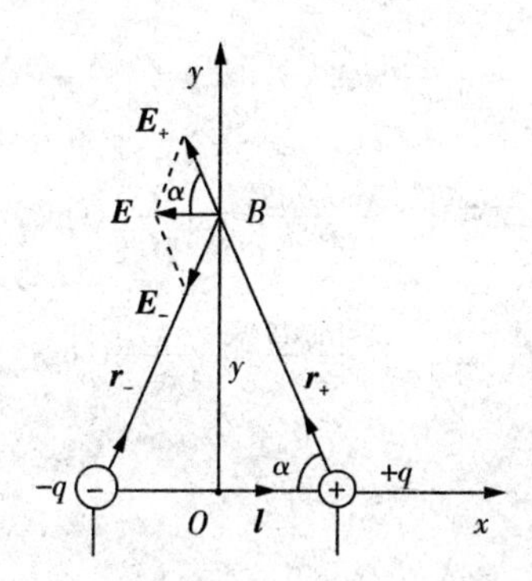

图 11-6　电偶极子轴线的中垂线上一点的场强

【例 11-1】　设有一均匀带电直线，长度为 L，总电荷量为 $+q$，线外一点 P 离开直线的垂直距离为 a，P 点和直线两端的连线与直线之间的夹角分别为 θ_1 和 θ_2（如图 11-7 所示），求 P 点的电场强度。

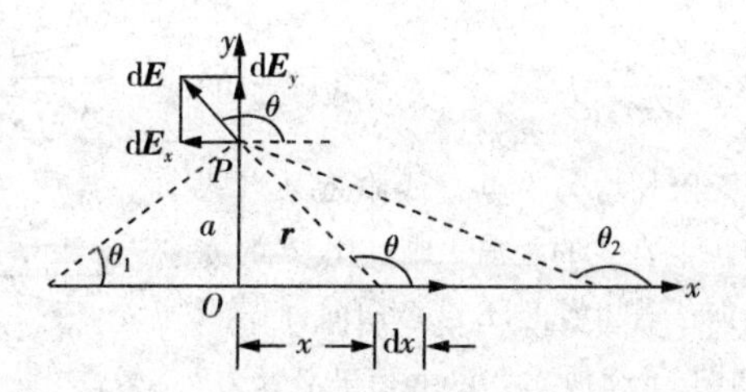

图 11-7　均匀带电直线外任一点的场强

解　取 P 点到直线的垂足 O 为原点，取坐标轴 Ox 沿带电直线，Oy 通过 P 点如图 11-7。设带电直线的电荷线密度为 λ，故有 $\lambda = \dfrac{q}{L}$，则离原点为 x 处的电荷元 $\mathrm{d}q = \lambda \mathrm{d}x$ 在 P 点处激发的场强 $\mathrm{d}\boldsymbol{E}$ 的大小为 $\mathrm{d}E = \dfrac{\lambda \mathrm{d}x}{4\pi\varepsilon_0 r^2}$，方向如图 11-7 所示。

设 $\mathrm{d}\boldsymbol{E}$ 与 x 轴之间的夹角为 θ，则 $\mathrm{d}\boldsymbol{E}$ 沿 x 轴和 y 轴的两个分量分别为

$$\mathrm{d}E_x = \mathrm{d}E\cos\theta = \frac{\lambda\mathrm{d}x}{4\pi\varepsilon_0 r^2}\cos\theta$$

$$\mathrm{d}E_y = \mathrm{d}E\sin(\pi-\theta) = \mathrm{d}E\sin\theta = \frac{\lambda\mathrm{d}x}{4\pi\varepsilon_0 r^2}\sin\theta$$

现利用已知条件 a,将所有变量统一到 θ 上,则

$$r = \frac{a}{\sin(\pi-\theta)} = \frac{a}{\sin\theta}, x = a\cot(\pi-\theta) = -a\cot\theta, \mathrm{d}x = a\csc^2\theta\mathrm{d}\theta$$

所以得

$$\mathrm{d}E_x = \frac{\lambda}{4\pi\varepsilon_0 a}\cos\theta\mathrm{d}\theta, \mathrm{d}E_y = \frac{\lambda}{4\pi\varepsilon_0 a}\sin\theta\mathrm{d}\theta$$

将上列两式积分,得 $E_x = \int\mathrm{d}E_x = \int_{\theta_1}^{\theta_2}\frac{\lambda\cos\theta\mathrm{d}\theta}{4\pi\varepsilon_0 a} = \frac{\lambda}{4\pi\varepsilon_0 a}(\sin\theta_2 - \sin\theta_1)$

$$E_y = \int\mathrm{d}E_y = \int_{\theta_1}^{\theta_2}\frac{\lambda\sin\theta\mathrm{d}\theta}{4\pi\varepsilon_0 a} = \frac{\lambda}{4\pi\varepsilon_0 a}(\cos\theta_1 - \cos\theta_2)$$

其矢量表示式为

$$\boldsymbol{E} = \frac{\lambda}{4\pi\varepsilon_0 a}(\sin\theta_2 - \sin\theta_1)\boldsymbol{i} + \frac{\lambda}{4\pi\varepsilon_0 a}(\cos\theta_1 - \cos\theta_2)\boldsymbol{j}$$

或场强的大小为 $E = \sqrt{E_x^2 + E_y^2}$,其方向可用 $\boldsymbol{E}$ 与 x 轴的夹角 θ 表示,即 $\theta = \arctan\frac{E_y}{E_x}$。

如果这一均匀带电直线为无限长,即 $\theta_1 = 0, \theta_2 = \pi$,那么

$$\boldsymbol{E} = \frac{\lambda}{2\pi\varepsilon_0 a}\boldsymbol{j} \tag{11-10}$$

式(11-10)表明,无限长均匀带电直线附近某点的场强 $\boldsymbol{E}$ 的大小与该点到带电直线的距离 a 成反比,$\boldsymbol{E}$ 的方向垂直于带电直线沿径向。若 λ 为正,$\boldsymbol{E}$ 沿径向向外;若 λ 为负,$\boldsymbol{E}$ 沿径向向内。如图 11-8 所示。以上结果对长为 l 的有限长的细直线来说,在靠近直线中部附近的区域 $(a \ll l)$ 也近似成立。

图 11-8 均匀长直带电线附近的场强方向

【例 11-2】 一半径为 R 的圆环,均匀带有电荷量 q,试计算圆环轴线上与环心相距为 x 的 P 点处的场强。

解　如图 11-9 所示，在圆环上任取电荷元 $\mathrm{d}q$（其中 $\mathrm{d}q=\frac{q}{2\pi R}\mathrm{d}l$），$\mathrm{d}q$ 在 P 点处所激发的电场强度 $\mathrm{d}\boldsymbol{E}$ 的大小为 $\mathrm{d}E=\frac{\mathrm{d}q}{4\pi\varepsilon_0 r^2}$，方向如图所示，由于圆环上各电荷元在 P 点激发的场强 $\mathrm{d}\boldsymbol{E}$ 的方向各不相同，为此把 $\mathrm{d}\boldsymbol{E}$ 分解为平行于 x 轴线的分量 $\mathrm{d}\boldsymbol{E}_x$ 和垂直于轴线的分量 $\mathrm{d}\boldsymbol{E}_\perp$。

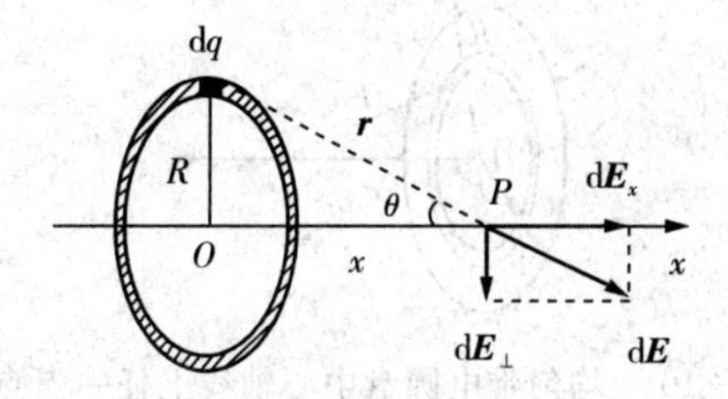

图 11-9　均匀带电圆环轴线上一点的场强

根据对称性分析，各电荷元的场强在垂直于 x 轴方向上的分量 $\mathrm{d}E_\perp$ 相互抵消，则

$$E_x=\oint_L \mathrm{d}E_x=\oint_L \mathrm{d}E\cos\theta=\oint_L \frac{\mathrm{d}q}{4\pi\varepsilon_0 r^2}\cos\theta=\frac{\cos\theta}{4\pi\varepsilon_0 r^2}\oint_L \mathrm{d}q=\frac{q\cos\theta}{4\pi\varepsilon_0 r^2}=\frac{qx}{4\pi\varepsilon_0 (x^2+R^2)^{\frac{3}{2}}}$$

所以 P 点的合场强 $\boldsymbol{E}$ 为

$$\boldsymbol{E}=E_x\boldsymbol{i}=\frac{qx}{4\pi\varepsilon_0 (x^2+R^2)^{\frac{3}{2}}}\boldsymbol{i} \tag{11-11}$$

上式表明：

① 若 $q>0$，$\boldsymbol{E}$ 的方向沿轴向从场点 P 背离圆心；若 $q<0$，$\boldsymbol{E}$ 的方向沿轴向从场点 P 指向圆心。

② 在圆心处，$x=0$，$\boldsymbol{E}_0=0$，这个结论也可以直接由对称性分析得出。

③ 当 $x\gg R$，即场点 P 远离圆环时，$(x^2+R^2)^{\frac{3}{2}}\approx x^3$，则上式可近似地写作 $\boldsymbol{E}=\frac{q}{4\pi\varepsilon_0 x^2}\boldsymbol{i}$，亦即在远离环心处的场强与环上电荷全部集中在环心处的一个点电荷所激发的场强相同。

【例 11-3】　试计算均匀带电圆盘轴线上与盘心 O 相距为 x 的任一点 P 处的场强。设盘的半径为 R，电荷面密度为 σ。

解　如图 11-10 所示，把圆盘分成许多同心的细圆环。考虑圆盘上任一半径为 r，宽度为 $\mathrm{d}r$ 的细圆环，这细圆环所带的电荷量为 $\mathrm{d}q=\sigma 2\pi r\cdot\mathrm{d}r$，利用例 11-2 中的结果，可得此带电细圆环在 P 点所激发的场强为

$$\mathrm{d}E=\frac{x\mathrm{d}q}{4\pi\varepsilon_0 (x^2+r^2)^{\frac{3}{2}}}=\frac{x\sigma 2\pi r\mathrm{d}r}{4\pi\varepsilon_0 (x^2+r^2)^{\frac{3}{2}}}=\frac{\sigma}{2\varepsilon_0}\frac{xr\mathrm{d}r}{(x^2+r^2)^{\frac{3}{2}}}$$

由于不同半径的细圆环在 P 点激发的场强方向均相同，故直接进行标量函数的积分，即得

$$E=\int_0^R \frac{\sigma}{2\varepsilon_0}\frac{xr\mathrm{d}r}{(x^2+r^2)^{\frac{3}{2}}}=\frac{\sigma x}{2\varepsilon_0}\int_0^R \frac{r\mathrm{d}r}{(x^2+r^2)^{\frac{3}{2}}}=\frac{\sigma}{2\varepsilon_0}(1-\frac{x}{\sqrt{x^2+R^2}})$$

场强的方向与圆盘相垂直,其指向则视σ的正负而定,$\sigma>0$,则场强的方向(从场点)背离圆盘;$\sigma<0$,则场强的方向(从场点)指向圆盘。

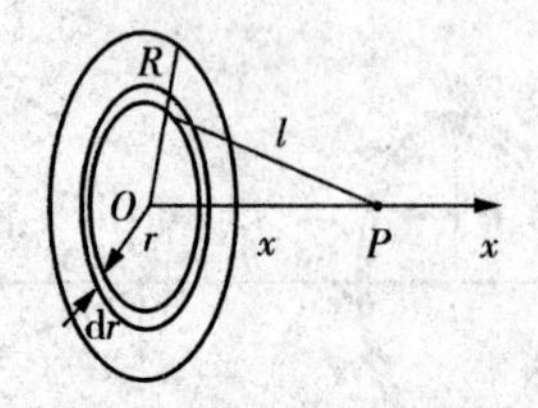

图 11-10 均匀带电圆盘中心轴线上任一点点场强

由上述结果,我们讨论两个特殊情况。

① 若$R\gg x$,即在P点看来可认为均匀带电圆盘为无限大均匀带电平面,则其产生的场强大小为

$$E=\frac{\sigma}{2\varepsilon_0} \tag{11-12}$$

它与场点的位置无关,这表明无限大均匀带电平面两侧各点场强大小相等,方向都与平面相垂直,$\sigma>0$,则场强的方向(从场点)背离带电平面;$\sigma<0$,则场强的方向(从场点)指向带电平面;各点场强大小和方向都相同的电场称为匀强电场或均匀电场。无限大均匀带电平面在其两侧分别产生均匀电场,如图 11-11 所示。

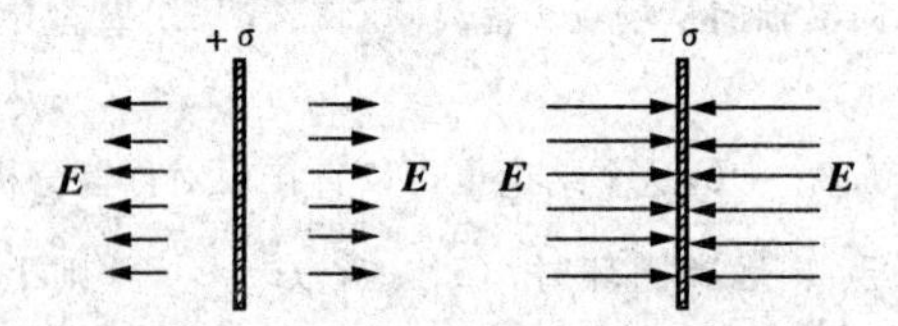

图 11-11 无限大均匀带电平面的场强

② $R\ll x$时,则按二项式定理展开,并略去R/x的高次项,即

$$(1+\frac{R^2}{x^2})^{-\frac{1}{2}}=1-\frac{1}{2}\frac{R^2}{x^2}+\frac{3}{8}(\frac{R^2}{x^2})^2-\cdots\approx 1-\frac{1}{2}\frac{R^2}{x^2}$$

于是P点的场强为

$$E=\frac{\sigma}{2\varepsilon_0}(1-\frac{1}{\sqrt{1+R^2/x^2}})\approx\frac{\sigma}{2\varepsilon_0}\frac{R^2}{2x^2}=\frac{q}{4\pi\varepsilon_0 x^2}$$

式中$q=\sigma\pi R^2$,是圆盘所带电量。由此可见,当场点P离开圆盘很远时,在P点看来可认为带电圆盘相当于一个电量完全集中在圆盘中心的点电荷。

从以上几个例子可以看到,空间各点的场强完全决定于电荷在空间的分布情况,如果给定电荷分布,原则上就能算出任一点的场强。计算的方法就是利用点电荷在其周围激发场强的公式和场强叠加原理。计算的步骤大致是：先任取电荷元 $\mathrm{d}q$，写出 $\mathrm{d}q$ 在待求场点 P 处产生的场强 $\mathrm{d}\boldsymbol{E}$ 的大小，并在图上 P 处标出 $\mathrm{d}\boldsymbol{E}$ 的方向，再选取适当的坐标系，将这场强分别投影到坐标轴上，然后进行积分，最后写出总场强的矢量表示式，或算出总场强的大小和方向角。在实际问题中，若遇到电荷分布具有某种对称性，则在求 $\boldsymbol{E}$ 的分量时，有的分量可以根据对称性推知其值为零，这时只需求出余下的分量就行。

4. 带电体在外电场中所受到的作用

点电荷 q 放在场强为 $\boldsymbol{E}$ 的外电场中某一点时，点电荷 q 受到的电场力为

$$\boldsymbol{F} = q\boldsymbol{E} \tag{11-13}$$

要计算一个带电体在外电场中受到的作用，一般要将带电体划分为许许多多的点电荷元，先计算任一点电荷元 $\mathrm{d}q$ 所受到的电场力 $\mathrm{d}\boldsymbol{F} = \mathrm{d}q\boldsymbol{E}$，然后再用积分求出带电体所受到的合力及合力矩。

【例 11-4】　计算电偶极矩为 $\boldsymbol{p}_e = q\boldsymbol{l}$ 的电偶极子在均匀外电场 $\boldsymbol{E}$ 中所受到的合力及合力矩。

解　如图 11-12 所示，偶极矩 $\boldsymbol{p}_e$ 的方向与外电场 $\boldsymbol{E}$ 的方向之间的夹角为 θ，则正、负点电荷受力分别为

$$\boldsymbol{F}_+ = q\boldsymbol{E}, \boldsymbol{F}_- = -q\boldsymbol{E}$$

所以合力为

$$\boldsymbol{F} = \boldsymbol{F}_+ + \boldsymbol{F}_- = 0$$

但 $\boldsymbol{F}_+$ 与 $\boldsymbol{F}_-$ 不在同一条直线上，形成力偶。

电偶极子的力偶矩为

$$\boldsymbol{M} = \boldsymbol{r}_+ \times \boldsymbol{F}_+ + \boldsymbol{r}_- \times \boldsymbol{F}_- = q(\boldsymbol{r}_+ - \boldsymbol{r}_-) \times \boldsymbol{E} = q\boldsymbol{l} \times \boldsymbol{E} = \boldsymbol{p}_e \times \boldsymbol{E} \tag{11-14}$$

力偶矩的作用就是让电偶极子的偶极矩 $\boldsymbol{p}_e$ 沿小于180° 角转到 $\boldsymbol{E}$ 的方向上，以达到稳定平衡状态。

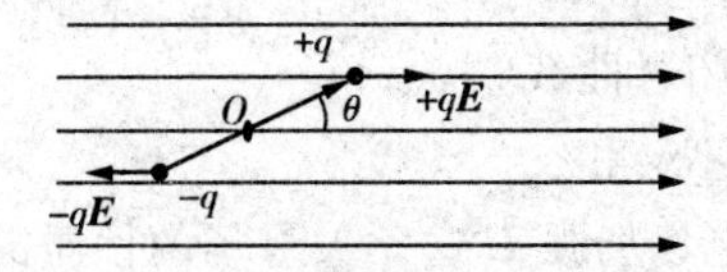

图 11-12　电偶极子在均匀外电场中受力情况

§11-3 电场强度通量 高斯定理

1. 电场线

为了形象地描述场强在空间的分布情形,使电场有一个比较直观的图像,法拉第首先引入了电场线(又称电力线)。因为电场中每一点的场强 $\boldsymbol{E}$ 都有一定的方向和大小,所以我们在电场中描绘一系列的曲线,使曲线上每一点的切线方向都与该点处的场强 $\boldsymbol{E}$ 的方向一致,这些曲线就叫做电场线。如图 11-13 即表示某一电场中的一条电场线。

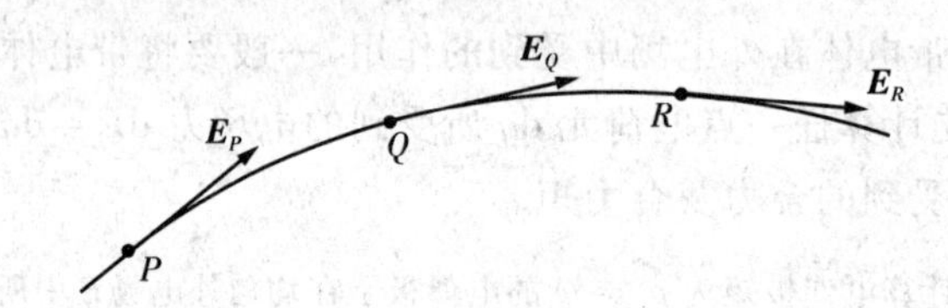

图 11-13 电场线

为了使电场线不仅表示电场中场强的方向,而且表示场强的大小,我们对电场线作如下的规定:在电场中任一点,取一垂直于该点场强方向的面积元 $\mathrm{d}S$,使通过单位面积的电场线数目等于该点场强 $\boldsymbol{E}$ 的大小,即 $E=\dfrac{\mathrm{d}N}{\mathrm{d}S}$,式中 $\dfrac{\mathrm{d}N}{\mathrm{d}S}$ 称为电场线密度。由此可见,电场线在某点处的切向代表该点场强的方向,而电场线在某点处的密度则代表该点场强的大小。显然,按照这种规定,在场强较大的地方电场线较密,场强较小的地方电场线较疏,这样,电场线的疏密就形象地反映了电场中场强大小的分布。如图 11-14 中画出了几种常见电荷静止分布时电场的电场线图。

由图 11-14 可以看出,静电场的电场线有如下的性质:

① 电场线起自于正电荷(或来自无限远处),终止于负电荷(或伸向无限远处),在没有电荷的地方不中断;

② 电场线不能形成闭合曲线;

③ 任何两条电场线不会相交。

性质 ① 和 ② 是静电场场强 $\boldsymbol{E}$ 这一矢量场的性质的反映,我们将在后面介绍有关定理时再给予说明,而性质 ③ 则是电场中每一点处的场强具有确定方向的必然结果。

应该注意,引入电场线的目的在于形象地反映电场中场强的情况,并不是

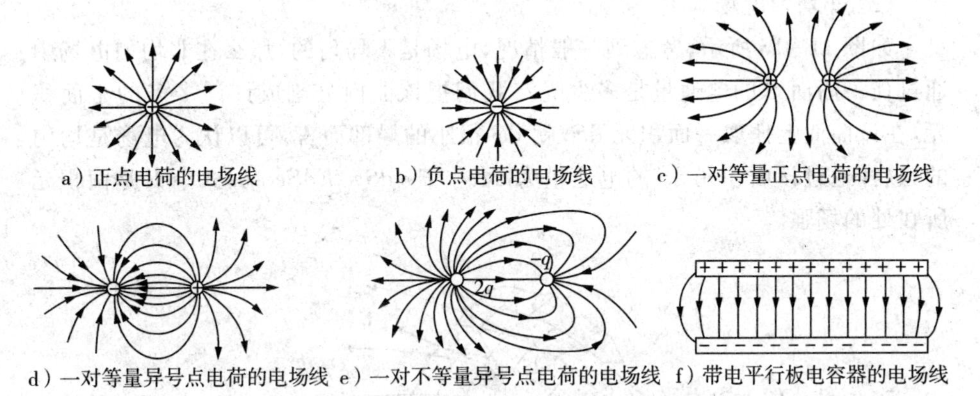

图 11－14　几种典型电场的电场线分布

电场中真有这些电场线存在。

2. 电场强度通量(又称电通量)

通量是描述矢量场的一个重要概念，在这里我们利用上述电场线的图像，引入电场强度通量(即电通量)这一物理量。我们说通过电场中任意给定曲面的电场线的条数，即为通过该曲面的电通量，用 Φ_e 来表示。下面分两种情况讨论。

(1) 均匀电场

如图 11－15 所示，面积元 $dS_{\perp}$ 与均匀电场垂直，则通过该面积元的电通量 $d\Phi_e$ 即为通过该面积元的电场线的条数，由画电场线的约定可知 $d\Phi_e = EdS_{\perp}$。

如果面积元 dS 与电场不垂直，我们可以用平面的法向单位矢 $\boldsymbol{e}_n$ 来表示面积元 dS 的方向，并用矢量 $d\boldsymbol{S}$ 来表示该面积元，其大小代表该面积元的面积 dS，如图 11－15 所示，法向单位矢 $\boldsymbol{e}_n$ 与场强 $\boldsymbol{E}$ 之间的夹角为 θ，面积元 dS 在垂直于场强 $\boldsymbol{E}$ 的平面上的投影面积为 $dS_{\perp}$，即 $dS_{\perp} = dS\cos\theta$。显然通过面积元为 dS 的电场线必定全部通过面积元 $dS_{\perp}$，所以通过面积元 dS 的电通量也为 $d\Phi_e = EdS_{\perp} = E\cos\theta dS$，考虑到矢积的定义，有 $d\Phi_e = \boldsymbol{E} \cdot d\boldsymbol{S}$。

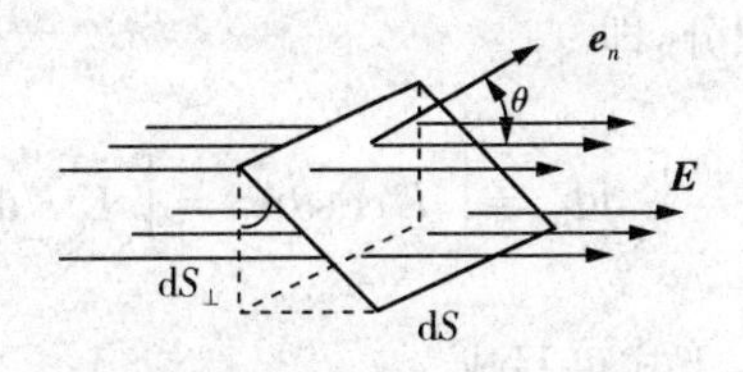

图 11－15　通过 dS 的电通量

(2) 非均匀电场

如图 11－16 所示，考虑到一般情况，电场是不均匀的，那么在非均匀电场中通过任一曲面 S 的电通量是多少呢？我们把该曲面分割成许许多多的小面积元，在该曲面上任取一面积元 $\mathrm{d}S$，就 $\mathrm{d}S$ 很小的局部而言，可以认为电场是均匀的，这样通过该面积元 $\mathrm{d}S$ 的电通量为 $\mathrm{d}\Phi_e=\boldsymbol{E}\cdot\mathrm{d}\boldsymbol{S}=E\mathrm{d}S\cos\theta$，式中 $\boldsymbol{E}$ 是面积元所在处的场强。

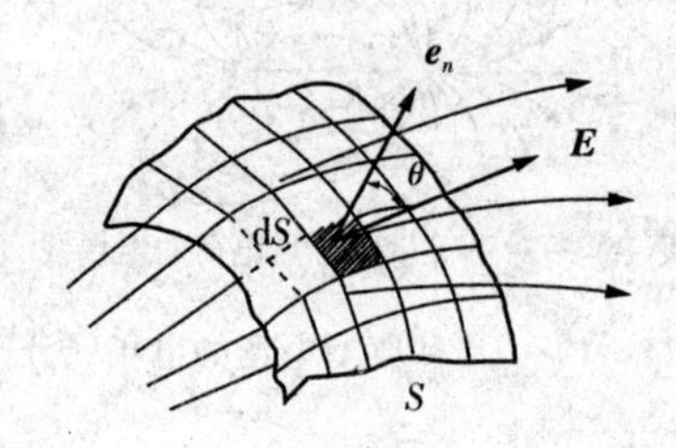

图 11－16　通过任意曲面的电通量

讨论：

① $\mathrm{d}\Phi_e$ 的直观意义：$\mathrm{d}\Phi_e$ 在量值上等于穿过面积的电力线条数。

② $\mathrm{d}\Phi_e$ 是标量，可正可负，取决于 θ 的取值：

$$\theta<\frac{\pi}{2},\mathrm{d}\Phi_e>0$$

$$\theta>\frac{\pi}{2},\mathrm{d}\Phi_e<0。$$

$$\theta=\frac{\pi}{2},\mathrm{d}\Phi_e=0$$

这一点给我们一个启示：当通过某一面积元的电通量为 0 时，并非面积元所在处的场强一定为 0。

通过任一曲面 S 的电通量就是通过这许许多多面积元的电通量之和，在极限的情况下，求和变成积分，即

$$\Phi_e=\int_S\mathrm{d}\Phi_e=\int_S E\cos\theta\mathrm{d}S=\int_S\boldsymbol{E}\cdot\mathrm{d}\boldsymbol{S} \tag{11-15}$$

当 S 为闭合曲面时，上式可写成

$$\Phi_e=\oint_S\mathrm{d}\Phi_e=\oint_S\boldsymbol{E}\cdot\mathrm{d}\boldsymbol{S} \tag{11-16}$$

必须指出，对于非闭合曲面，面积元法线的正方向可以取曲面的任一侧，而对闭合曲面而言，通常规定自内向外的方向为面积元法线的正方向，所以，电场线从曲面之内向外穿出处电通量为正；反之，电场线从外部穿入曲面处，电通量则为负。

3. 高斯定理

上面介绍了电通量的概念，现在进一步讨论通过闭合曲面的电通量和场源电荷量之间的关系，从而得出一个表征静电场性质的基本定理 —— 高斯(KF. Gauss) 定理。

首先我们计算在点电荷 $q(>0)$ 所激发的电场中，通过以点电荷为中心、半径为 r 的球面上的电通量，如图 11－17a 所示。显然，点电荷 q 的电场具有球对称性，球面上任一点的场强大小均为 $E=\frac{q}{4\pi\varepsilon_0 r^2}$，方向垂直于球面沿径向向外。这样通过球面上面积元 $\mathrm{d}S$ 的电通量为

$$\mathrm{d}\Phi_e = E\mathrm{d}S = \frac{q}{4\pi\varepsilon_0 r^2}\mathrm{d}S$$

而通过整个闭合球面的电通量(即为曲面 S 的电通量) 为

$$\Phi = \oint_S \frac{q\mathrm{d}S}{4\pi\varepsilon_0 r^2} = \frac{q}{4\pi\varepsilon_0 r^2} \cdot 4\pi r^2 = \frac{q}{\varepsilon_0}$$

这一结果与球面的半径 r 无关，只与球面所包围的电荷量有关。这意味着，对以点电荷 q 为球心的任意球面来说，通过它们的电通量都一样，都等于$\frac{q}{\varepsilon_0}$。用电场线的图像来说，通过各球面的电场线总条数相等，或者说，从点电荷 q 发出的所有电场线连续地延伸到无限远处。这实际上是静电场电场线性质中的第一条(即电场线具有连续性) 的根据。

现在设想另一个任意的闭合曲面 S'，S' 与球面 S 包围同一个点电荷 q，如图 11－17b 所示，由于电场线的连续性，可以得出通过闭合面 S 和 S' 的电场线的条数是一样的。因此通过任意形状的包围点电荷 q 的闭合曲面的电通量都等于 q/ε_0，用公式表示 $\Phi_e = \oint_S \boldsymbol{E} \cdot \mathrm{d}\boldsymbol{S} = \frac{q}{\varepsilon_0}$。

如果闭合曲面 S' 不包围点电荷 q，如图 11－17c 所示，则由电场线的连续性可得出，由一侧进入 S' 的电场线的条数一定等于从另一侧穿出 S' 电场线的条数，所以净穿出闭合面 S' 的电场线的条数为零。用公式表示为 $\Phi_e = \oint_{S'} \boldsymbol{E} \cdot \mathrm{d}\boldsymbol{S} = 0$。

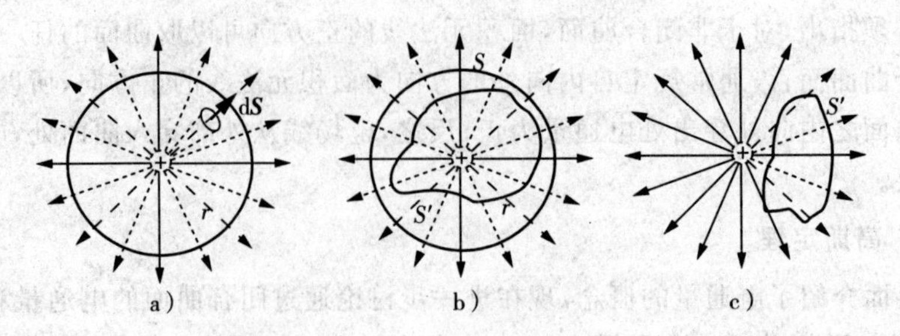

图 11-17 说明高斯定理图 1

以上是关于单个点电荷的电场的结论。而对于一个由 n 个点电荷构成的电荷系来说,结论又是怎样呢?如图 11-18 所示,其中有 k 个点电荷 $q_1, q_2, \cdots, q_k$ 在闭合曲面内,而点电荷 $q_{k+1}, q_{k+2}, \cdots, q_n$ 在闭合曲面外。在它们的电场中的任一点的合场强 $\boldsymbol{E}$,由场强叠加原理可得 $\boldsymbol{E}=\boldsymbol{E}_1+\boldsymbol{E}_2+\cdots+\boldsymbol{E}_n$,式中 $\boldsymbol{E}_1, \boldsymbol{E}_2, \cdots, \boldsymbol{E}_n$ 为单个点电荷产生的电场强度,$\boldsymbol{E}$ 为合场强。这时通过任意闭合曲面 S 的电通量为

$$\Phi_e=\oint_S \boldsymbol{E}\cdot \mathrm{d}\boldsymbol{S}=\oint_S \boldsymbol{E}_1\cdot \mathrm{d}\boldsymbol{S}+\oint_S \boldsymbol{E}_2\cdot \mathrm{d}\boldsymbol{S}+\cdots+\oint_S \boldsymbol{E}_k\cdot \mathrm{d}\boldsymbol{S}$$

$$+\oint_S \boldsymbol{E}_{k+1}\cdot \mathrm{d}\boldsymbol{S}+\oint_S \boldsymbol{E}_{k+2}\cdot \mathrm{d}\boldsymbol{S}+\cdots+\oint_S \boldsymbol{E}_n\cdot \mathrm{d}\boldsymbol{S}$$

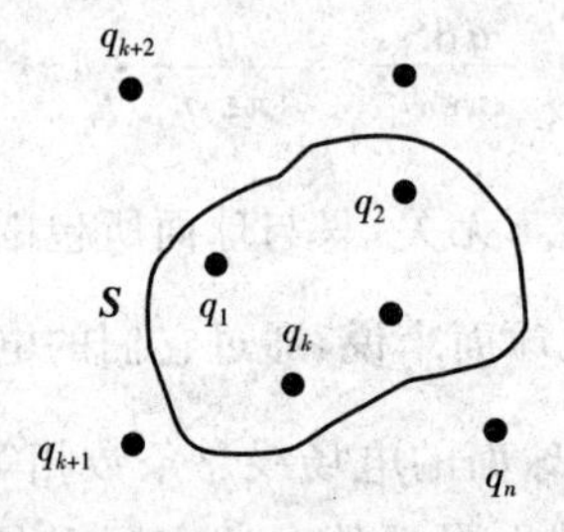

图 11-18 说明高斯定理图 2

由于点电荷 $q_1, q_2, \cdots, q_k$ 在闭合曲面内,而点电荷 $q_{k+1}, q_{k+2}, \cdots, q_n$ 在闭合曲面外,故

$$\oint_S \boldsymbol{E}_1\cdot \mathrm{d}\boldsymbol{S}+\oint_S \boldsymbol{E}_2\cdot \mathrm{d}\boldsymbol{S}+\cdots+\oint_S \boldsymbol{E}_k\cdot \mathrm{d}\boldsymbol{S}=\frac{q_1}{\varepsilon_0}+\frac{q_2}{\varepsilon_0}+\cdots+\frac{q_k}{\varepsilon_0}=\sum_{i=1}^{k}\frac{q_i}{\varepsilon_0}$$

而

$$\oint_S \boldsymbol{E}_{k+1}\cdot \mathrm{d}\boldsymbol{S}+\oint_S \boldsymbol{E}_{k+2}\cdot \mathrm{d}\boldsymbol{S}+\cdots+\oint_S \boldsymbol{E}_n\cdot \mathrm{d}\boldsymbol{S}=0$$

这样一来,有

$$\Phi_e = \oint_S \boldsymbol{E} \cdot d\boldsymbol{S} = \sum_{i=1}^{k} \frac{q_i}{\varepsilon_0} \tag{11-17}$$

如果电场是由连续分布的电荷所激发的，则式(11－17)可写成

$$\Phi_e = \oint_S \boldsymbol{E} \cdot d\boldsymbol{S} = \frac{1}{\varepsilon_0}\int_V \rho dV \tag{11-18}$$

上式中 ρ 为电荷体密度，V 为闭合曲面 S 所包围的体积。

式(11－17)或式(11－18)是表征静电场普遍性质的高斯定理的数学表达式，它表明：在真空中，通过任意闭合曲面的电通量等于该闭合曲面所包围的电荷量的代数和除以 ε_0。

对高斯定理的理解应注意以下两点：

① 高斯定理表达式中的场强 $\boldsymbol{E}$ 是高斯面上面积元 $d\boldsymbol{S}$ 所在处的场强，它是由空间全部电荷(既包括闭合曲面内又包括闭合曲面外的所有电荷)在 $d\boldsymbol{S}$ 处共同产生的合场强；

② 通过闭合曲面的电通量只取决于它所包围的电荷代数和，即只有闭合曲面内部的电荷才对这一通量有贡献，而闭合曲面外部的电荷对这一通量无贡献。

因此空间任何电荷一旦发生位置移动，$\boldsymbol{E}$ 的大小和方向均改变。但只要面内的电荷不出高斯面，面外的电荷不进入高斯面，无论它们怎么移动，通过高斯面的电通量不变。

其次，高斯定理反映出静电场是有源场。当闭合曲面内的电荷为正时，$\Phi_e > 0$，表示有电场线从正电荷发出并穿出闭合曲面，所以，正电荷称为静电场的源头；当闭合曲面内的电荷为负时，$\Phi_e < 0$，表示有电场线穿进闭合曲面而终止于负电荷，所以，负电荷称为静电场的尾闾。因此高斯定理说明了电场线起自于正电荷、终止于负电荷，在没有电荷的地方不会中断。具有这种性质的场我们称之为有源场。

最后，我们说高斯定理从表面上看是从库仑定律中推出来的，但其地位比库仑定律更高。库仑定律只适用于静电场，而高斯定理对于非静电场的情况其形式依然不变，从这个意义上说，高斯定理比库仑定律适用范围更广，也更基本。

4. 高斯定理的应用

高斯定理的一个重要应用就是计算具有某种对称性的带电体周围的电场强度。高斯定理表达式左边属于面积分，一般情况下计算比较复杂。但如果所讨论的电场是均匀电场，或者电场的分布具有某种对称性时，就为我们选取合

适的闭合曲面提供了条件，从而使面积分变得简单易算。所以分析电场的对称性是应用高斯定理求电场强度的一个关键。下面举几个电荷分布具有对称性的简单例子来说明应用高斯定理计算场强的方法。

【例 11-5】 求半径为 R，所带总电荷量为 q 的均匀带电球体的电场分布。

解 如图 11-19 所示。不论场点 P 是在球外还是在球内，相对于球心 O 与 P 的连线 OP，在均匀带电球体内都存在与它对称的一对点电荷元 $\mathrm{d}q$ 和 $\mathrm{d}q'$，每一对电荷元在 P 点处激发的垂直 OP 的场强分量，因场强方向相反而相互抵消，所以，P 点的总场强 $\boldsymbol{E}$ 一定是沿 OP 连线(即沿径向)，并且，在任何与带电球同心的球面上各点场强的大小都相等。可见，电荷呈均匀球对称分布时，所激发的电场分布也具有球对称性。

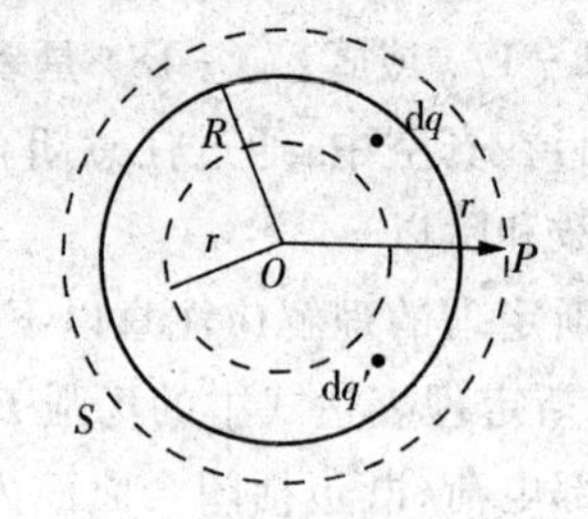

图 11-19　均匀带电球体的场强

根据球对称性的特点，过场点 P 作半径为 r 与带电球同心的球面 S，习惯上称它为高斯面，通过这球面 S(高斯面) 的电通量为

$$\Phi=\oint_S \boldsymbol{E}\cdot\mathrm{d}\boldsymbol{S}=\frac{\sum q_{内}}{\varepsilon_0}\Rightarrow\oint_S E\mathrm{d}S\cos 0=E\oint_S\mathrm{d}S=E4\pi r^2=\frac{\sum q_{内}}{\varepsilon_0}$$

$$\Rightarrow E=\frac{\sum q_{内}}{4\pi\varepsilon_0 r^2}$$

当 P 点在带电球体外时($r\geqslant R$)，$\sum q_{内}=q$，所以

$$E=\frac{q}{4\pi\varepsilon_0 r^2}$$

当 P 点在带电球体内时($r<R$)，$\sum q_{内}=\dfrac{q}{\frac{4}{3}\pi R^3}\cdot\dfrac{4}{3}\pi r^3=\dfrac{qr^3}{R^3}$，所以

$$E=\frac{qr}{4\pi\varepsilon_0 R^3}$$

即半径为 R，所带总电荷量为 q 的均匀带电球体的电场分布为

$$E=\frac{q}{4\pi\varepsilon_0 r^2},r\geqslant R$$
$$E=\frac{qr}{4\pi\varepsilon_0 R^3},r<R \tag{11-19}$$

场强 $\boldsymbol{E}$ 的大小随场点距离 r 的变化关系如图 11-20a 所示。

利用类似的方法，可求得半径为 R，所带总电荷量为 q 的均匀带电球面的电场分布为

$$E=\frac{q}{4\pi\varepsilon_0 r^2},\quad r\geqslant R$$
$$E=0,\quad r<R \tag{11-20}$$

场强 $\boldsymbol{E}$ 的大小随场点距离 r 的变化关系如图 11-20b 所示。

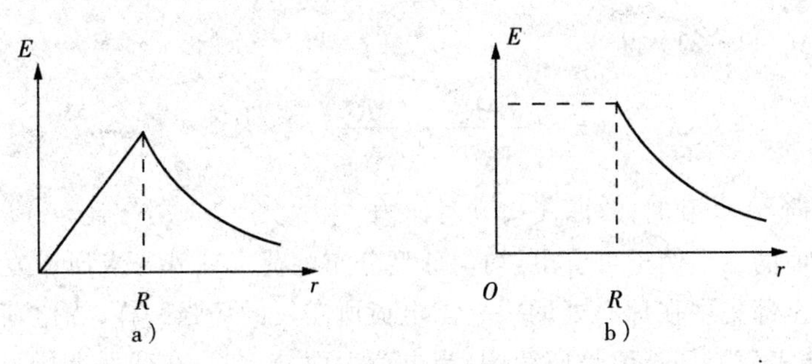

图 11-20　均匀带电球体和均匀带电球面的电场分析

总结：实际上只要电荷分布具有球对称性，其场强分布都可用公式

$$E=\frac{\sum q_{内}}{4\pi\varepsilon_0 r^2} \tag{11-21}$$

注意该式中的 r 为场点 P 到球心 O 的距离，而 $\sum q_{内}$ 为过场点 P 所作的同心球面 S（即高斯面）所包围电荷代数和。另外，场强的方向沿径向，$\sum q_{内}>0$ 时向外，$\sum q_{内}<0$ 时向内。上面讨论的均匀带电球体和均匀带电球面的场强分布为式(11-21) 的特例。

又如：一半径为 R 的带电球体，其电荷体密度分布为 $\rho=Ar(r\leqslant R)$，$\rho=0(r>R)$，A 为一常量，则球体内外的场强分布：

在球内取半径为 r、厚为 $\mathrm{d}r$ 的薄球层，该球层所包含的电荷为

$$\mathrm{d}q=\rho\mathrm{d}V=Ar\cdot 4\pi r^2\mathrm{d}r$$

在半径为 r 的球面内包含的总电荷为

$$q=\int_V\rho\mathrm{d}V=\int_0^r 4\pi Ar^3\mathrm{d}r=\pi Ar^4\ (r\leqslant R)$$

以该球面为高斯面，根据式(11-21) 得

$$E=\frac{\pi Ar^4}{4\pi\varepsilon_0 r^2}=\frac{Ar^2}{4\varepsilon_0}(r\leqslant R)$$

方向沿径向,$A>0$ 时向外,$A<0$ 时向里。

在球体外作一半径为 r 的同心高斯球面,同理可得该高斯球面内所包含的总电荷为

$$q=\int_V \rho \mathrm{d}V=\int_0^R 4\pi A r^3 \mathrm{d}r=\pi A R^4 (r>R)$$

根据式(11-21)得

$$E=\frac{\pi A R^4}{4\pi\varepsilon_0 r^2}=\frac{AR^4}{4\varepsilon_0 r^2}(r>R)$$

方向沿径向,$A>0$ 时向外,$A<0$ 时向内。

从上面的三个例子可看出:均匀球型分布电荷在球外各点所激发的场强与所带电荷全部集中在球心处的一个点电荷所激发的场强一样;当电荷为体分布时,在球体表面上场强值是连续的,当电荷为面分布时,在球面上场强值是不连续的。

【例 11-6】 求无限大均匀带电平面的电场分布。已知带电平面上的面电荷密度为 σ。

解 考虑距离带电平面为 r 的 P 点的场强 $\boldsymbol{E}$(如图 11-21 所示),由于电荷分布对于垂线 OP 是对称的,采用与上题相似的对称性分析,可得两侧距平面等远点处的场强大小一样,方向处处与平面垂直,并指向两侧。为了计算场强的大小,过场点 P 和平面左侧对称的 P' 点作一个圆柱形闭合面,其轴线与平面垂直,两底面与平面平行,底面积为 S,由于在圆柱侧面上,电场线与侧面平行,所以,通过侧面的电通量为零,平面两侧与平面等距离的两底面上的场强大小相等、方向相反,电场线都垂直穿过左、右两个底面,因而通过两底面的电通量为 $ES+ES$,由高斯定理 $\Phi_e=\oint_S \boldsymbol{E}\cdot \mathrm{d}\boldsymbol{S}=\frac{\sum q_{内}}{\varepsilon_0}$,$\Rightarrow \int_{左底} \boldsymbol{E}\cdot \mathrm{d}\boldsymbol{S}+\int_{右底} \boldsymbol{E}\cdot \mathrm{d}\boldsymbol{S}+\int_{侧面} \boldsymbol{E}\cdot \mathrm{d}\boldsymbol{S}=\frac{\sigma S}{\varepsilon_0}$,$\Rightarrow ES+ES=\frac{\sigma S}{\varepsilon_0}$,于是可求得 P 点的场强大小为

$$E=\frac{\sigma}{2\varepsilon_0} \tag{11-22}$$

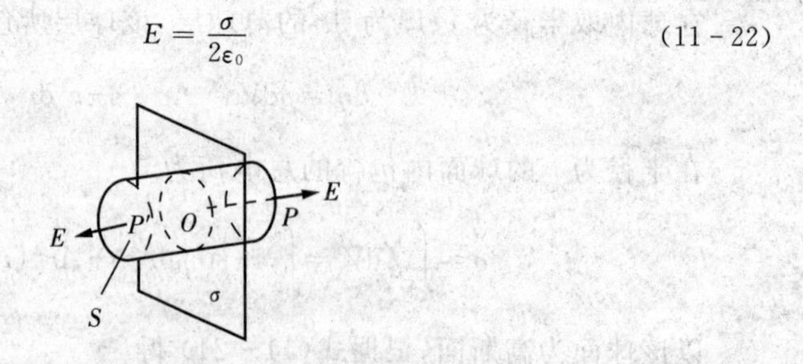

图 11-21 无限大均匀带电平面的电场

它与场点的位置无关,这表明无限大均匀带电平面两侧各点场强大小相等,方向都与

平面相垂直，$\sigma > 0$，则场强的方向（从场点）背离带电平面；$\sigma < 0$，则场强的方向（从场点）指向带电平面；无限大均匀带电平面在其两侧分别产生均匀电场，这与例 11－3 通过积分计算所得结果一致，但用高斯定理的方法计算简便得多。

应用本例题的结果和场强叠加原理，读者可以证明，一对电荷面密度等值异号（即 $\pm\sigma$）的无限大均匀带电平行平面间场强的大小为 $E=\dfrac{\sigma}{\varepsilon_0}$，其方向从带正电平面指向带负电平面；而在两个平行平面外部空间各点的场强为零。在实验室里，常利用一对均匀带电的平板电容器（忽略边缘效应）获得均匀电场。

【例 11－7】　求半径为 R，电荷线密度为 λ 的无限长均匀带电圆柱体的电场分布。

解　由于电荷分布是轴对称的，而且圆柱是无限长，按前两题相似的对称性分析，可以确定其电场也具有轴对称性，即与圆柱轴线距离相等的各点，场强大小相等，方向垂直柱面呈辐射状，如图 11－22 所示。为了求任一点 P 处的场强，过场点 P 作一个与带电圆柱共轴的圆柱形闭合高斯面 S，柱高为 h，底面半径为 r。因为在圆柱面的侧面上各点场强大小相等、方向处处与侧面正交，所以通过该侧面的电通量为 $E2\pi rh$，通过圆柱两底面的电通量为零。

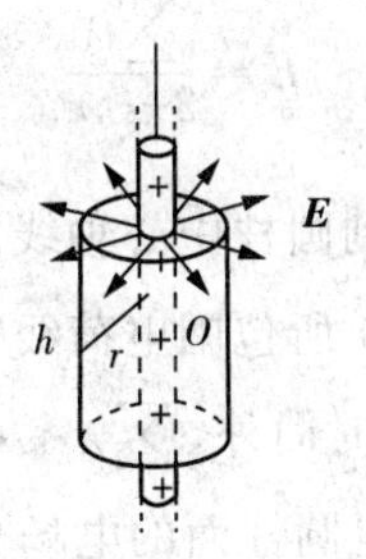

图 11－22　无限长均匀带电圆柱体的电场

由高斯定理得

$$\Phi_e=\oint_S \boldsymbol{E}\cdot d\boldsymbol{S}=\frac{\sum q_{内}}{\varepsilon_0}\Rightarrow\int_{上底}\boldsymbol{E}\cdot d\boldsymbol{S}+\int_{下底}\boldsymbol{E}\cdot d\boldsymbol{S}+\int_{侧面}\boldsymbol{E}\cdot d\boldsymbol{S}=\frac{\sum q_{内}}{\varepsilon_0}$$

$$\Rightarrow E2\pi rh=\frac{\sum q_{内}}{\varepsilon_0}$$

当 P 点在带电圆柱体外时（$r>R$），有

$$\sum q_{内}=\lambda h$$

于是可求得 P 点的场强大小为

$$E=\frac{\lambda}{2\pi\varepsilon_0 r}$$

当 P 点在带电圆柱体内时（$r\leqslant R$）

$$\sum q_{内}=\frac{\lambda h}{\pi R^2 h}\cdot\pi r^2 h=\frac{\lambda h r^2}{R^2}$$

于是可求得 P 点的场强大小为

$$E=\frac{\lambda r}{2\pi\varepsilon_0 R^2}$$

即半径为 R,电荷线密度为 λ 的无限长均匀带电圆柱体的电场分布为

$$\begin{aligned}E&=\frac{\lambda}{2\pi\varepsilon_0 r},r>R\\E&=\frac{\lambda r}{2\pi\varepsilon_0 R^2},r\leqslant R\end{aligned}\tag{11-23}$$

利用类似的方法,可求得半径为 R,电荷线密度为 λ 的无限长均匀带电圆柱面的电场分布为

$$\begin{aligned}E&=\frac{\lambda}{2\pi\varepsilon_0 r},r>R\\E&=0,r<R\end{aligned}\tag{11-24}$$

总结:实际上只要电荷是无限长均匀圆柱形分布,其场强分布都可用公式

$$E=\frac{\sum\lambda}{2\pi\varepsilon_0 r}\tag{11-25}$$

注意该式中的 r 为场点 P 到圆柱中心轴线的垂直距离,而 $\sum\lambda$ 为过场点 P 所作的同轴圆柱面 S(即高斯面) 所包围电荷线密度代数和。另外,场强的方向垂直于圆柱面沿径向,$\sum\lambda>0$ 时向外,$\sum\lambda<0$ 时向内。上面讨论的无限长均匀带电圆柱体和无限长均匀带电圆柱面的电场分布为式(11-25) 的特例。

又如:求半径分别为 R_1 和 $R_2(R_2>R_1)$,电荷线密度分别为 λ_1 和 λ_2 的两个同轴无限长均匀带电圆柱面的场强分布。

根据式(11-25),有

$$E=\frac{\lambda_1+\lambda_2}{2\pi\varepsilon_0 r},r>R_2$$

$$E=\frac{\lambda_1}{2\pi\varepsilon_0 r},R_1<r<R_2$$

$$E=0,r<R_1$$

从上面的三个特例可看出,无限长圆柱形轴对称均匀分布电荷在圆柱外各点激发的场强,与所带电荷全部集中在其轴线上的均匀线分布电荷所激发的场强一样。

从以上几个例子可以看出,只有当电荷所激发的电场具有球对称、均匀面对称、均匀轴对称时,才能过场点作出适当的高斯面,并按高斯定理求出场强来。有时会遇到一些带电体,其电荷分布所激发的电场,虽然也具有某种对称

性，但因对称度不够高，仍然无法在这样的电场中找到一个合适的高斯面求出场强来。所以问题的关键是：电场具有高度的对称性，我们再根据具体的对称性特点，找出合适的闭合面，使闭合面上各点电场强度都垂直于这个闭合面，而且大小处处相等；或者使闭合面的一部分上场强处处与该面垂直，且大小相等，另一部分上场强与该面平行，因而通过该面的电通量为零。如果能找到这样的闭合面，那么，就能很方便地求出场强。显然，只有当带电系统均匀带电并具有如上各例的那种对称性时，才能做到这一点。一般情况下，如果带电系统不具有这样的对称性，虽然此时高斯定理依然成立，但却不能用来计算场强。

§11－4　静电场的环路定理　电势

在前几节中，我们从电荷在电场中受到电场力这一事实出发，研究了静电场的性质，并引入电场强度 $\boldsymbol{E}$ 作为描述电场这一特性的物理量。而高斯定理是从 $\boldsymbol{E}$ 的角度反映出通过闭合面的电通量与该面内电荷量的关系，揭示了静电场是一个有源场这一基本特性。既然电荷在电场中要受电场力的作用，那么电荷在电场中移动时，电场力一定要对电荷做功。在这一节中，我们将从电场力做功的特点入手，导出反映静电场另一个基本特性的环路定理，从而揭示静电场是一个保守力场。

1. 静电场的环路定理

设有一点电荷 q 固定在 O 点处，并在 q 的电场中，将试探电荷 q_0 从 A 点（矢径为 $\boldsymbol{r}_A$）经过任意路径 ACB 移动到达 B 点（矢径为 $\boldsymbol{r}_B$）。如图 11－23 所示，在路径中任一点 C（矢径为 $\boldsymbol{r}$）的附近，取位移元 $\mathrm{d}\boldsymbol{l}$，C 点处的场强大小为 $E=\dfrac{q}{4\pi\varepsilon_0 r^2}$，方向沿径向（如图 11－23 所示）。

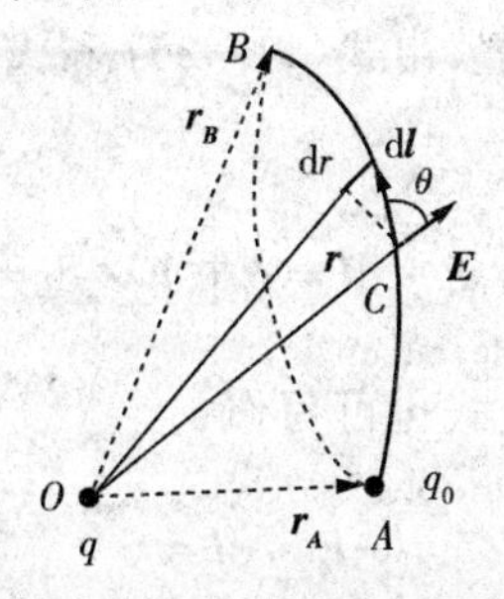

图 11－23　电场力做功

故在 $\mathrm{d}\boldsymbol{l}$ 这段位移中,电场力对 q_0 所做的功为

$$\mathrm{d}W=\boldsymbol{F}\cdot\mathrm{d}\boldsymbol{l}=q_0\boldsymbol{E}\cdot\mathrm{d}\boldsymbol{l}=q_0E\mathrm{d}l\cos\theta=q_0\frac{q}{4\pi\varepsilon_0r^2}\mathrm{d}r$$

当试探电荷 q_0 从 A 点移到 B 点时,电场力所做的功为

$$W=\int_A^B\mathrm{d}W=\int_{r_A}^{r_B}q_0\frac{q}{4\pi\varepsilon_0r^2}\mathrm{d}r=\frac{q_0q}{4\pi\varepsilon_0}\left(\frac{1}{r_A}-\frac{1}{r_B}\right)\tag{11-26}$$

式中 r_A 和 r_B 分别表示从点电荷 q 所在处到路径的起点和终点的距离。式(11-26)表明,在静止点电荷 q 的电场中,电场力对试探电荷 q_0 所做的功与路径无关,而只与路径的起点和终点位置有关。

如果试探电荷 q_0 在点电荷系 $q_1,q_2,\cdots,q_n$ 的电场中移动,它所受到的电场力等于各个点电荷的电场力的矢量和,即

$$\boldsymbol{F}=\boldsymbol{F}_1+\boldsymbol{F}_2+\cdots+\boldsymbol{F}_n=\sum_{i=1}^{n}\boldsymbol{F}_i$$

由于合力所做的功等于各分力所做的功的代数和,因此试探电荷 q_0 在点电荷系电场中从 A 点经过任意路径 ACB 到达 B 点时,电场力 $\boldsymbol{F}$ 所做的功等于各个点电荷的电场力 $\boldsymbol{F}_1,\boldsymbol{F}_2,\cdots,\boldsymbol{F}_n$ 所做功的代数和。上面已经证明了在点电荷的电场中,电场力的功与路径无关,故各项之和也应与路径无关,即

$$W=W_1+W_2+\cdots+W_n=\sum_{i=1}^{n}\frac{q_0q_i}{4\pi\varepsilon_0}\left(\frac{1}{r_{iA}}-\frac{1}{r_{iB}}\right)\tag{11-27}$$

式中 r_{iA} 和 r_{iB} 分别表示从点电荷 q_i 所在处到路径的起点和终点的距离。由于任何静电场都可看作是点电荷系中各点电荷的电场的叠加,因而得出结论:试探电荷在任何静电场中移动时,电场力所做的功只与试探电荷的大小以及路径的起点和终点的位置有关,而与路径无关。

上述结论还可用另一种形式来表达,设试探电荷在电场中从某点出发,经过闭合路线 L 又回到原来位置,由式(11-26)和式(11-27)可知电场力做功为零,亦即

$$\oint_L q_0\boldsymbol{E}\cdot\mathrm{d}\boldsymbol{l}=q_0\oint_L\boldsymbol{E}\cdot\mathrm{d}\boldsymbol{l}=0$$

因为试探电荷 $q_0\neq0$,所以上式也可写作

$$\oint_L\boldsymbol{E}\cdot\mathrm{d}\boldsymbol{l}=0\tag{11-28}$$

上式的左边是场强 $\boldsymbol{E}$ 沿闭合路径的线积分,也称为静场强 $\boldsymbol{E}$ 的环流,因此,

静电场力做功与路径无关这一性质，又可表达为静场强 $\boldsymbol{E}$ 的环流等于零，它是反映静电场基本特性的又一个重要规律，称为静电场环路定理。任何力场，只要具备场强的环流为零的特性，就叫做保守力场或叫做势场。静电场是保守力场，还可称为无旋场，而由高斯定理，静电场又是有源场，所以我们说静电场是一种有源无旋场。

2. 电势能　电势

静电场力是保守力，而保守力与势能之间有一一对应关系，对应静电场力这一保守力的势能称为电势能。根据功能原理，通过保守力做功改变系统的势能，静电场力所做的功等于系统电势能增量的负值或电势能的减少量，即

$$W_{AB}=\int_{A}^{B} q_{0}\boldsymbol{E}\cdot \mathrm{d}\boldsymbol{l}=-(E_{PB}-E_{PA})=E_{PA}-E_{PB} \tag{11-29}$$

式中 A、B 分别表示 q_0 在电场中的始末位置，而 E_{PA} 和 E_{PB} 分别表示 q_0 在这两个位置上的电势能。如果 $W_{AB}>0$，则 $E_{PA}>E_{PB}$，即静电力做正功，系统电势能减少；如果 $W_{AB}<0$，则 $E_{PA}<E_{PB}$，即静电力做负功，系统电势能增加。电势能与重力势能相似，也是一个相对量，为了确定点电荷 q_0 在电场中某一点电势能的大小，必须选定一个电势能的零点，这个选择具有任意性，当带电体的电荷分布于有限区域内时，我们一般选定点电荷 q_0 在无限远处的电势能为零，这样 A 点的电势能为

$$E_{PA}=\int_{A}^{\infty} q_{0}\boldsymbol{E}\cdot \mathrm{d}\boldsymbol{l} \tag{11-30}$$

即点电荷 q_0 在电场中任一点 A 处的电势能 E_{PA} 在量值上等于将点电荷 q_0 从 A 点移到无限远处的过程中电场力所做的功。

应该指出：与重力势能相似，电势能也是属于相互作用的整个系统的。试探电荷 q_0 与场源电荷所激发的电场之间的相互作用能量，不仅与电场有关，还与点电荷 q_0 有关。因此电势能 E_{PA} 不能直接描述某一给定点 A 处电场的性质。但比值 $\dfrac{E_{PA}}{q_0}$ 却与 q_0 无关，只决定于场中给定点 A 处电场的性质，所以我们用这一比值来描述静电场中给定点 A 的电场性质，称为 A 点的电势，用 V_A 来表示，即

$$V_{A}=\frac{E_{PA}}{q_{0}}=\int_{A}^{\infty}\boldsymbol{E}\cdot \mathrm{d}\boldsymbol{l} \tag{11-31}$$

可见静电场中某点的电势，在数值上等于放在该点的单位正电荷的电势能，也等于单位正电荷从该点经过任意路径到无限远处时电场力所做的功。

电势是标量,相对于电势能零点来讲有正或负的数值。在国际单位制中,电势的单位是 $J \cdot C^{-1}$,称为伏特(V)。如果有1C的电荷量在电场中某点处所具有的电势能是1J,这点的电势就是1V。或者说,当把1C的点电荷从静电场中某点移到无限远处,电场力所做的功为1J时,该点的电势就是1V。

在静电场中,任意两点 A 和 B 的电势差,通常也叫做电压,用公式表示为

$$U_{AB}=V_A-V_B=\int_A^{\infty}\boldsymbol{E}\cdot \mathrm{d}\boldsymbol{l}-\int_B^{\infty}\boldsymbol{E}\cdot \mathrm{d}\boldsymbol{l}=\int_A^{\infty}\boldsymbol{E}\cdot \mathrm{d}\boldsymbol{l}+\int_{\infty}^{B}\boldsymbol{E}\cdot \mathrm{d}\boldsymbol{l}$$

由此可得

$$U_{AB}=\int_A^B\boldsymbol{E}\cdot \mathrm{d}\boldsymbol{l} \tag{11-32}$$

这就是说,静电场中 A、B 两点的电势差,等于单位正电荷在电场中从 A 点经过任意路径到达 B 点时电场力所做的功。两点之间电势差与电势能零点的选取无关。

式(11-32)给我们一个启示:当任一点电荷 q_0 在电场中从 A 点移到 B 点时,电场力所做的功可用电势差来表示,即

$$W_{AB}=q_0U_{AB}=q_0(V_A-V_B) \tag{11-33}$$

在实际应用中,经常遇到的是两点间的电势差,式(11-33)是计算电场力做功和计算电势能增减变化时的常用公式。

顺便指出,在原子、核子物理中,电子、质子等粒子的能量也常用电子伏特做单位,符号为eV。1eV表示一个电子通过1V的电势差时所获得的能量,电子伏特与焦耳之间的关系为

$$1\mathrm{eV}=1.602\times10^{-19}\mathrm{J}$$

应当指出,电场中某一点的电势值与电势零点的选取有关,而电场中任意两点的电势差则与电势零点的选取无关。

前面已经讲过,一般情况下电势和电势能的零点的选取是任意的,这由我们处理问题的需要而定。在理论上,计算一个有限大小的带电体所激发的电场中各点的电势时,往往选取无限远处一点的电势为零。但在许多实际问题中,常常以地球的电势为零,其他带电体的电势都是相对地球而言的。这样的规定有很多方便之处:一方面可以在任何地方都能方便地和地球比较而确定各个带电体的电势;另一方面,地球是一个半径很大的导体,在这样一个导体上增减一些电荷对其电势的影响是很小的,因此地球的电势比较稳定。在工业上,消除摩擦起电的重要措施之一就是"接地",这样使带电体的电势和地球一致,带电

体上的电荷就会传到地球上去而不会一直积累起来。为了安全用电，实验室中和工厂企业中很多电气设备和仪器（如马达、示波器等）的外壳在使用时也都接地，这样可防止当电气设备因绝缘不良而使外壳带电引起触电事故。

3. 电势的计算

(1) 点电荷 q 的电场中的电势

选无限远处电势为零，如图 11－24 所示，根据式(11－31)，$V_P=\int_P^{\infty}\boldsymbol{E}\cdot d\boldsymbol{l}$，由于该积分与路径无关，我们选择一个最简单的路径，即沿径向向外，则

$$V_P=\int_P^{\infty}\boldsymbol{E}\cdot d\boldsymbol{l}=\int_r^{\infty}E dr\cos 0=\int_r^{\infty}\frac{q}{4\pi\varepsilon_0 r^2}dr=\frac{q}{4\pi\varepsilon_0 r} \qquad (11-34)$$

图 11－24　点电荷的电势

注意：① 上式中的 q 为代数量，如果 $q>0$，各点的电势也是正的，如果 $q<0$，各点的电势也是负的。② 上式的适用条件是：选无限远处电势为零时的点电荷 q 产生的电场中电势。

(2) 点电荷系电场中的电势

如果电场是由 n 个点电荷 $q_1,q_2,\cdots,q_n$ 所激发，则某点 P 的电势由场强叠加原理可知为

$$V_P=\int_P^{\infty}\boldsymbol{E}\cdot d\boldsymbol{l}=\int_P^{\infty}\boldsymbol{E}_1\cdot d\boldsymbol{l}+\int_P^{\infty}\boldsymbol{E}_2\cdot d\boldsymbol{l}+\cdots$$

$$+\int_P^{\infty}\boldsymbol{E}_n\cdot d\boldsymbol{l}=\frac{q_1}{4\pi\varepsilon_0 r_1}+\frac{q_2}{4\pi\varepsilon_0 r_2}+\cdots+\frac{q_n}{4\pi\varepsilon_0 r_n}$$

即

$$V_P=\sum_{i=1}^{n}\frac{q_i}{4\pi\varepsilon_0 r_i}=\sum_{i=1}^{n}V_i \qquad (11-35)$$

式中 r_i 是点电荷 q_i 到场点 P 的距离。上式表明，在点电荷系的静电场中，某点的电势等于每一个点电荷单独在该点所激发的电势的代数和。这就是电势叠加原理。

(3) 连续分布电荷电场中的电势

如果静电场是由电荷连续分布的带电体所激发，则求某点的电势，只要将式(11－35)以积分式代之。设 dq 为带电体上任一电荷元的电荷量，r 为 dq 到给

定点 P 的距离,如图 11 - 25 所示,则 P 点的电势为

$$V_P = \int \frac{dq}{4\pi\varepsilon_0 r} \tag{11-36}$$

积分遍及整个带电体,因为电势是标量,这里的积分是标量积分,所以电势的计算比起电场强度的计算较为简便。

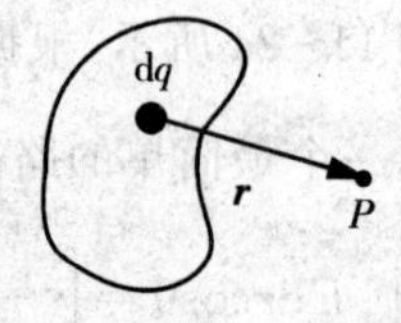

图 11 - 25 电荷连续分布的带电体的电势

应该注意,在式(11 - 34)、式(11 - 35) 和式(11 - 36) 的计算式中,电荷都是分布在有限区域内的,并且选择无限远处为电势的零点。当激发电场的电荷分布延伸到无限远时,不宜把电势的零点选在无限远处,否则将导致场中任一点的电势值为无限大,这时只能根据具体问题,在场中选一合适点为电势的零点。

总结:计算不同形状电荷系统产生的电势的问题,一般可以有两种方法处理:其一是场强 $\boldsymbol{E}$ 已知或先求出场强 $\boldsymbol{E}$,然后由电势的定义式 $U_P = \int_P^\infty \boldsymbol{E} \cdot d\boldsymbol{l}$ 来求电势。其二是根据电势叠加原理,由公式 $U_P = \int \frac{dq}{4\pi\varepsilon_0 r}$ 来求电势。到底用哪种方法,要视具体问题确定。当电荷分布具有某种对称性,以至于能用高斯定理很容易求出场强 $\boldsymbol{E}$ 的分布时,通常用第一种方法比较简单;当电荷分布不具有对称性,不能用高斯定理直接求出场强 $\boldsymbol{E}$ 的分布时,通常用第二种方法。

【例 11 - 8】 计算半径为 R,总电荷量为 q 的均匀带电球面电场中的电势分布。

解 电荷分布具有球对称性,场强分布为

$$E = \frac{q}{4\pi\varepsilon_0 r^2}, r > R$$

$$E = 0, r < R$$

则在球面外距球心距离为 r 处的 P 点的电势为

$$V_P = \int_P^\infty \boldsymbol{E} \cdot d\boldsymbol{l} = \int_r^\infty E dr\cos\theta = \int_r^\infty \frac{q}{4\pi\varepsilon_0 r^2} dr = \frac{q}{4\pi\varepsilon_0 r} \tag{11-37}$$

在球面内距球心距离为 r 处的 P 点的电势,由于球内外空间的场强函数不同,所以积分必须分段进行,即

$$V_P=\int_r^R \boldsymbol{E}\cdot \mathrm{d}l+\int_R^{\infty}\boldsymbol{E}\cdot \mathrm{d}\boldsymbol{l}=0+\int_R^{\infty}\frac{q}{4\pi\varepsilon_0 r^2}\mathrm{d}r=\frac{q}{4\pi\varepsilon_0 R} \qquad (11-38)$$

由此可见，一个均匀带电球面在球外任一点产生的电势和把全部电荷看作集中在球心的一个点电荷在该点产生的电势相同；在球面内任一点的电势应与球面上的电势相等。故均匀带电球面及其内部是一个等电势的区域。电势 V 随距离 r 的变化关系如图 11-26 所示。

注意式(11-37) 和式(11-38) 中的 q 为代数量，可正可负；r 为场点到球心的距离。

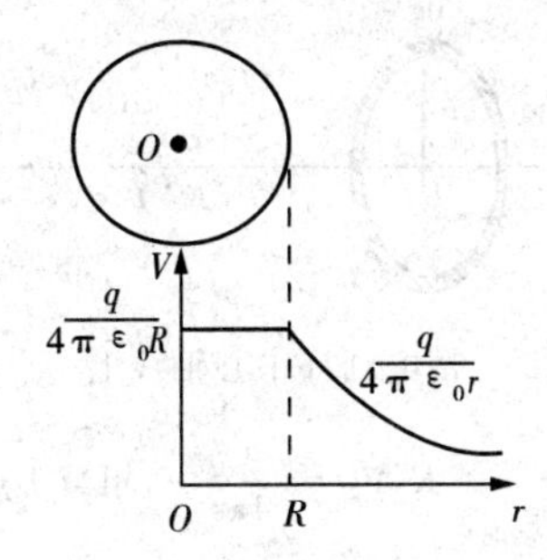

图 11-26　均匀带电球面的电势分布

【例 11-9】　计算线电荷密度为 λ 的无限长均匀带电直线的电势分布。

解　因为无限长带电直线的电荷分布是延伸到无限远的，所以在这种情况下不能选无限远处作为电势零点，否则必得出电势为无限大值的结果，显然这是没有意义的(请读者自己验证)。因此不能用公式 $V_P=\int\frac{\mathrm{d}q}{4\pi\varepsilon_0 r}$ 来计算电势，同样也不能直接用公式 $V_P=\int_P^{\infty}\boldsymbol{E}\cdot\mathrm{d}\boldsymbol{l}$ 来计算电势。对于这种电荷分布是延伸到无限远的情况，只能选有限远点作为电势零点。若选取距离带电直线 r_0 处的 P_0 点为电势零点，如图 11-27 所示，则距离带电直线 r 处的 P 点的电势为

$$V_P=\int_P^{P_0}\boldsymbol{E}\cdot\mathrm{d}\boldsymbol{l}=\int_r^{r_0}E\mathrm{d}r\cos 0=\int_r^{r_0}\frac{\lambda}{2\pi\varepsilon_0 r}\mathrm{d}r=\frac{\lambda}{2\pi\varepsilon_0}\ln\frac{r_0}{r}$$

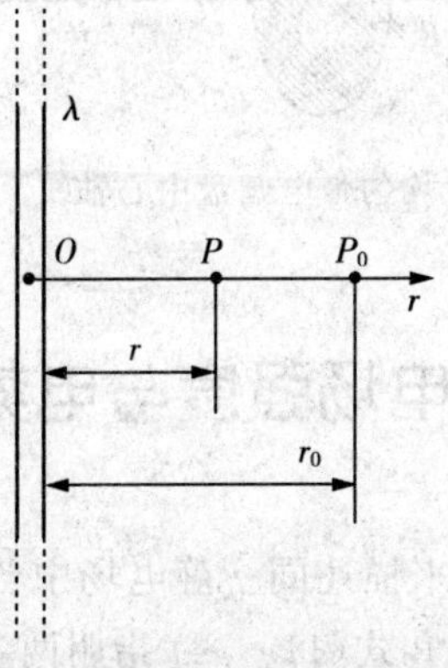

图 11-27　无限长均匀带电直线的电势分布

【例 11-10】 电荷 q 分布在半径为 R 的细圆环上。求圆环轴线上距环心为 x 处的 P 点的电势,如图 11-28 所示。

解 在圆环上任取电荷元 $\mathrm{d}q$,它到场点 P 的距离为 r,由公式(11-36)可得 P 点的电势为

$$V_P=\oint\frac{\mathrm{d}q}{4\pi\varepsilon_0 r}=\frac{1}{4\pi\varepsilon_0 r}\oint\mathrm{d}q=\frac{q}{4\pi\varepsilon_0 r}=\frac{q}{4\pi\varepsilon_0\sqrt{x^2+R^2}}$$

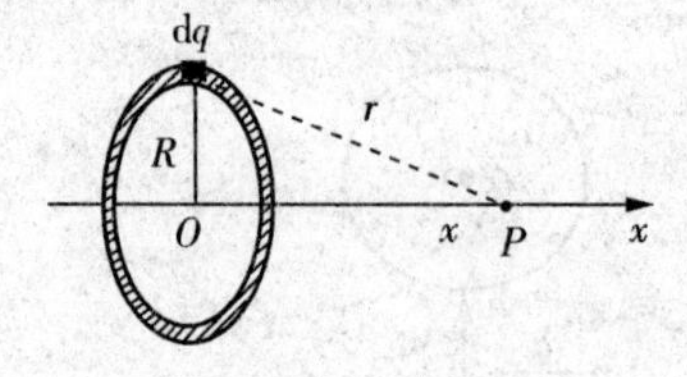

图 11-28　带电圆环中心轴线上一点的电势

当 $x=0$,$V_P=\dfrac{q}{4\pi\varepsilon_0 R}$;当 $x\gg R$,$V_P=\dfrac{q}{4\pi\varepsilon_0 x}$,相当于点电荷的电势。

【例 11-11】 求一半径为 R,电荷面密度为 σ 的均匀带电圆盘中心轴线上任意一点 P 的电势。

解 作半径为 r、宽度为 $\mathrm{d}r$ 的细圆环,如图 11-29 所示,利用上例中圆环在中心轴线上的电势的已知结果,可得本题所作细环在 P 的电势为 $\mathrm{d}V_P=\dfrac{\mathrm{d}q}{4\pi\varepsilon_0\sqrt{x^2+r^2}}$,而细环的电量 $\mathrm{d}q=\sigma 2\pi r\mathrm{d}r$,故带电圆盘在中心轴线上 P 点的电势为

$$V_P=\int_0^R\frac{\sigma 2\pi r\mathrm{d}r}{4\pi\varepsilon_0\sqrt{x^2+r^2}}=\frac{\sigma}{2\varepsilon_0}(\sqrt{x^2+R^2}-x)$$

利用已知电势结果加电势叠加原理也是计算电势的一种常用方法。

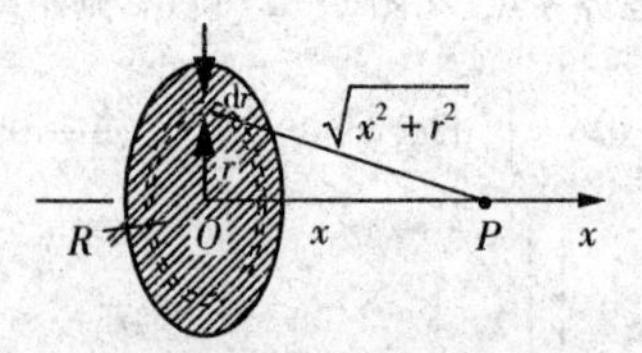

图 11-29　均匀带电圆盘中心轴线上一点的电势

* §11-5　电场强度与电势梯度的关系

电场强度和电势都是用来描述同一静电场中各点性质的物理量,两者之间有密切的关系。式(11-31)和式(11-32)指明两者之间的积分形式关系,本节将着重研究两者之间的微分形式关系。为了对这种关系有比较直观的认识,我

们首先介绍电势的图示法。

1. 等势面

前面我们曾介绍用电场线来形象地描述电场中各点的场强情况，现在我们说明如何用图像来形象地表示电场中的电势分布情况。一般来说，静电场中各点的电势是逐点变化的，但是场中有许多点的电势值是相等的。这些电势值相等的各点连起来所构成的曲面叫做等势面。我们约定相邻两个等势面之间的电势差为常量，这样就可以得到一系列的等势面，并使得 $U_{12}=U_{23}$，由此画出来的一幅等势面图才能形象地反映出电场中电势的分布情况。如图 11－30 所示。

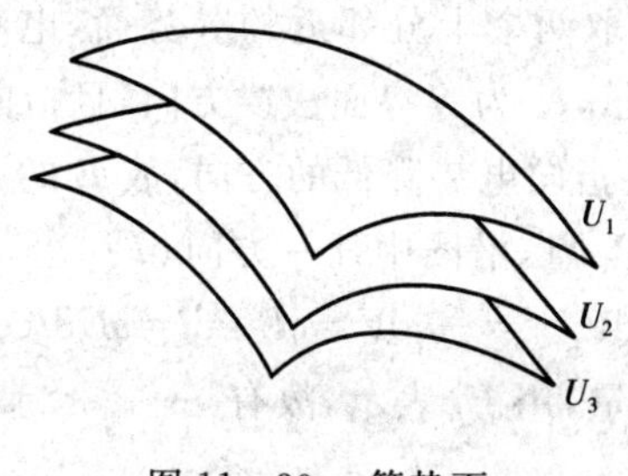

图 11－30　等势面

2. 等势面的性质

等势面具有以下性质：

① 电荷沿等势面移动，电场力不做功。

在等势面上任选两点 A 和 B，将点电荷 q 从 A 点移动到 B 点，电场力所做的功为 $W_{AB}=qU_{AB}=q\cdot 0=0$

② 电场线与等势面处处正交；电场线的方向指向电势降落的方向。

在等势面上移动点电荷 q 电场力不做功，即 $\mathrm{d}W=q\boldsymbol{E}\cdot\mathrm{d}\boldsymbol{l}=0$，其中 $\mathrm{d}\boldsymbol{l}$ 是等势面上的任意位移元，由于 q、$\boldsymbol{E}$ 和 $\mathrm{d}\boldsymbol{l}$ 均不为零，故上式成立条件是：电场强度 $\boldsymbol{E}$ 必须与 $\mathrm{d}\boldsymbol{l}$ 垂直，即某点的 $\boldsymbol{E}$ 与通过该点的等势面垂直，即电场线一定与等势面垂直；另一方面，将正点电荷 q 从电势为 V_1 的等势面移到电势为 V_2 的等势面，电场力所做的功 $W_{12}=q\int_1^2\boldsymbol{E}\cdot\mathrm{d}\boldsymbol{l}=q(V_1-V_2)$。

若 $V_1>V_2$，则 $W_{12}=q\int_1^2\boldsymbol{E}\cdot\mathrm{d}\boldsymbol{l}>0$，即 $\boldsymbol{E}\cdot\mathrm{d}\boldsymbol{l}=E\mathrm{d}l\cos\theta>0$，即 θ 为锐角，故电场线由等势面 V_1 指向等势面 V_2，表明电场线的方向指向电势降落的方向。

③ 相邻等势面间距小处，场强大；间距大处，场强小。

我们可以用等势面的疏密情况反映电场的强弱。如图 11－31 画出了几个不同带电系统的等势面(虚线)和电场线。

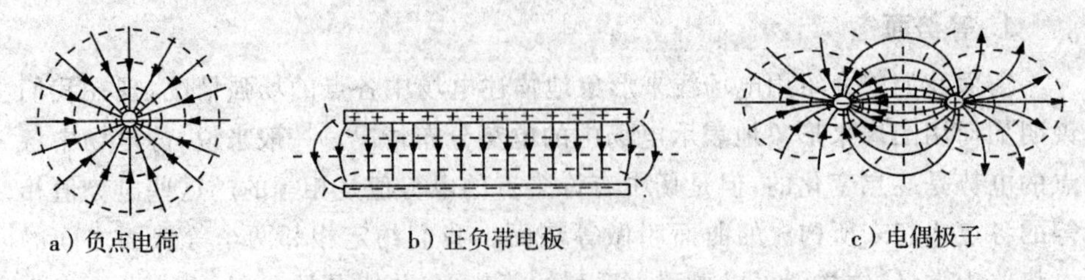

图 11-31　电场线与等势面(虚线为等势面,实线为电场线)

3. 电场强度与电势梯度的关系

设在任意静电场中,取两个十分邻近的等势面,电势分别为 V 和 $V+\mathrm{d}V$, $\mathrm{d}V>0$,如图 11-32 所示,$\boldsymbol{e}_n$ 为等势面法线方向,且指向电势增加方向,考虑到场强 $\boldsymbol{E}$ 与等势面垂直,且指向电势降低的方向,故 $\boldsymbol{E}$ 的方向应与 $\boldsymbol{e}_n$ 相反。当正点电荷从等势面 1 上的 P_1 点,沿图中任一方向 $\mathrm{d}\boldsymbol{l}$ 到达等势面 2 上的 P_2 点时,电场力做功为 $q[V-(V+\mathrm{d}V)]=-q\mathrm{d}V=q\boldsymbol{E}\cdot\mathrm{d}\boldsymbol{l}=qE\,\mathrm{d}l\cos\theta$,而 $E\cos\theta$ 应是场强 $\boldsymbol{E}$ 沿着 $\mathrm{d}\boldsymbol{l}$ 方向上的投影分量,用 E_l 表示,故有

$$-\mathrm{d}V=E_l\mathrm{d}l\Rightarrow E_l=-\frac{\mathrm{d}V}{\mathrm{d}l} \tag{11-39}$$

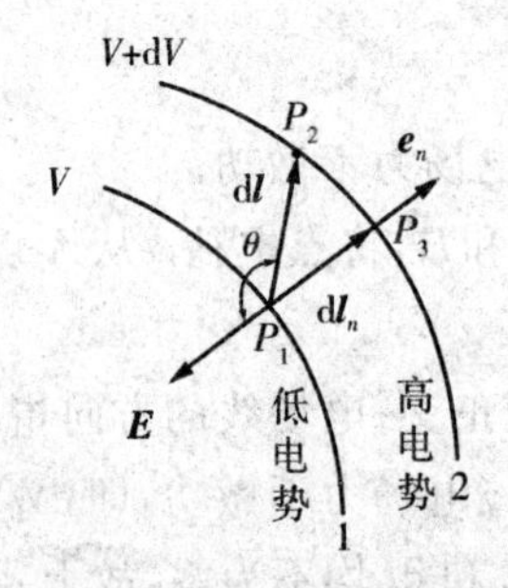

图 11-32　电场强度与电势的关系

上式表明,电场强度沿某一方向的分量等于电势沿该方向的空间变化率的负值。如路径微元 $\mathrm{d}\boldsymbol{l}$ 沿等势面的法线方向 $\boldsymbol{e}_n$,则 $E_n=-\dfrac{\mathrm{d}V}{\mathrm{d}l_n}$。由于 $\mathrm{d}l_n<\mathrm{d}l$,所以 $\dfrac{\mathrm{d}V}{\mathrm{d}l_n}>\dfrac{\mathrm{d}V}{\mathrm{d}l}$,即沿着等势面法线方向电势的空间变化率最大,其数值应等于场强的大小,即 $E=\dfrac{\mathrm{d}V}{\mathrm{d}l_n}$,由于 $\boldsymbol{E}$ 的方向与 $\boldsymbol{e}_n$ 方向相反,写成矢量式为 $\boldsymbol{E}=-\dfrac{\mathrm{d}V}{\mathrm{d}l_n}\boldsymbol{e}_n$,式中 $\dfrac{\mathrm{d}V}{\mathrm{d}l_n}\boldsymbol{e}_n$ 定义为 P_1 点处的电势梯度,通常记作 $\mathrm{grad}\,V$,即

$$E=-\frac{\mathrm{d}V}{\mathrm{d}l_n}e_n=-\mathrm{grad}\,V \tag{11-40}$$

电势梯度是一个矢量，方向沿等势面法线方向 e_n，大小等于电势沿该方向(即法线方向)的空间变化率。这样一来，静电场中任一点的电场强度与该点的电势梯度大小相等，方向相反。

由于电场强度沿任一方向的分量等于电势沿该方向的空间变化率的负值，因此在直角坐标系中，场强沿三个坐标轴方向的分量分别为

$$E_x=-\frac{\partial V}{\partial x},\quad E_y=-\frac{\partial V}{\partial y},\quad E_z=-\frac{\partial V}{\partial z}$$

因此，在直角坐标系中，我们可以将电场强度写为

$$E=E_x\boldsymbol{i}+E_y\boldsymbol{j}+E_z\boldsymbol{k}=-\frac{\partial V}{\partial x}\boldsymbol{i}-\frac{\partial V}{\partial y}\boldsymbol{j}-\frac{\partial V}{\partial z}\boldsymbol{k}$$

引入梯度算符$\nabla=\boldsymbol{i}\frac{\partial}{\partial x}+\boldsymbol{j}\frac{\partial}{\partial y}+\boldsymbol{k}\frac{\partial}{\partial z}$，得

$$E=-\nabla V$$

式中∇V 是电势梯度的又一种表达式。电势梯度的单位是 V/m，所以场强也常用这一单位。

场强和电势梯度之间的关系式，在实际应用中很重要。当我们要计算场强时，常可先计算电势分布，然后再利用场强和电势梯度的关系式来计算场强。因为电势是标量，一般说来标量计算比较简便，在求得电势分布后，只需进行微分运算便可算出场强的各个分量，这样就可以避免较复杂的矢量运算。下面我们用例题来说明如何由电势分布来计算场强。

【例 11-12】 用电场强度与电势的关系，求半径为 R 带电量为 q 的均匀带电细圆环轴线上一点的电场强度。

解　如图 11-33 所示，本题可以直接将场点选在 x 轴上，因为由对称性分析可知 $E_y=0$，$E_z=0$，所以只要根据电场强度与电势梯度之间的关系求出 E_x 即可。由例 11-10 可知，匀带电细圆环轴线一点 P 的电势为

$$V=\frac{q}{4\pi\varepsilon_0\sqrt{x^2+R^2}}$$

因此

$$E_x=-\frac{\partial V}{\partial x}=\frac{qx}{4\pi\varepsilon_0\,(x^2+R^2)^{\frac{3}{2}}}$$

最后得

$$E = E_x i = \frac{qx i}{4\pi\varepsilon_0 (x^2 + R^2)^{\frac{3}{2}}}$$

值得注意的是:利用公式 $E_x = -\frac{\partial V}{\partial x}, E_y = -\frac{\partial V}{\partial y}, E_z = -\frac{\partial V}{\partial z}$ 求空间某给定点的场强时,必须先求出空间任意一点(x,y,z)的电势V,然后分别求三个偏导,最后再带入场点的具体坐标。如果一开始求电势时就对场点的坐标作了限定,如先求出 x、y 平面内任一点的电势V,即对场点的z坐标作了限定,则此时只能是 $E_x = -\frac{\partial V}{\partial x}, E_y = -\frac{\partial V}{\partial y}$ 两个分量的偏导有效,而$E_z = -\frac{\partial V}{\partial z}$式不再有效。上例中由于根据对称性分析很容易得出$E_y = 0, E_z = 0$,故只要求 $E_x = -\frac{\partial V}{\partial x}$ 即可,因此可以直接将场点选在 x 轴上,使电势的计算大为简化。

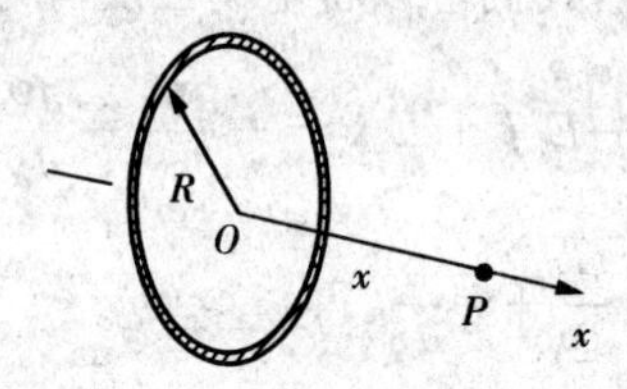

图 11-33 均匀带电圆环中心轴线上的电势和场强

本章小结

1. 静电场的基本概念

(1) 库仑定律 $\boldsymbol{F} = \frac{1}{4\pi\varepsilon_0}\frac{q_1 q_2}{r^2}\boldsymbol{e}_r$;

(2) 点电荷的场强 $\boldsymbol{E} = \frac{q}{4\pi\varepsilon_0 r^2}\boldsymbol{e}_r$;

(3) 场强叠加原理为 $\boldsymbol{E} = \sum_{i=1}^{n}\frac{q_i}{4\pi\varepsilon_0 r_i^2}\boldsymbol{e}_{ri}$,对连续分布的带电体则为 $\boldsymbol{E} = \int\frac{1}{4\pi\varepsilon_0}\frac{dq}{r^2}\boldsymbol{e}_r$;

(4) 点电荷的电势为 $V = \frac{q}{4\pi\varepsilon_0 r}$ $(V_\infty = 0)$;

(5) 电势叠加原理为 $V_P = \sum_{i=1}^{n}\frac{q_i}{4\pi\varepsilon_0 r_i}$;对连续分布的带电体则为 $V_P = \int\frac{dq}{4\pi\varepsilon_0 r}$。

2. 描述静电场的基本物理量

(1) 电场强度 $$\boldsymbol{E}=\frac{\boldsymbol{F}}{q_0}$$

① 真空中无限长均匀带电圆柱形分布场强大小为 $E=\frac{\sum\lambda}{2\pi\varepsilon_0 r}$；方向在垂直于轴线的平面内沿径向。

对圆柱体有：$E=\frac{\lambda}{2\pi\varepsilon_0 r}(r>R)$；$E=\frac{\lambda r}{2\pi\varepsilon_0 R^2}(r\leqslant R)$；

对圆柱面有：　$E=\frac{\lambda}{2\pi\varepsilon_0 r}(r>R)$；$E=0(r<R)$。

② 无限大均匀带电平面的场强大小为 $E=\frac{\sigma}{2\varepsilon_0}$；方向垂直于带电平面。

③ 均匀带电球形分布场强大小为 $E=\frac{\sum q_{内}}{4\pi\varepsilon_0 r^2}$，方向沿径向。

对均匀带电球体有 $E=\frac{q}{4\pi\varepsilon_0 r^2}(r>R)$，$E=\frac{qr}{4\pi\varepsilon_0 R^3}(r\leqslant R)$；

对均匀带电球面有 $E=\frac{q}{4\pi\varepsilon_0 r^2}(r>R)$，$E=0(r<R)$。

(2) 电场力的功

$$W_{AB}=\int_A^B q\boldsymbol{E}\cdot \mathrm{d}\boldsymbol{l}=q(V_A-V_B)=qU_{AB}$$

(3) 电势

$V_a=\int_a^\infty \boldsymbol{E}\cdot\mathrm{d}\boldsymbol{l}$，通常选无限远处为电势零点，则点电荷电势为 $V=\frac{q}{4\pi\varepsilon_0 r}$；均匀带电球面电势为 $V=\frac{q}{4\pi\varepsilon_0 r}(r>R)$ 或 $V=\frac{q}{4\pi\varepsilon_0 R}(r\leqslant R)$。

(4) 电场强度与电势梯度的关系

$$E=-\frac{\partial V}{\partial x}\boldsymbol{i}-\frac{\partial V}{\partial y}\boldsymbol{j}-\frac{\partial V}{\partial z}\boldsymbol{k}=-\nabla V=-\mathrm{grad}\,V$$

3. 静电场的基本性质

(1) 真空中的高斯定理

$$\Phi_e=\oint_S \boldsymbol{E}\cdot\mathrm{d}\boldsymbol{S}=\frac{\sum\limits_S q}{\varepsilon_0}$$

(2) 静电场的环流定理

$$\oint_l \boldsymbol{E} \cdot \mathrm{d}\boldsymbol{l} = 0$$

习　题

11-1　点电荷 Q 被曲面 S 所包围，从无穷远处引入另一点荷 q 至曲面外一点，如图所示，则引入前后(　　)。

A. 曲面 S 上的电通量不变，曲面上各点场强不变

B. 曲面 S 上的电通量变化，曲面上各点场强不变

C. 曲面 S 上的电通量变化，曲面上各点场强变化

D. 曲面 S 上的电通量不变，曲面上各点场强变化

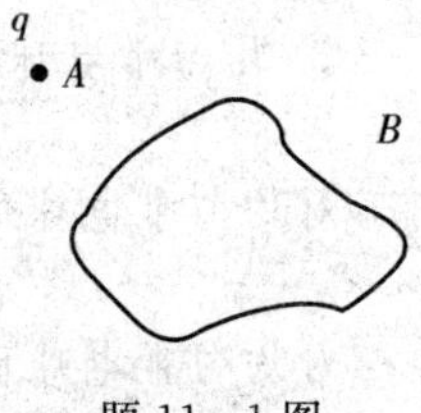

题 11-1 图

11-2　有两个点电荷电量都是 $+q$，相距为 $2a$。今以左边点电荷所在处为球心，以 a 为半径作球形高斯面，在球面上取两相等的小面积 S_1 和 S_2，如图所示，设通过 S_1 和 S_2 的电通量分别为 Φ_1，Φ_2，通过整个球面的电场强度通量为 Φ_3，则(　　)。

A. $\Phi_1 > \Phi_2, \Phi_3 = q/\varepsilon_0$　　B. $\Phi_1 < \Phi, \Phi_3 = 2q/\varepsilon_0$

C. $\Phi_1 = \Phi_2, \Phi_3 = q/\varepsilon_0$　　D. $\Phi_1 < \Phi_2, \Phi_3 = q/\varepsilon_0$

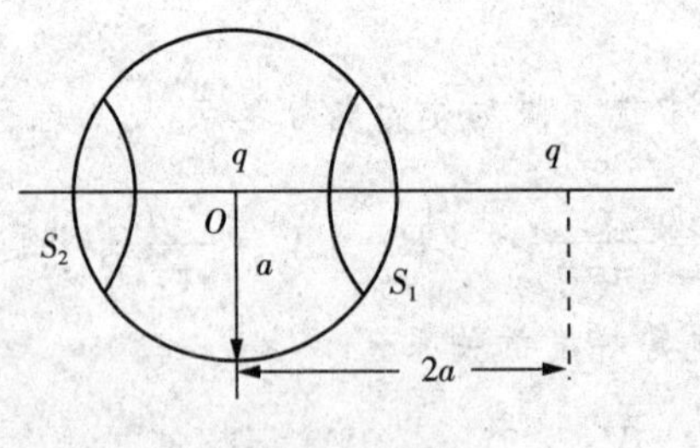

题 11-2 图

11-3　半径为 R 的均匀带电圆环，其轴线上有两点，它们到环心距离分别为 $2R$ 和 R，以无限远处为电势零点，则两点的电势关系为(　　)。(圆环电势：$V = Q/(4\pi\varepsilon_0 r) = Q/(4\pi\varepsilon_0 \sqrt{R^2 + x^2})$)

A. $V_1 = \frac{5}{2}V_2$　　B. $V_1 = \sqrt{\frac{5}{2}}V_2$　　C. $V_1 = 4V_2$　　D. $V_1 = 2V_2$

11-4　电荷分布在有限空间内，则任意两点 P_1、P_2 之间的电势差取决于(　　)。

A. 从 P_1 移到 P_2 的试探电荷电量的大小

B. P_1 和 P_2 处电场强度的大小

C. 试探电荷由 P_1 移到 P_2 的路径

D. 由 P_1 移到 P_2 电场力对单位正电荷所做的功

11-5 四个点电荷到坐标原点 O 的距离均为 d，如图所示。O 点场强 $E=$ ________。

11-6 在场强为 $\boldsymbol{E}$ 的均匀电场中，有一半径为 R 长为 L 的圆柱面，其轴线与 $\boldsymbol{E}$ 的方向垂直，在通过轴线并垂直 $\boldsymbol{E}$ 方向将此柱面切去一半，如图所示，则穿过剩下的半圆柱面的电场强度通量等于________。

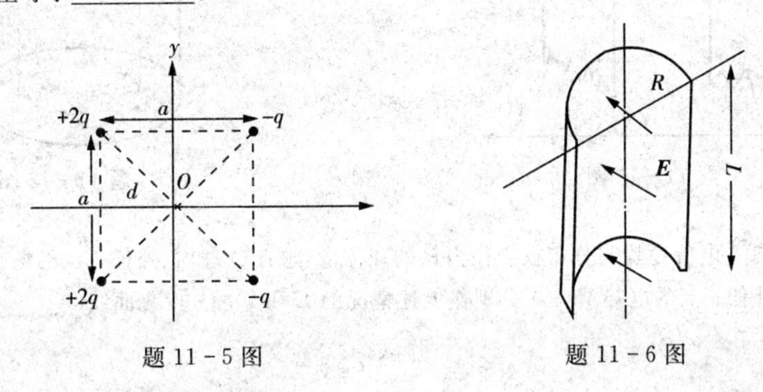

题 11-5 图　　　　题 11-6 图

11-7 真空中一个半径为 R 的球面均匀带电，面电荷密度为 $\sigma>0$，在球心处有一个带电量为 q 的点电荷。取无限远处作为参考点，则球内距球心 r 的 P 点处的电势为________。

11-8 两个平行的"无限大"均匀带电平面，其电荷面密度分别为 $+\sigma$ 和 $+2\sigma$，如图所示，则 A、B、C 三个区域的电场强度分别为：$E_A=$ ________，$E_B=$ ________，$E_C=$ ________（设方向向右为正）。

11-9 如图所示为一边长均为 a 的等边三角形，其三个顶点分别放置着电荷为 q、$2q$、$3q$ 的三个正点电荷，若将一电荷为 Q 的正点电荷从无穷远处移至三角形的中心 O 处，则外力需做功 $A=$ ________。

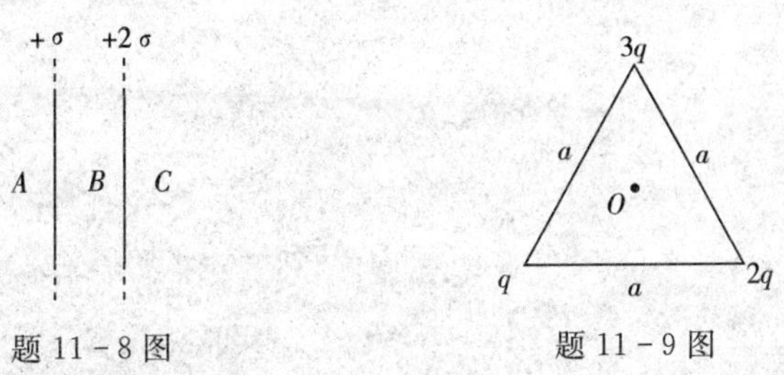

题 11-8 图　　　　题 11-9 图

11-10 半径为 r 的均匀带电球面 1，带电量为 q_1，其外有一同心的半径为 R 的均匀带电球面 2，带电量为 q_2，则两球面间的电势差为________。

11-11 两平行无限大均匀带电平面上电荷密度分别为 $+\sigma$ 和 -2σ。求图中三个区域的场强的表达式。

11 - 12　置于空气中的无限长导体圆柱半径 R_1，外套同轴圆柱形导体薄壳半径 R_2，单位长度分别带电荷 λ_1 和 λ_2。求空间各处的场强。

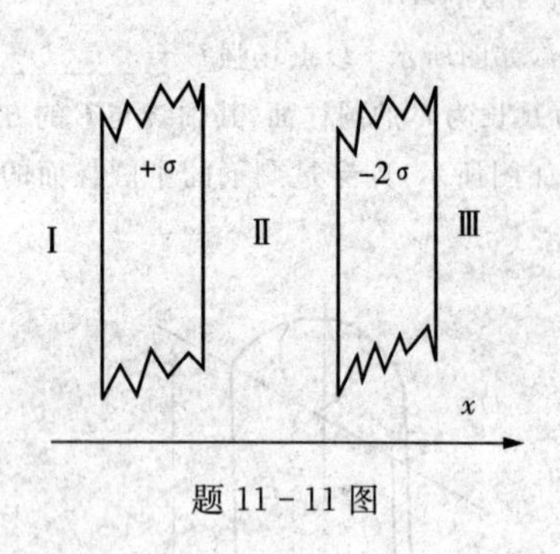

题 11 - 11 图

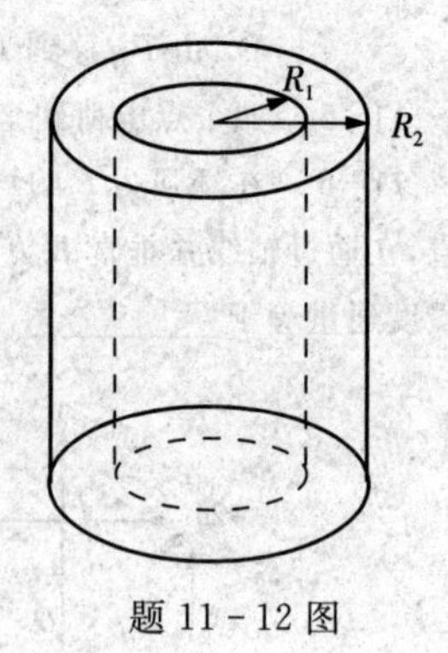

题 11 - 12 图

11 - 13　电荷 Q 均匀分布在半径为 R 的球体内，求：(1) 球内、外任一点的场强 E 大小；(2) 球内、外任一点的电势 V；(3) 分别作上述情况的 E 和 V 随 r 变化曲线。

第 12 章　静电场中的导体和电介质

在阐述了真空中的静电场的基本概念、定律和定理的基础上，我们将讨论非真空中的静电场，也就是要研究静电场和场中物质的相互作用或相互影响等问题。实际上，任何物质都是由原子、分子、离子和电子等组成的，物质本身就是一个复杂的电荷系统，讨论电场与物质的相互作用，就是讨论在电场的作用下，物质的电荷分布如何发生改变，以及这种改变了的电荷分布又如何反过来作用于电场。

§12－1　物质的电性质

不同的物质具有不同的电性质，这一点很早就为我们所知，按照物质导电的难易程度(即电阻率的大小)可将物质分为：导体和绝缘体。导体的电阻率处于 $10^{-8}\sim10^{-6}\,\Omega\cdot\mathrm{m}$ 之间，绝缘体电阻率处于 $10^{6}\sim10^{18}\,\Omega\cdot\mathrm{m}$ 之间。导体有固态的金属，液态的电解液以及气态的电离气体——等离子体。而绝缘体也有固态的玻璃、塑料，液态的油以及非电离的气体。此外，还存在着导电能力处于导体和绝缘体之间的物质，这就是半导体，它们的电阻率处于 $10^{-6}\sim10^{6}\,\Omega\cdot\mathrm{m}$ 之间。事实上，物质的导电性能还随外界条件，如温度、压力或光照的变化而改变。例如，有些物质当它的温度降低到某一临界温度 T_C 时，它的电阻率会几乎突然的消失，这种现象称为超导电性，而这类物质称为超导体。

我们知道，电荷不能独立于物质而存在，所以电荷的移动就是带电粒子的运动。我们把这些能自由移动的带电粒子称为载流子，也称为自由电荷。在金属导体中，载流子是电子。金属原子中的最外层电子(价电子)可以摆脱原子的束缚，在整个导体中自由运动。原子中价电子以外的部分叫原子实，原子实按规则排列成晶格点阵，只能在格点位置上做微小振动，那些能自由运动的电子在晶格间跑来跑去，像气体分子那样做无规则热运动，并不时地与格点上的原子实相互碰撞，这就是金属微观结构的经典图像，也是我们解释金属导电性的出发点。

在电解液导体中，载流子是酸、碱、盐等分子离解成的正、负离子。而半导体中的载流子除有电子外，还有带正电的"空穴"。当某种半导体中主要载流子是电子时，称这种半导体为n型半导体；当主要载流子是"空穴"时，称它为p型半导体。在低温超导体中，载流子是超导电子对，又称库珀对。

在绝缘体中，绝大部分电荷只能在原子或分子的范围内做微小的运动，这种电荷称为束缚电荷。由于缺少自由电荷，且自由电荷在绝缘体中很难做宏观移动，绝缘体的导电性能很差。

本章将分别研究电场与导体和绝缘体的相互作用规律。

§12-2 静电场中的导体

1. 导体的静电平衡条件

如前面所讲，导体的特点是内部存在大量的自由电荷，对金属导体而言，就是自由电子(在没有特殊说明的情况下，本书讨论的都是金属导体)。当金属导体不带电或者不受外电场影响时，导体中的自由电子只做微观的无规则热运动。当把不带电的金属导体放在外电场中，导体中的自由电子在电场力的作用下做宏观的定向运动，从而使导体中的电荷重新分布，这种现象称为静电感应现象。导体由于静电感应而带的电荷称为感应电荷。感应电荷分布的改变将影响电场的分布，这一过程一直延续到导体内部的电场强度等于零为止。这时，导体内各处都没有电荷做定向运动(需要注意的是，电子的无规则热运动仍然存在)，导体处于静电平衡状态。导体达到静电平衡状态所满足的条件叫静电平衡条件。

在静电平衡时，不仅导体内部没有电荷做定向运动，导体表面也没有电荷做定向运动，这就要求导体表面电场强度的方向与表面垂直。否则假设导体表面电场强度的方向与表面不垂直，则电场强度沿表面将有切向分量，自由电子受到该切向分量相应的电场力的作用，将沿表面运动，而这样就不是静电平衡状态。所以，当导体处于静电平衡状态时，必须满足以下两个条件：

(1) 导体内部任何一点处的电场强度为零；

(2) 导体表面附近的电场强度的方向，与导体表面垂直。

注意，这里所说的电场，指的是外加的静电场 $\boldsymbol{E}_0$ 和感应电荷产生的附加电场 $\boldsymbol{E}'$ 叠加后的总电场，即 $\boldsymbol{E}=\boldsymbol{E}_0+\boldsymbol{E}'=0$。

导体的静电平衡条件，也可以用电势来表示。由于在静电平衡时，导体内部的电场强度为零，因此，在导体内部任意取两点 A 和 B，这两点间的电势差为零，即

$$U_{AB}=\int_{A}^{B}\boldsymbol{E}\cdot\mathrm{d}\boldsymbol{l}=0 \tag{12-1}$$

这表明，在静电平衡时，导体内任意两点的电势是相等的。而导体表面的电场强度与表面垂直，电场的切向分量为零，故导体表面上任意两点的电势差也为零。不难证明，静电平衡时导体内部与导体表面的电势是相等的。因此，在静电平衡时，导体为一等势体，导体表面为一等势面。另外，由场强方向与等势面正交的性质也可以判定导体表面是等势面。

2. 静电平衡时导体上电荷的分布

静电平衡时，导体的电荷分布可以运用高斯定理来进行讨论。如图12-1所示，有一带电导体处于静电平衡状态，在导体内部任意做一个闭合曲面即高斯面，由于此时导体内电场 $\boldsymbol{E}=0$，所以通过该高斯面的电场强度通量也为零，即

$$\oint_{S}\boldsymbol{E}\cdot\mathrm{d}\boldsymbol{S}=0 \tag{12-2}$$

根据高斯定理，此高斯面内所包围的电荷的代数和必然为零。由于高斯面是任意作出的，所以可得到如下结论：在静电平衡时，导体所带的电荷只能分布在导体的表面，导体内没有净电荷。导体内没有净电荷的含义可以这样来理解：在导体内部任意取一个宏观小、微观大的区域，是电中性的。宏观小的含义是指，所取区域的尺寸与整个导体的尺寸相比为一小量；微观大的含义是指，所取的区域不能小到分子、原子的尺度。

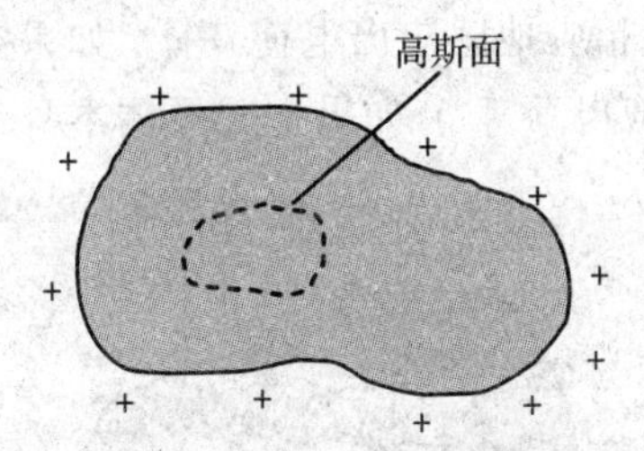

图12-1　静电平衡时导体所带电荷分布在表面

如果有一空腔的导体带有电荷，根据前面的讨论可知这些电荷只可能分布在空腔导体的内外表面上。那么具体是如何分布在这两个表面呢？下面分空腔内有无其他带电体两种情况来分析。

(1) 空腔内无电荷

当空腔内无电荷时，导体空腔所带的电荷只出现在导体的外表面。下面我们分两步来证明。首先，在导体壳的内、外表面之间取一个闭合曲面 S，将空腔包围起来，如图 12-2 所示。由于 S 完全处于导体的内部，根据静电平衡条件，S 面上场强处处为零，由高斯定理可知，S 面内电荷代数和为零。因为空腔内无带电体，且导体内无净电荷，所以空腔内表面上的电荷代数和为零。那么是否有可能内表面不同部位上带等量异号的电荷呢？假设存在这样的情况，则在空腔内就会有从正电荷指向负电荷的电场线，则内表面不同处会有电势差，这与静电平衡时导体是等势体相矛盾。因此，静电平衡时，导体腔内表面处处没有净电荷，净电荷只能分布在外表面。

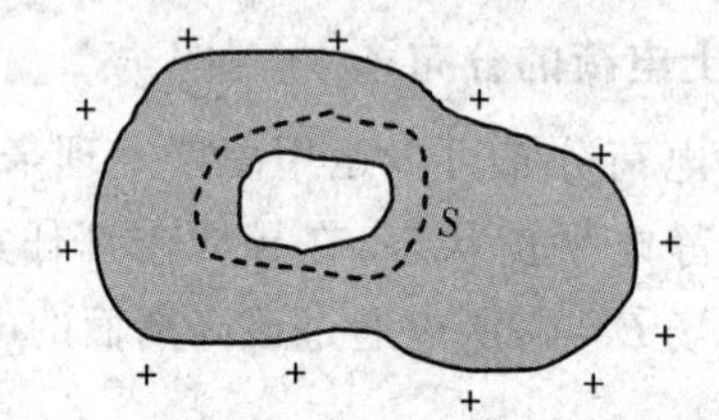

图 12-2 导体空腔内无带电体

(2) 空腔内有电荷

当导体空腔内有其他带电体时，如图 12-3 所示，在腔内放有一带电体 $+q$。我们同样可以在导体壳内、外表面间作一闭合曲面 S。由静电平衡条件和高斯定理不难求出 S 面内电荷代数和为零。所以导体壳内表面所带电荷与空腔内带电体的电荷等量异号。腔内电场线起于带电体 $+q$ 而止于内表面上的感应电荷 $-q$，腔内电场不为零，带电体与导体之间有电势差。同时，根据电荷守恒可知，导体壳外表面将相应地感应出电荷 $+q$。如果空腔导体本身不带电，此时导体壳外表面只有感应电荷 $+q$，如果空腔导体本身带有电量 Q，则导体壳外表面带电量为$(Q+q)$。

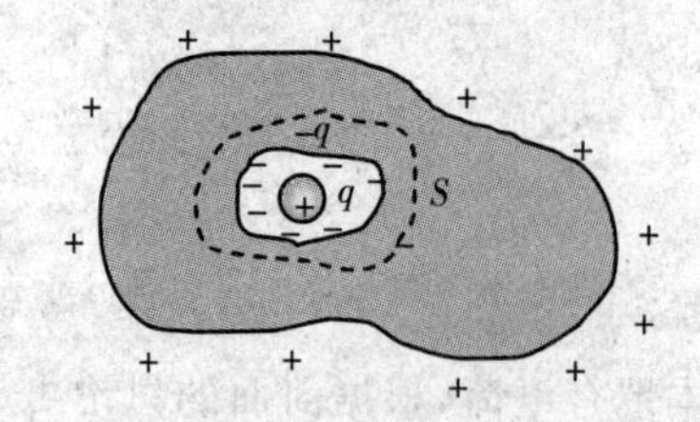

图 12-3 导体空腔内有带电体

下面讨论带电导体表面的电荷密度与其邻近处电场强度的关系。如图 12-

4 所示，设 P 是导体外紧靠表面处的任意一点，在邻近 P 点的导体表面上取一圆形面元 ΔS，当 ΔS 足够小时，其上的电荷分布可以当作是均匀的，电荷面密度设为 σ，于是 ΔS 上的电荷为 $\Delta q=\sigma\Delta S$。现作一扁圆柱形闭合高斯面，使其上底面 ΔS_1 通过 P 点，下底面 ΔS_2 处于导体内部，两底面均与导体表面面元 ΔS 平行且无限靠近，则有 $\Delta S_1=\Delta S_2=\Delta S$，圆柱侧面 ΔS_3 与 ΔS 垂直。由于导体内电场强度为零，所以通过下底面的电通量为零；在侧面上，电场强度要么为零，要么与侧面平行，所以通过高斯面的电通量就是通过上底面 ΔS 的电通量，即 $E\Delta S$。根据高斯定理可知

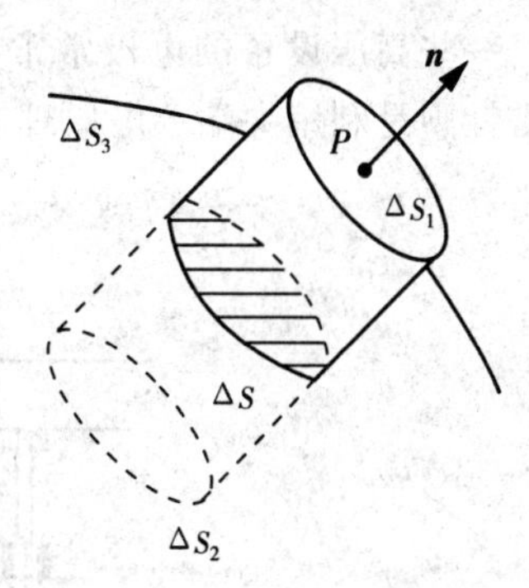

图 12 - 4　导体表面的场强

$$\oint_S \boldsymbol{E}\cdot \mathrm{d}\boldsymbol{S}=E\Delta S=\frac{\sigma\Delta S}{\varepsilon_0} \tag{12-3}$$

由此可得

$$E=\frac{\sigma}{\varepsilon_0} \tag{12-4}$$

式(12 - 4)表明，带电导体处于静电平衡时，导体表面之外邻近表面处的电场强度 $\boldsymbol{E}$，其数值与该处电荷面密度 σ 成正比，其方向与导体表面垂直。当表面带正电时，$\boldsymbol{E}$ 的方向垂直表面向外；当表面带负电时，$\boldsymbol{E}$ 的方向垂直表面向内。当电荷分布或场强分布改变时，σ 和 E 都会改变，但它们的关系 $E=\dfrac{\sigma}{\varepsilon_0}$ 不变。

至于导体表面的电荷究竟怎么分布，则是一个复杂的问题，定量研究很困难。因为导体表面的电荷分布不仅与导体本身的形状有关，而且还与导体周围的环境有关，即使对于孤立导体，其表面电荷面密度 σ 与曲率半径 ρ 之间也不存在单一的函数关系。一般来说，导体表面凸出而尖锐处曲率较大，σ 也较大，场强也较大；而导体表面平坦处曲率较小，σ 较小，场强也较小。

对于有尖端的带电物体，由于尖端的电荷密度很大，所以它周围的电场很强，导致周围空气中残留的电子或离子在电场作用下发生剧烈的运动，当它们与空气分子碰撞时会使空气分子电离，产生大量新的离子，使原先不导电的空气变得易于导电，这就是尖端放电，如图 12 - 5 所示。这类放电只发生在靠近导体表面很薄的一层空气中。尖端附近空气电离时，在黑暗中可以看到尖端附近隐隐地笼罩着一层光晕，叫电晕。高压输电线附近的电晕效应会浪费大量电

能。为避免这种现象,高压输电线的表面应做得极为光滑,且截面半径不能过小。一些高压设备的电极常常做成光滑的球面,以避免放电,维持高电压。而避雷针则是利用尖端放电原理来防止雷击对建筑物的破坏。

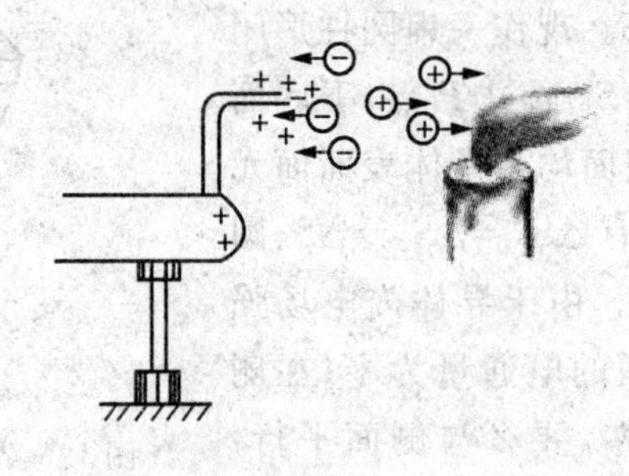

图 12-5 尖端放电

3. 静电屏蔽

在静电场中,因导体的存在使某些特定的区域不受电场影响的现象称之为静电屏蔽。怎么才能实现静电屏蔽呢? 由前面的讨论可知,在静电平衡条件下,不论导体壳本身带电还是导体壳处于外界电场中,空腔内无其他带电体的导体壳内部电场为零。这就是说,空腔内的整个区域都将不受外电场的影响。因此导体壳可以起到屏蔽外电场、保护仪器设备的作用。如果导体壳外的电场发生了变化,那么导体壳外表面上的感应电荷分布也会跟着改变,其结果将始终保持导体内和空腔内的合场强为零。

利用空腔导体可以屏蔽外电场,有时也需要防止导体空腔中的电荷对导体外其他物体的影响。这时,可以将空腔导体接地来实现。导体接地后,其电势与大地的电势相同,则导体外表面的感应电荷被大地的电荷中和,使空腔导体外表面不带电(外部空间无电荷分布时),从而对外不产生电场。如果导体壳内电场发生了变化,那么导体壳内表面上电荷分布也会跟着改变,其结果将始终保持导体壳内的带电体和内表面上的感应电荷在腔外空间的合场强为零。

综上所述,空腔导体(无论接地与否)将使腔内空间不受外电场的影响,而接地空腔导体将使外部空间不受空腔内的电场的影响,这就是空腔导体的静电屏蔽作用。在实际工作中,常用编织的相当紧密的金属网来代替金属壳。例如在传送弱讯号的导线外包一层金属丝编织的屏蔽线层。

在计算有导体存在时的静电场分布时,首先要根据静电平衡条件和电荷守恒定律,确定导体上的电荷分布,然后再由电荷分布求电场的分布。

【例12-1】 有一块大金属板A，面积为S，带有电荷Q_A，今把另一带电荷为Q_B的相同的金属板B平行地放在A板的右侧（板的面积远大于两板间距和板的厚度）。求A、B两板上电荷分布及空间场强分布。如果把B板接地，情况又如何？

解　如图12-6，静电平衡时电荷只分布在金属板的表面上。忽略边缘效应，可以认为A、B板的四个平行的表面上电荷是均匀分布的。设四个面上的电荷面密度分别为σ_1、σ_2、σ_3和σ_4。由电荷守恒可得

$$\sigma_1 S+\sigma_2 S=Q_A$$

$$\sigma_3 S+\sigma_4 S=Q_B$$

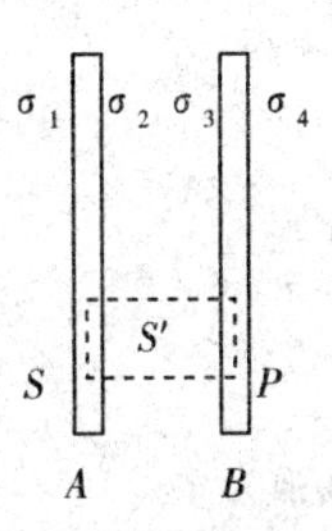

图12-6　平行带电导体板

作如图12-6所示的圆柱形高斯面S'，高斯面的两底面分别在两金属板内，侧面垂直于板面。由于金属板内电场强度为零，两板间的电场垂直于板面，所以通过高斯面的电通量为零，由此可知

$$\sigma_2+\sigma_3=0$$

另外，由场强叠加原理可知，在金属板内任一点P的场强应是四个表面上电荷在该点产生的场强的叠加，而且P点总场强为零，所以

$$\frac{\sigma_1}{2\varepsilon_0}+\frac{\sigma_2}{2\varepsilon_0}+\frac{\sigma_3}{2\varepsilon_0}-\frac{\sigma_4}{2\varepsilon_0}=0$$

联立求解以上四式可得

$$\sigma_1=\sigma_4=\frac{Q_A+Q_B}{2S}$$

$$\sigma_2=-\sigma_3=\frac{Q_A-Q_B}{2S}$$

根据场强叠加原理，可求得各区域场强：

A板左侧

$$E_1=\frac{\sigma_1}{2\varepsilon_0}+\frac{\sigma_4}{2\varepsilon_0}=\frac{Q_A+Q_B}{2\varepsilon_0 S}$$

两板之间

$$E_2=\frac{\sigma_2}{2\varepsilon_0}-\frac{\sigma_3}{2\varepsilon_0}=\frac{Q_A-Q_B}{2\varepsilon_0 S}$$

B板右侧

$$E_3=\frac{\sigma_1}{2\varepsilon_0}+\frac{\sigma_4}{2\varepsilon_0}=\frac{Q_A+Q_B}{2\varepsilon_0 S}$$

以上结果适用于Q_A、Q_B为任何极性、任意大小的带电情况。

B板接地后可知$U_B=0$。因为由B板沿垂直于B板方向至无穷远处场强E的线积分为零，且在无电荷处电荷是连续的，所以在B板的右侧区域场强$E=0$。当B板接地后，B板上

的电荷不再守恒,地球与 B 板之间产生了电荷的传递。而两极板四个表面上的电荷会进行重新分布,并且仍满足两金属板内部场强为零的静电平衡条件。根据以上分析可以求得

$$\sigma'_1 = \sigma'_4 = 0$$

$$\sigma'_2 = -\sigma'_3 = \frac{Q_A}{S}$$

两板间场强为

$$E'_2 = \frac{Q_A}{\varepsilon_0 S}$$

两板外场强为

$$E'_1 = E'_3 = 0$$

【例 12-2】 有一外半径为 R_1、内半径为 R_2 的金属球壳,在球壳中放一半径为 R_3 的同心金属球(如图 12-7),若使球壳和球均带有 q 的正电荷,问:球体上的电荷如何分布?空间各处的电场分布如何?球心的电势为多少?

解 根据导体的静电平衡条件及电荷守恒定律可知,导体球及球壳内外表面的电荷分别为 $+q$、$-q$、$+2q$,且均匀分布在球的表面上。

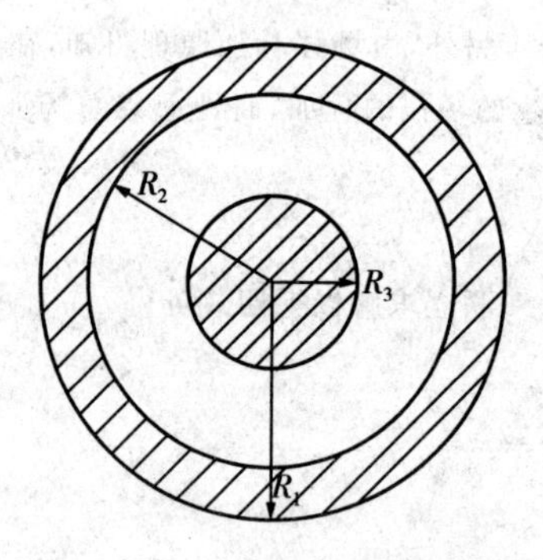

图 12-7 金属球及金属球壳

空间电场具有球对称性,可用高斯定理计算各点的电场强度,结果如下:

$$E_0 = \frac{2q}{4\pi\varepsilon_0 r^2} \quad (r > R_1)$$

$$E_1 = 0 \quad (R_2 < r < R_1)$$

$$E_2 = \frac{q}{4\pi\varepsilon_0 r^2} \quad (R_3 < r < R_2)$$

$$E_3 = 0 \quad (r < R_3)$$

根据均匀带电球面在球心产生的电势得球心 O 的电势为

$$V_O = \frac{q}{4\pi\varepsilon_0 R_3} + \frac{-q}{4\pi\varepsilon_0 R_2} + \frac{2q}{4\pi\varepsilon_0 R_1} = \frac{q}{4\pi\varepsilon_0}\left(\frac{1}{R_3} - \frac{1}{R_2} + \frac{2}{R_1}\right)$$

§12-3 静电场中的电介质

1. 电介质的极化

电介质通常是指不导电的绝缘介质,在电介质内没有可以自由移动的电荷。但是,在外电场的作用下,电介质内的正、负电荷仍可做微观的相对移动,

结果导致介质内部或表面出现带电现象。这种电介质在外电场作用下出现的带电现象称为电介质的极化。电介质极化所出现的电荷，称为极化电荷。

一般地说，介质分子中的正、负电荷都不集中在一点。但是，在远大于分子线度的距离来看，分子的全部负电荷的影响将与一个单独的负电荷等效，这个等效负电荷的位置称为分子的负电荷中心。同理，每个分子的全部正电荷也有一个相应的正电荷等效中心。若分子的正、负电荷的等效中心不重合，这样一对距离极近的等值异号的正负点电荷称为分子的等效电偶极子，这类分子称为有极分子。像 H_2O、CO、NH_3 等介质分子就具有不为零的电偶极矩，属于有极分子。另一类介质如 CH_4、H_2、CO_2 等，在没有外电场作用下其分子正负电荷等效中心重合，分子偶极矩为零，为无极分子。

无极分子电介质在外电场作用下，正负电荷中心将发生相对位移，形成电偶极子。这些电偶极子的方向都沿着外电场的方向，因此在电介质的表面将出现正负极化电荷。这类极化叫做位移极化，如图 12 - 8a 所示。

有极分子虽然有分子偶极矩，但在没有外电场存在时，由于分子杂乱无章的热运动，各个分子偶极矩的排列十分混乱，电介质宏观上不显电性。当电介质处于外电场中，每个分子偶极矩都受到电场力矩的作用，分子偶极矩将趋向于外电场方向来排列，从而使介质宏观表现出电性，这种极化称为取向极化，如图 12 - 8b 所示。实际上，有极分子电介质也存在位移极化，只是比取向极化弱得多。

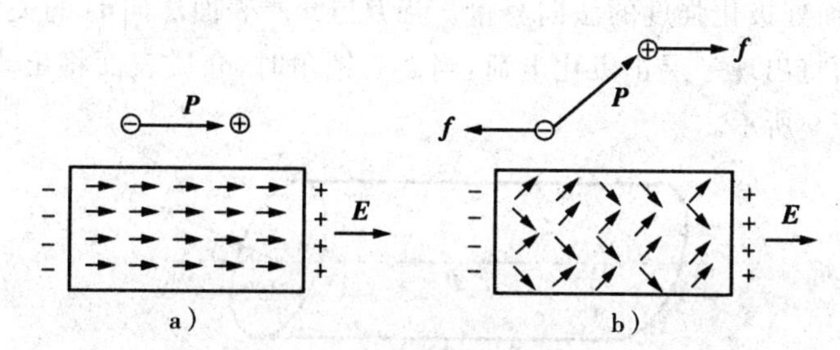

图 12 - 8　电介质的极化

a) 位移极化；b) 取向极化

上述两类电介质极化的微观机制虽有不同，但具有同样的宏观效果，即在介质表面都出现极化电荷，而且外电场越强，电场对电介质的极化作用越明显，极化电荷也越多。因此在作宏观描述时，不再加以区别。

2. 极化强度和极化电荷

当电介质处于极化状态时，电介质内任一宏观小、微观大的体积元 ΔV 内，分子电偶极矩的矢量和不会相互抵消，即 $\sum \boldsymbol{p}_e \neq 0$，我们定义介质中单位体积

内分子电偶极矩的矢量和为极化强度矢量 $\boldsymbol{P}$,即

$$\boldsymbol{P}=\frac{\sum \boldsymbol{p}_{\mathrm{e}}}{\Delta V} \tag{12-5}$$

极化强度 $\boldsymbol{P}$ 是表征电介质极化程度的物理量,如果介质中各点的极化强度相同,则称介质是均匀极化的。

实验表明,在各向同性电介质中的任一点,极化强度 $\boldsymbol{P}$ 与 $\boldsymbol{E}$ 的方向相同且大小成正比,即

$$\boldsymbol{P}=\varepsilon_0\chi\boldsymbol{E} \tag{12-6}$$

式中 $\boldsymbol{E}$ 是自由电荷产生的场强 $\boldsymbol{E}_0$ 和极化电荷产生的电场 $\boldsymbol{E}'$ 之和,χ 是介质的极化率。而在非各向同性电介质中,极化强度 $\boldsymbol{P}$ 与 $\boldsymbol{E}$ 的关系变得很复杂,χ 将变为二阶张量,这里不再叙述。

当电介质处于极化状态时,电介质的某一些部位将出现未被抵消的极化电荷。可以证明,在均匀电介质中,极化电荷集中在电介质的表面,且表面极化电荷面密度为

$$\sigma'=\frac{\mathrm{d}q'}{\mathrm{d}S}=P\cos\theta=\boldsymbol{P}\cdot\boldsymbol{n}_0 \tag{12-7}$$

式中 $\boldsymbol{n}_0$ 是介质表面法线方向单位矢量,式(12-7)表明电介质表面极化电荷面密度等于表面处极化强度的法向分量。当 $\boldsymbol{P}$ 与介质表面法向 $\boldsymbol{n}_0$ 的夹角 θ 为锐角时,介质表面将出现一层正极化电荷,当 θ 为钝角时,介质表面将出现负极化电荷,如图 12-9 所示。

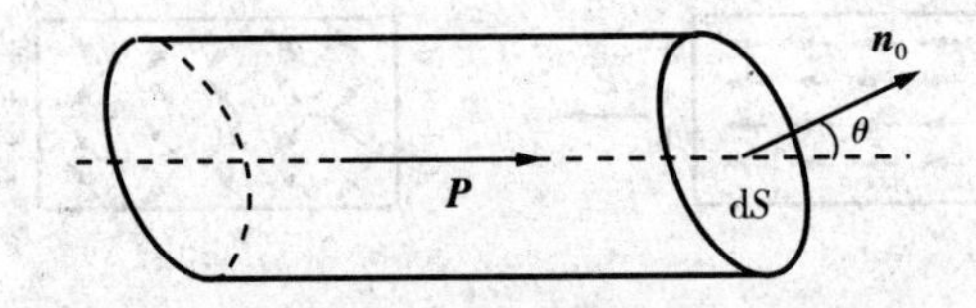

图 12-9 极化电荷

在介质内部,可以取任意闭合曲面 S,$\boldsymbol{n}_0$ 为 S 上面元 $\mathrm{d}\boldsymbol{S}$ 的外法线方向的单位矢量,则式(12-7)可以表示为 $\mathrm{d}q'=\boldsymbol{P}\cdot\mathrm{d}\boldsymbol{S}$,这表示由于极化而越过 $\mathrm{d}\boldsymbol{S}$ 面元向外移出闭合面 S 的电荷。所以,越过整个闭合面 S 而向外移出的极化电荷总量应为

$$\sum q'=\oint_S \mathrm{d}q'=\oint_S \boldsymbol{P}\cdot\mathrm{d}\boldsymbol{S} \tag{12-8}$$

根据电荷守恒定律,在闭合面 S 内净余的极化电荷总量 $\sum q_i'$ 应等于移出

S 外的极化电荷总量 $\sum q'$ 的负值，即

$$\oint_S \boldsymbol{P} \cdot \mathrm{d}\boldsymbol{S} = -\sum q_i' \tag{12-9}$$

它表明，在介质中沿任意闭合曲面的极化强度通量等于曲面所包围的体积内极化电荷的负值，这是极化强度 P 与极化电荷分布之间的普遍关系。

3. 电位移矢量　电介质中的高斯定理

当电介质在外场 $\boldsymbol{E}_0$ 作用下产生极化后，介质中便会出现极化电荷，该极化电荷将会产生电场 $\boldsymbol{E}'$。于是，空间中任一点的电场应是 $\boldsymbol{E}_0$ 和 $\boldsymbol{E}'$ 的矢量和，即

$$\boldsymbol{E} = \boldsymbol{E}_0 + \boldsymbol{E}' \tag{12-10}$$

一般来说，极化电荷在电介质以外的空间产生的电场 $\boldsymbol{E}'$ 是很复杂的。在电介质体内，极化电荷产生的电场 $\boldsymbol{E}'$ 总是与外场 $\boldsymbol{E}_0$ 方向相反，或大体相反，以至总电场 $\boldsymbol{E}$ 较原来的外场 $\boldsymbol{E}_0$ 要弱。

有电介质时的高斯定理表达式为

$$\oint_S \boldsymbol{E} \cdot \mathrm{d}\boldsymbol{S} = \frac{1}{\varepsilon_0}\left(\sum q + \sum q_i'\right) \tag{12-11}$$

式中 $\sum q$ 和 $\sum q_i'$ 分别为高斯面 S 内的自由电荷与极化电荷的代数和。利用极化强度与极化电荷的关系式(12-9)，上式的高斯定理可改写为

$$\oint_S (\varepsilon_0 \boldsymbol{E} + \boldsymbol{P}) \cdot \mathrm{d}\boldsymbol{S} = \sum q \tag{12-12}$$

我们定义电位移矢量

$$\boldsymbol{D} = \varepsilon_0 \boldsymbol{E} + \boldsymbol{P} \tag{12-13}$$

则有

$$\oint_S \boldsymbol{D} \cdot \mathrm{d}\boldsymbol{S} = \sum q \tag{12-14}$$

此式就是有电介质时的高斯定理：即在静电场中通过任意闭合曲面的电位移通量等于闭合面内自由电荷的代数和。

电位移矢量 $\boldsymbol{D}$ 是表述有电介质时电场性质的一个辅助量，没有具体的物理意义。

式(12-13)表示了电场中任一点处 $\boldsymbol{D}$、$\boldsymbol{E}$、$\boldsymbol{P}$ 三个矢量的关系，对任何电介质都适用。在各向同性的电介质中，$\boldsymbol{D}$、$\boldsymbol{E}$、$\boldsymbol{P}$ 三个矢量方向相同且 $\boldsymbol{P} = \varepsilon_0 \chi \boldsymbol{E}$，所以

$$\boldsymbol{D} = \varepsilon_0 \boldsymbol{E} + \boldsymbol{P} = \varepsilon_0 (\boldsymbol{E} + \chi \boldsymbol{E}) = \varepsilon_0 (1 + \chi) \boldsymbol{E} \tag{12-15}$$

令 $\varepsilon_r = 1 + \chi$，称为电介质的相对介电常数，再令 $\varepsilon = \varepsilon_0\varepsilon_r$，$\varepsilon$ 称为电介质的介电常数，则

$$\boldsymbol{D} = \varepsilon_0\varepsilon_r\boldsymbol{E} = \varepsilon\boldsymbol{E} \tag{12-16}$$

在没有介质时，$\boldsymbol{P}=0$ 且 $\boldsymbol{E}=\boldsymbol{E}_0$，所以 $\boldsymbol{E}_0 = \dfrac{\boldsymbol{D}}{\varepsilon_0}$，这表示真空或空气中场强与电位移的关系。而在有介质时，$\boldsymbol{E} = \dfrac{\boldsymbol{D}}{\varepsilon_0\varepsilon_r}$，因为 $\varepsilon_r > 1$，所以 $E < E_0$，即介质中的场强小于真空中的场强，这是因为介质上的极化电荷在介质中产生的附加电场 $\boldsymbol{E}'$ 与自由电荷产生的电场 $\boldsymbol{E}_0$ 的方向相反而减弱了外电场的缘故。

对于各向同性的均匀电介质的高斯定理，式(12-14)可以表示为

$$\oint_S \boldsymbol{E} \cdot \mathrm{d}\boldsymbol{S} = \frac{\sum q}{\varepsilon} \tag{12-17}$$

可见，各向同性均匀电介质中的高斯定理与真空中的高斯定理形式完全相同，只需要把真空的介电常数 ε_0 换成电介质的介电常数 ε 即可。

【例 12-3】　在一对均匀带电(电荷面密度为 $\pm\sigma$)的金属板 A、B 之间充满相对介电常数为 ε_r 的电介质，板间距离为 d，极板面积为 S，求导体板 A、B 之间的电场强度及两板之间的电势差。

解　根据自由电荷和电介质分布的对称性可知，介质中的电场强度为均匀电场，电位移的方向与极板垂直，如图 12-10 所示。

在介质中作一底面积为 ΔS 的封闭圆柱形高斯面，其轴线与极板垂直，两底分别在极板和介质中。由于在金属中，电位移为零，根据电介质中的高斯定理，有

$$\oint_S \boldsymbol{D} \cdot \mathrm{d}\boldsymbol{S} = D \cdot \Delta S = \sigma \cdot \Delta S$$

即 $D = \sigma$，所以介质中的电场强度为

$$E = \frac{D}{\varepsilon_0\varepsilon_r} = \frac{\sigma}{\varepsilon_0\varepsilon_r}$$

两板之间的电势差为

$$V_A - V_B = Ed = \frac{\sigma}{\varepsilon_0\varepsilon_r}d$$

可知，两金属板之间的电场强度在充满电介质之后比充满之前变小了。

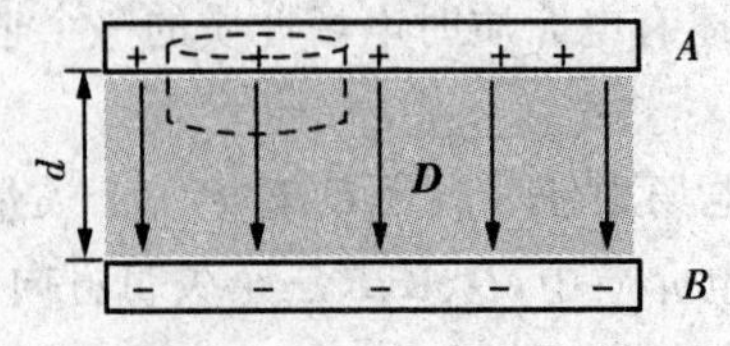

图 12-10　有电介质存在的两平行平板间的场强

§12－4　电容　电容器

1. 孤立导体的电容

理论和实验都表明，附近没有其他导体和带电体的孤立导体，它所带电量 q 与它的电势 V 成正比，即

$$\frac{q}{V}=C \tag{12-18}$$

比例系数 C 称为孤立导体的电容。孤立导体的电容与导体的大小、几何形状及周围的电介质有关，与其是否带电无关。

【例 12－4】 求放置在真空中的半径为 R 的孤立导体球的电容。

解　设导体球带电量为 q，则其电势为

$$V=\frac{q}{4\pi\varepsilon_0 R}$$

因而其电容为

$$C=\frac{q}{V}=4\pi\varepsilon_0 R$$

由计算结果可知，电容值只与导体的几何性质有关。

根据电容的定义可以看出，电容 C 是使导体升高单位电势所需要的电量，反映了导体储存电荷和电能的能力。电容的单位为库仑／伏特，简称“法拉”，用 F 表示，法拉是个比较大的单位，电工电子学中常用微法拉(μF) 和皮法拉(pF)。由上一例题可知，孤立导体的半径越大，电容也越大，则维持一定的电势所储存的电量也越大。实际上，严格的孤立导体是不存在的，但只要某个导体的大小远小于它到其他导体的距离，就可以把它当作孤立导体来处理。

2. 电容器

利用导体的电容特性，便能做成电容器，电容器是常用的一种电路元件，它的功能是储存电量或电能。用孤立导体做电容器是不现实的。

当导体 A 附近有其他导体存在时，则该导体的电势不仅与它本身所带的电量有关，而且与其他导体的形状及位置有关。为了消除其他导体的影响，可采用静电屏蔽的原理，用一个封闭的导体壳 B 将导体 A 包围起来，如图 12－11 所示。

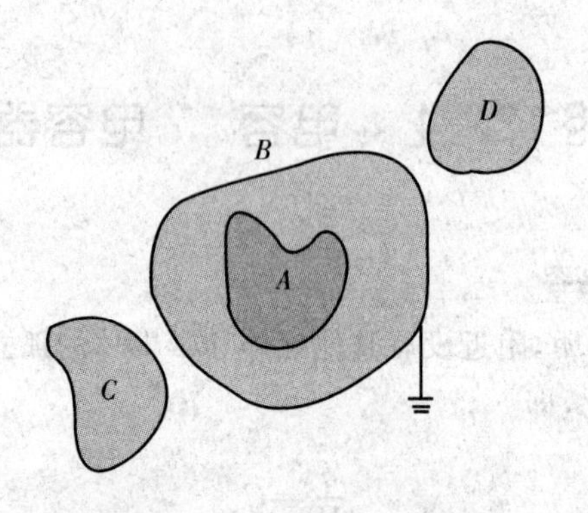

图 12-11 屏蔽的电容器

这样就可以由导体 A 和导体壳 B 构成导体组,由于导体壳腔内的电场只与导体 A 和导体壳 B 的内表面的感应电荷分布有关,而与壳外的带电体及壳外表面上的感应电荷无关,因而导体 A 和导体壳 B 之间的电势差 V_A-V_B 只由腔内的电场决定。可以证明,V_A-V_B 与导体 A 所带的电量成正比。我们把导体壳 B 和壳内导体 A 所组成的导体系叫做电容器,其电容为

$$C=\frac{q}{V_A-V_B}=\frac{q}{U_{AB}} \tag{12-19}$$

电容器的电容与两导体的尺寸、形状及其相对位置有关,组成电容器的两导体叫做电容器的极板。在实际应用的电容器中,对其屏蔽性的要求并不很高,只要求从一个极板发出的电场线都终止于另一个极板上就行。通常是用两块非常靠近的、中间充满电介质(例如空气、蜡纸、云母片、陶瓷等)的金属板构成。这样的装置使电场局限在两极板之间,不受外界影响,从而使电容具有固定的数值。

下面计算几种常见的电容器的电容。

(1) 平行板电容器

最简单的电容器是由靠得很近、相互平行、大小相同的两片金属板组成的平行板电容器,如图12-12所示。设极板的面积均为 S,两极板内表面之间的距离为 d,充满了相对介电常数为 ε_r 的电介质。电容器充电后,极板带电分别为 $+q$ 和 $-q$,由于两极板靠得的很近,可以认为除了两板的边缘部分外,电荷是均匀分布在两极板内表面上的,极板间形成均匀电场,其场强的大小为

$$E=\frac{\sigma}{\varepsilon_0\varepsilon_r}=\frac{q}{\varepsilon_0\varepsilon_r S} \tag{12-20}$$

两极板间的电势差为

$$U_{AB}=Ed=\frac{qd}{\varepsilon_0\varepsilon_r S} \tag{12-21}$$

根据电容器电容的定义,可求得平行板电容器的电容为

$$C=\frac{q}{U_{AB}}=\varepsilon_0\varepsilon_r\frac{S}{d}=\varepsilon\frac{S}{d} \tag{12-22}$$

由上式可知,平行板电容器的电容大小由极板面积S、极板内表面间距d以及极板之间充满介质的介电常数ε_r来决定。要想获得较大的电容,可以增大S、减小d,或者充入介电常数较大的介质。

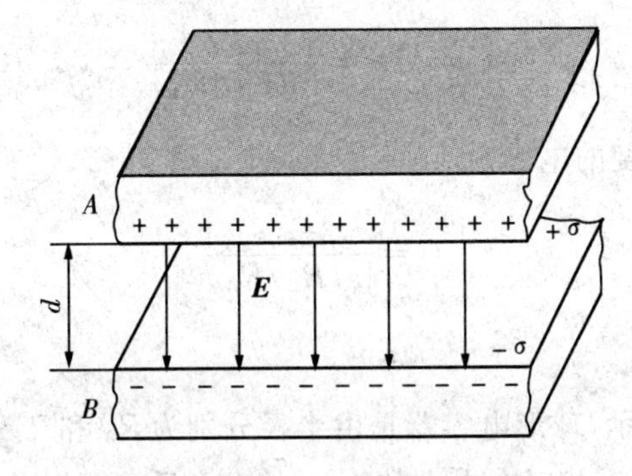

图12-12　平行板电容器

(2) 圆柱形电容器

圆柱形电容器是由半径分别为R_A和R_B的两同轴金属圆筒组成,圆筒的长度l比半径大很多。两圆筒间充满相对介电常数为ε_r的电介质,如图12-13所示。当两圆筒充电后,可以认为除了两筒的边缘部分外,电荷将均匀分布在内外两圆柱面上,这时两圆筒间的电场具有轴对称性。设内、外圆筒分别带电$+q$和$-q$,则单位长度上的电荷为$\lambda=q/l$。

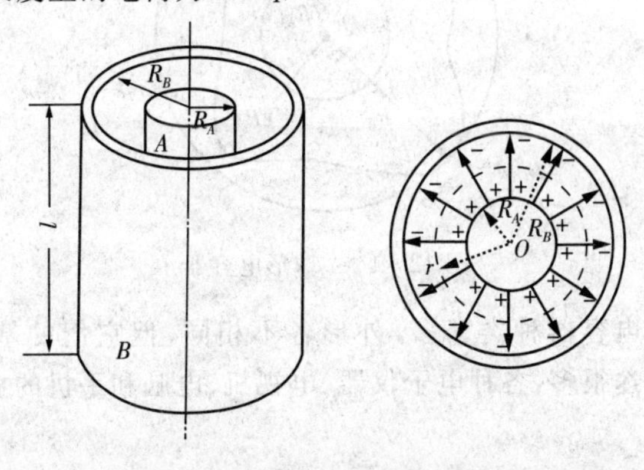

图12-13　圆柱形电容器

由高斯定理可知,两圆筒间的电场强度为

$$E=\frac{\lambda}{2\pi\varepsilon_0\varepsilon_r r}=\frac{q}{2\pi\varepsilon_0\varepsilon_r rl} \tag{12-23}$$

电场强度的方向垂直于圆筒轴线,于是,两圆筒的电势差为

$$U_{AB}=\int_{R_A}^{R_B}\boldsymbol{E}\cdot \mathrm{d}\boldsymbol{r}=\int_{R_A}^{R_B}\frac{q}{2\pi\varepsilon_0\varepsilon_r l}\frac{\mathrm{d}r}{r}=\frac{q}{2\pi\varepsilon_0\varepsilon_r l}\ln\frac{R_B}{R_A} \tag{12-24}$$

根据电容的定义,求得圆柱形容器的电容为

$$C=\frac{q}{U_{AB}}=\frac{2\pi\varepsilon_0\varepsilon_r l}{\ln(R_B/R_A)} \tag{12-25}$$

进一步可得单位长度的电容为

$$C=\frac{2\pi\varepsilon_0\varepsilon_r}{\ln(R_B/R_A)} \tag{12-26}$$

3. 球形电容器

如图 12-14 所示,球形电容器是由半径分别为 R_A 和 R_B 的两个同心金属球壳组成,两球壳间充满相对介电常数为 ε_r 的电介质。可以计算求得球形电容器的电容为(具体过程请读者自己推导)

$$C=\frac{4\pi\varepsilon_0\varepsilon_r R_A R_B}{R_B-R_A} \tag{12-27}$$

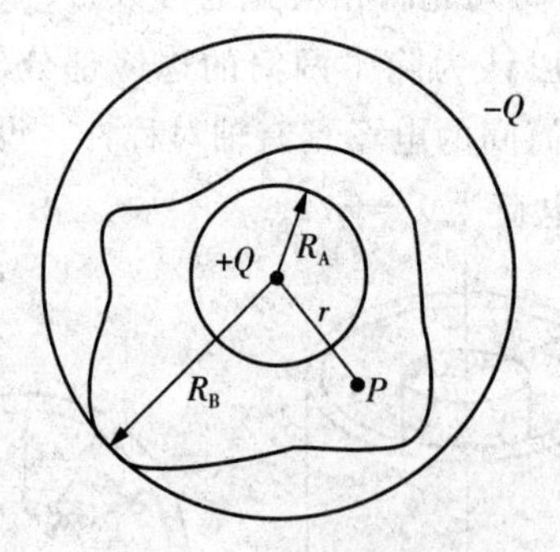

图 12-14 球形电容器

实际使用的电容器种类繁多,外形各不相同,但它们的基本结构是一致的。电容器的用途很多,各种电子仪器、电视机、电脑和手机的主板中都要用到电容器。

4. 电容器的串联、并联

电容器的规格中有两个指标，一是它的电容量，另一个是耐电压能力。使用时，电容器两极所加的电压不能超过它的标定耐压值，否则电容器会被击穿而损坏。当单独一个电容器的电容值或耐压值不能满足实际需求时，可把几个电容器连接起来使用，电容器的基本连接方式有串联、并联两种。

电容器串联时（如图 12－15），每一个电容都带有相同的电量 q，而电压与电容成反比地分配在各个电容器上，因此整个串联电容器系统的总电容的倒数为

$$\frac{1}{C}=\frac{U}{q}=\frac{U_1+U_2+\cdots+U_n}{q}=\frac{1}{C_1}+\frac{1}{C_2}+\cdots+\frac{1}{C_n} \tag{12-28}$$

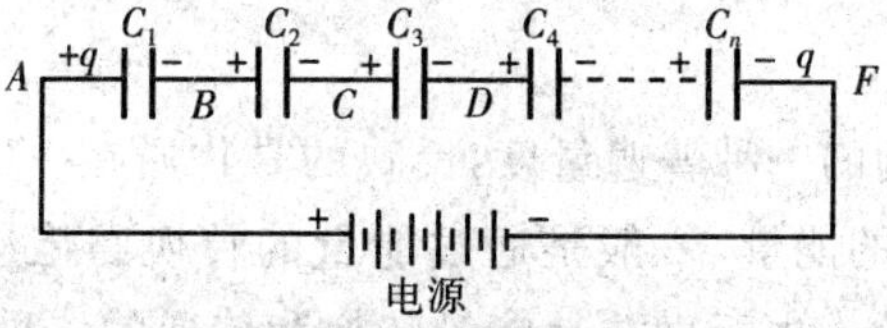

图 12－15　电容器的串联

电容器并联时（如图 12－16），加在各电容器上的电压是相同的，电量与电容成正比地分配在各个电容器上。因此整个并联电容器系统的总电容为

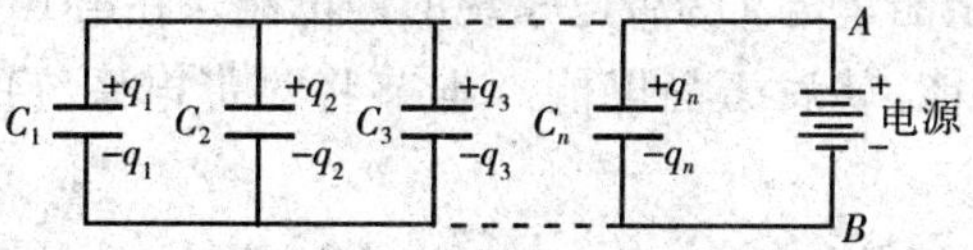

图 12－16　电容器的并联

$$C=\frac{q}{U}=\frac{q_1+q_2+\cdots+q_n}{U}=\frac{U(C_1+C_2+\cdots+C_n)}{U}=C_1+C_2+\cdots+C_n \tag{12-29}$$

【例 12－5】　如图 12－17 所示，C_1 和 C_2 两空气电容器串联起来接上电源充电。然后将电源断开，再把一电介质板插入 C_1 中，则电容 C_1 和 C_2 极板上的电量、极板间的电压将如何变化？如果电源始终处于连接状态，又将如何？

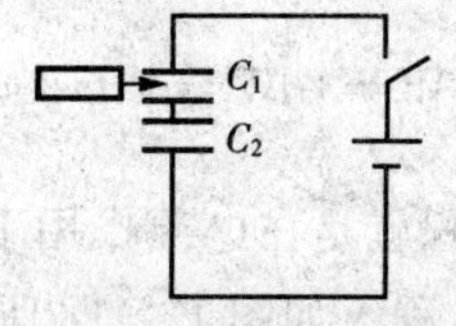

图 12－17　电容器内充入电介质的影响

解 由平行板电容器公式可知,当电容 C_1 中插入电介质之后,C_1 将增大,则串联后的总电容也将增大,而 C_2 不变。

(1) 充电后断开电源,根据电荷守恒,电容器极板上的电量将保持不变,电容 C_2 没变化,则 C_2 极板间的电压也不变。而由于电容 C_1 增大了,所以 C_1 上的电压减小了。

(2) 充电后不断开电源,情况与(1) 不一样,电源不断开时,两个电容两端的总电压始终等于电源两端的电压。根据 $C = q/U$,由于总电容增大了,所以极板上的电量也增加了。对电容 C_2,根据 $C_2 = q/U_2$ 可知 C_2 极板间的电压增大了。又 $U_1 + U_2 = U_{电源}$,因此 C_1 上的电压减小了。

§12-5 电场的能量

能量是物质运动的一种普遍量度,反映的是物质在一定状态下所具有的特性,对一种特定形式的能量,一般是通过能量的转换和传递过程来得以认识并定义其具体表达式的。由于做功是能量转换和传递的一种方式,在物理学中常通过功来引入能量的定义。

对一个带电系统而言,其带电过程总伴随着电荷的相对运动。在这个过程中,外力必须克服电荷间的相互作用而做功。外界做功所消耗的能量将转换为带电系统的能量,该能量定义为带电系统的静电能。在第10章中引入的点电荷在外电场中的电势能,就属于静电能。本节将对带电系统的静电能作进一步分析。

1. 带电系统的能量

对于电量为 Q 的带电体 A,可以设想是不断地将微小电量 $\mathrm{d}q$ 从无穷远处移到 A 上,直到其带电量达到 Q。在移动 $\mathrm{d}q$ 的过程中,外界需要克服电场力做功 $\mathrm{d}A$,从而增加带电体 A 的能量 $\mathrm{d}W$,即

$$\mathrm{d}W = \mathrm{d}A = U\mathrm{d}q \tag{12-30}$$

上式中,U 为移动 $\mathrm{d}q$ 时带电体 A 相对于无穷远处的电势。

因此,带电体 A 从不带电到带有电量 Q 的整个过程积蓄的能量为

$$W = \int \mathrm{d}W = \int_0^Q U\mathrm{d}q \tag{12-31}$$

实际上,电容器充电的过程就是在电源作用下不断地从原来电中性的极板 B 取正电荷移动到极板 A 的过程。如图 12-18 所示,有一电容为 C 的平行板电容器正处于充电过程中,设在某时刻两极板之间的电势差为 u,此时若继续把

$+\mathrm{d}q$ 电荷从带负电的极板移到带正电的极板时，外力因克服静电力而需做的功为

$$\mathrm{d}A = u\mathrm{d}q = \frac{q}{C}\mathrm{d}q \tag{12-32}$$

当电容器极板的电势差为 U，并分别带有 $\pm Q$ 的电荷时，外力做的总功为

$$A = \int \mathrm{d}A = \frac{1}{C}\int_0^Q q\mathrm{d}q = \frac{Q^2}{2C} \tag{12-33}$$

由前面分析可知，克服静电力所做的功增加了电容器的能量，也就是转换为了电容器的电能 W_e，于是有

$$W_e = \frac{1}{2}\frac{Q^2}{C} = \frac{1}{2}QU = \frac{1}{2}CU^2 \tag{12-34}$$

需要注意的是，这一结果虽然是以平行板电容器为例推导出来的，但对任何电容器都是正确的，是计算电容器储存静电能的普遍公式。

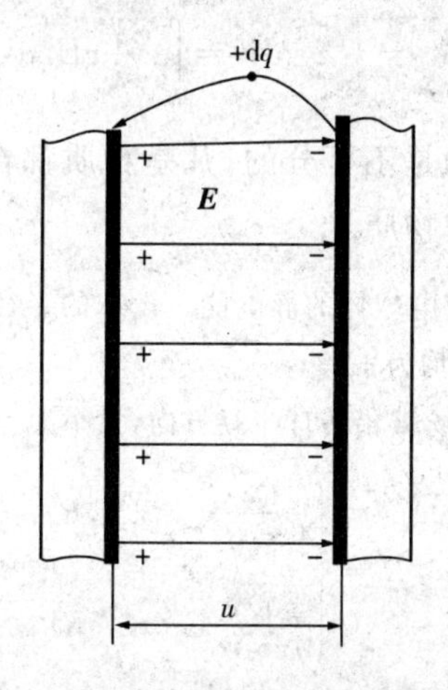

图 12-18　在极板间移动电荷过程中外力做功

2. 静电场的能量　能量密度

前面导出的静电能公式与电荷相关联。在不随时间变化的静电场中，电荷和电场总是同时存在的，我们无法分辨电能是与电荷相关联还是与电场相关联。以后我们将看到，随时间迅速变化的电场和磁场将以电磁波的形式在空间传播，电场可以脱离电荷而传播到远处。实际上，电磁波携带能量已经是人所共知的事实。大量事实证明，能量是定域在电场中的。

既然能量是定域在（或者说分布在）电场中，我们就可以把带电系统的能量

公式用描述电场的物理量 $\boldsymbol{E}$ 和 $\boldsymbol{D}$ 来表示。为简单起见，仍考虑一个理想的平行板电容器，它的极板面积为 S，极板间电场占的空间体积 $V=Sd$，极板上自由电荷为 Q，极板间电压为 U，则该电容器存储的电能 $W_e=\frac{1}{2}CU^2$。又因为 $C=\frac{\varepsilon S}{d}$，$U=Ed$，则 W_e 可以表示为

$$W_e=\frac{1}{2}\frac{\varepsilon S}{d}(Ed)^2=\frac{1}{2}\varepsilon E^2V \tag{12-35}$$

由于平行板电容器中电场是均匀的，所存储的静电场能量也应该是均匀分布的，因此电场中单位体积的能量，即电场能量密度为

$$w_e=\frac{1}{2}\varepsilon E^2=\frac{1}{2}DE \tag{12-36}$$

可以证明，上式适用于任何电场。在电场不均匀时，总电场能量等于 w_e 在场强不为零的空间的体积分，即

$$W_e=\int_V w_e\mathrm{d}V=\int_V\frac{1}{2}\varepsilon E^2\mathrm{d}V \tag{12-37}$$

我们知道，物质与运动是不可分的，凡是物质都在运动，都具有能量。电场具有能量，表明电场是一种物质。

【例 12-6】 计算均匀带电球体的静电能。设球的半径为 R，带电量为 Q。为简单起见，设球内、外介质的介电常数均为 ε_0。

解 均匀带电球体的电场 E 沿着球半径方向，大小为

$$E=\begin{cases}\dfrac{Qr}{4\pi\varepsilon_0R^3} & (r\leqslant R)\\[2ex] \dfrac{Q}{4\pi\varepsilon_0r^2} & (r>R)\end{cases}$$

于是，静电能为

$$\begin{aligned}W_e&=\int_V\frac{1}{2}\varepsilon_0E^2\mathrm{d}V=\frac{\varepsilon_0}{2}\int_0^R\left(\frac{Qr}{4\pi\varepsilon_0R^3}\right)^2 4\pi r^2\mathrm{d}r+\frac{\varepsilon_0}{2}\int_R^{\infty}\left(\frac{Q}{4\pi\varepsilon_0r^2}\right)^2 4\pi r^2\mathrm{d}r\\&=\frac{Q^2}{8\pi\varepsilon_0R^6}\int_0^R r^4\mathrm{d}r+\frac{Q^2}{8\pi\varepsilon_0}\int_R^{\infty}\frac{\mathrm{d}r}{r^2}=\frac{3Q^2}{20\pi\varepsilon_0R}\end{aligned}$$

【例 12-7】 一孤立带电导体球带电量为 Q，半径为 R，求其静电能。

解法一 同上一例题，注意导体球的电荷全部分布在外表面上，内部电场为零。

解法二 孤立导体球的电容为

$$C = \frac{Q}{U} = 4\pi\varepsilon_0 R$$

则静电能为

$$W_e = \frac{1}{2}\frac{Q^2}{C} = \frac{Q^2}{8\pi\varepsilon_0 R}$$

与前面一个例题的结果比较可知，对电量及半径相同的带电球体，其静电能与电荷分布有关。电荷集中分布在球面比均匀分布在整个球体的静电能要小。

本章小结

1. 导体的静电平衡

① 静电平衡条件

导体内部场强处处为零，导体是等势体；导体表面电场垂直于导体表面，导体表面是等势面。

② 电荷分布

a. 电荷只分布在导体表面；

b. 对空腔导体、空腔内无带电体时，电荷只分布在空腔导体的外表面；空腔内有带电体 q 时，导体内表面有感应电荷 $-q$，外表面有感应电荷 q。

③ 孤立导体表面电荷面密度与表面曲率有关：曲率大，电荷面密度大；曲率小，电荷面密度小。

2. 导体表面电场强度大小

$$E = \frac{\sigma}{\varepsilon_0}$$

方向为垂直于导体表面向外。

3. 电介质的极化

(1) 极化强度

$$\boldsymbol{P} = \frac{\sum \boldsymbol{p}_e}{\Delta V}$$

(2) 极化强度与极化电荷的关系

$$\sigma' = \boldsymbol{P} \cdot \boldsymbol{n}_0$$

$$\oint_S \boldsymbol{P} \cdot d\boldsymbol{S} = -\sum q'_i$$

(3) 有电介质时的高斯定理

$$\oint_S \boldsymbol{D} \cdot d\boldsymbol{S} = \sum q$$

电位移矢量

$$\boldsymbol{D} = \varepsilon_0 \boldsymbol{E} + \boldsymbol{P}$$

对各向同性的电介质

$$\boldsymbol{D} = \varepsilon \boldsymbol{E}$$

4. 导体的电容及电容器

(1) 孤立导体的电容

$$C = \frac{q}{V}$$

(2) 几类电容器的电容

平行板电容器

$$C = \varepsilon \frac{S}{d}$$

圆柱形电容器

$$C = \frac{2\pi\varepsilon l}{\ln(R_B/R_A)}$$

球形电容器

$$C = \frac{4\pi\varepsilon R_A R_B}{R_B - R_A}$$

(3) 电容器的串联与并联(以两个电容为例)

串联

$$\frac{1}{C} = \frac{1}{C_1} + \frac{1}{C_2} \quad U = U_1 + U_2 \quad q_1 = q_2$$

并联

$$C = C_1 + C_2 \quad U_1 = U_2 \quad q = q_1 + q_2$$

5. 静电场的能量

(1) 充电电容的能量

$$W_e=\frac{1}{2}\frac{Q^2}{C}=\frac{1}{2}QU=\frac{1}{2}CU^2$$

(2) 电场能量密度

$$w_e=\frac{1}{2}\varepsilon E^2$$

(3) 电场的能量

$$W_e=\int_V\frac{1}{2}\varepsilon E^2\mathrm{d}V$$

习　题

12-1　如图所示，绝缘的带电导体上 a、b、c 三点，电荷密度(　　)。

A. a 点最大　B. b 点最大　C. c 点最大　D. 一样大

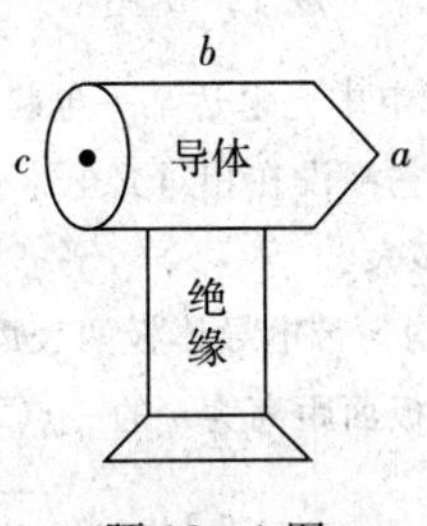

题 12-1 图

12-2　金属球 A 与同心球壳 B 组成电容器，球 A、B 上分别带电荷 Q、q，测得球与壳间电势差为 U_{AB}，可知该电容器的电容值为(　　)。

A. $\frac{q}{U_{AB}}$　B. $\frac{Q}{U_{AB}}$　C. $\frac{Q+q}{U_{AB}}$　D. $\frac{Q+q}{2U_{AB}}$

12-3　一个空气平行板电容器，充电后把电源断开，这时电容器中储存的能量为 W_0，然后在两极板间充满相对介电常数为 ε_r 的各向同性均匀电介质，则该电容器中储存的能量为(　　)。

A. $\varepsilon_r W_0$　B. W_0/ε_r　C. $(1+\varepsilon_r)W_0$　D. W_0

12-4　对于带电的孤立导体球，(　　)。

A. 导体内的场强与电势大小均为零

B. 导体内的场强为零,而电势为恒量

C. 导体内的电势比导体表面高

D. 导体内的电势与导体表面的电势高低无法确定

12-5　极板面积为 S,间距为 d 的平行板电容器,接入电源保持电压 V 恒定。此时,若把间距拉开为 $2d$,则电容器上的电荷 Q 将__________(填增加、减少或不变)。

12-6　一任意形状的带电导体,其电荷面密度分布为 $\sigma(x,y,z)$,则在导体表面外附近任意点处的电场强度的大小 $E(x,y,z)=$__________,其方向__________。

12-7　如图所示,三块平行金属板 A、B、C 面积均为 $200\mathrm{cm}^2$,A、B 间相距 4mm,A、C 间相距 2mm,B 和 C 两板都接地。如果使 A 板带正电 3.0×10^{-7}C,求:

(1)B、C 板上的感应电荷;($q_1=-1.0\times10^{-7}$C,$q_2=-2.0\times10^{-7}$C)

(2)A 板的电势。

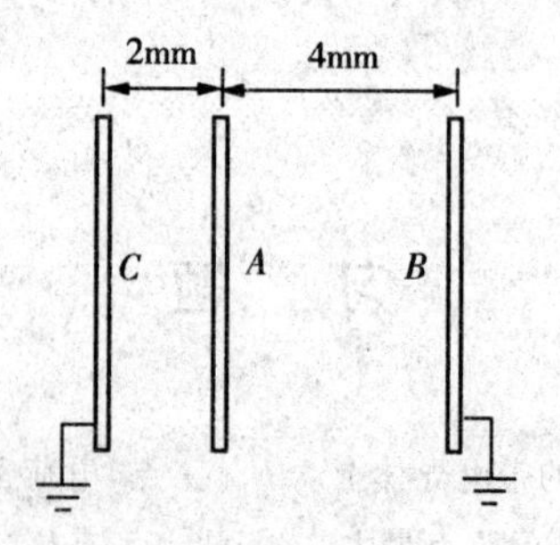

题 12-7 图

12-8　一绝缘金属物体,在真空中充电达某一电势值,其电场总能量为 W_0。若断开电源,使其上所带电荷保持不变,并把它浸没在相对介电常量为 ε_r 的无限大的各向同性均匀液态电介质中,问这时电场总能量有多大?

12-9　厚度为 d 的"无限大"均匀带电导体板两表面单位面积上电荷之和为 σ。试求图示离左板面距离为 a 的一点与离右板面距离为 b 的一点之间的电势差。

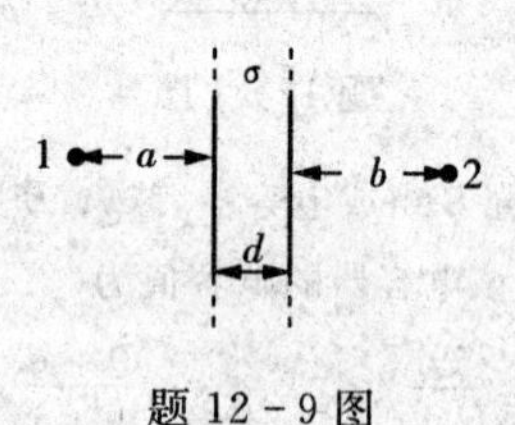

题 12-9 图

第 13 章　稳恒磁场

§13－1　磁现象的电本质

1. 磁铁的性质

磁现象的发现要比电现象早得多，我国早在公元前 300 年就发现了磁石(Fe_3O_4)吸铁的现象，所以人们也管磁石叫吸铁石或磁铁。磁石吸铁，这是完全不同于带电物体吸引轻小物体的一种现象。逐渐地人们发现磁铁可以吸引含铁、镍、钴等金属的铁磁性物质，而且这些物质被磁铁磁化后仍然具有磁铁的性质。

在长期的生产实践中，人们发现任何一块磁铁，不管加工成什么形状，都有两个磁极，N 极和 S 极，即使将一块磁铁分为两块，每一块磁铁还是有两个磁极。也就是说，不存在独立的 N 极和 S 极。但我们知道，正电荷和负电荷可以独立存在，这也是磁与电不同的地方，但是磁与电也有相同的地方，比如磁铁也有同极相斥、异极相吸的性质，如图 13－1 所示。你很难将两块条形磁铁的同极接触，但是它们的异极，只要靠近，就会吸引到一起。实际上可以将地球看做一块大磁铁，地球的 N 极在地理南极附近，S 极在地理北极附近。

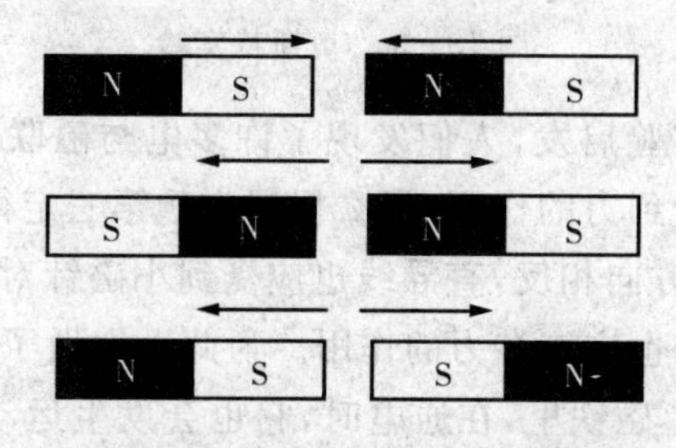

图 13－1　磁铁同极相斥，异极相吸

11世纪(北宋)时,我国科学家沈括就发明了应用于航海事业的指南针(如图13-2),并发现了地磁偏角。这一发明后来经阿拉伯传入欧洲,对欧洲的航海业乃至整个人类社会的文明进程,都产生了巨大影响。

图13-2 司南图

2. **奥斯特的发现**

在历史上很长一段时期,人们对磁现象和电现象彼此独立地进行研究,认为二者没有什么关系,直到1820年,人们才开始发现电现象和磁现象之间的联系。1820年丹麦物理学家奥斯特做实验时偶然发现在直导线附近的小磁针,当直导线通电时,会受到力的作用而发生偏转(如图13-3)。当改变直导线中电流的方向时,小磁针会向相反方向转动。这就是被载入史册的奥斯特实验,它第一次指出磁现象和电现象之间是有联系的。奥斯特的这个实验说明直导线通电时,就突然具有了类似于磁铁一样的性质,可以与另一块磁铁小磁针同极相斥、异极相吸。

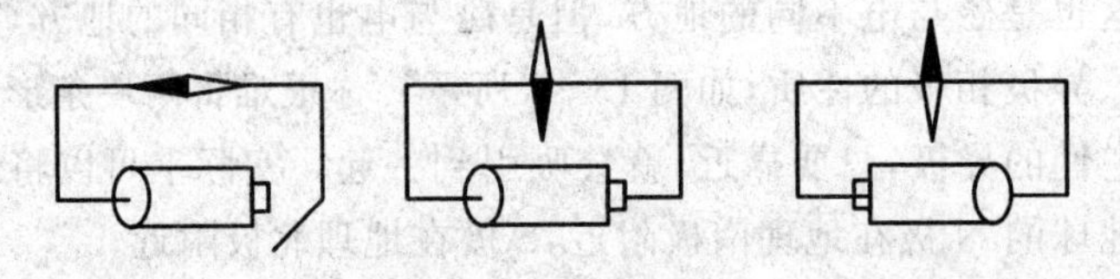

图13-3 奥斯特实验

之后,受奥斯特实验启发,人们发现了许多电与磁联系的现象。既然直导线通电时,小磁针会受到力的作用,那么根据牛顿第三定律,作用力与反作用力同时存在,大小相等,方向相反,直导线也应受到小磁针对它的反作用力。也就是说,磁铁对通电导线也应该有力的作用。为此人们做了如图13-4所示的实验,将直导线放在U形磁铁里,在通电时,它也会发生运动,说明它受到了磁铁对它的作用力。将直导线弯成如图13-5a所示的线圈,通电时线圈也会发生偏转,最终线圈停于如图13-5b所示位置,就好比两块磁铁吸在了一起一样,达到了稳定状态。这就是说，通电线圈具有与磁铁一样的性质。如将两个线圈平行地放在一起，当线圈中的电流流向相同时，两线圈相互吸引，电流流向相反时，两线圈相互排斥。两载流直导线平行放置，当导线中的电流流向相同时，两导线相互吸引，电流流向相反时，两导线互相排斥。这说明了通电导线具有磁性。

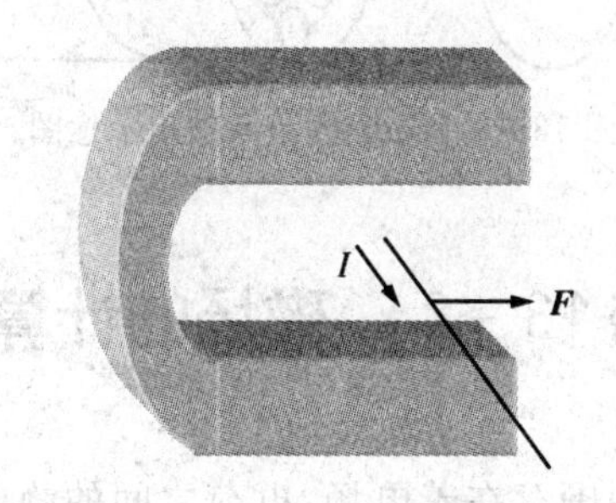

图 13 - 4　通电直导线在磁场中受力移动

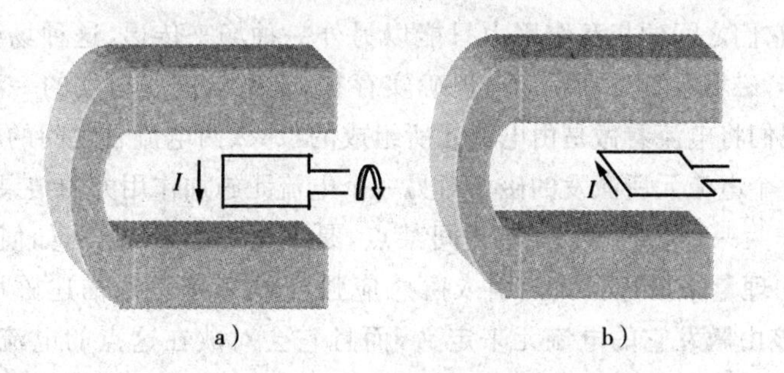

图 13 - 5　通电线圈磁场中受力旋转

3. 磁现象的本质

那么磁铁没有通电为什么会有磁性呢？1822 年，安培提出了分子环流假说，他认为一切磁现象的根源是电流，任何物质的分子中都存在圆形电流，称为分子环流，分子环流相当于磁铁的一个基元。一般物体不显示磁性，是因为物体中各分子环流无规则排列，它们对外界所产生的磁效应相互抵消。磁性物质在外磁场作用下，内部的各分子环流法线趋向于外磁场方向，从而显示出磁性，如图 13 - 6 所示。分子环流的两个面，对应于磁铁的两个磁极，因为这两个面无法单独存在，所以就可以解释两种磁极不能单独存在的原因。从现代物理来看，物质是由分子组成的，分子中的原子由原子核和核外电子组成，原子核带正电，核外电子带负电，绕原子核高速旋转。这些电子的运动可以形成分子环流。实际上,电子和原子核还有自旋,自旋也会引起磁性。至此,我们可以认为一切磁现象起源于电流。实际上磁现象还有其更本质的原因,你能猜到吗?这一点我们将在下节的分析中发现。

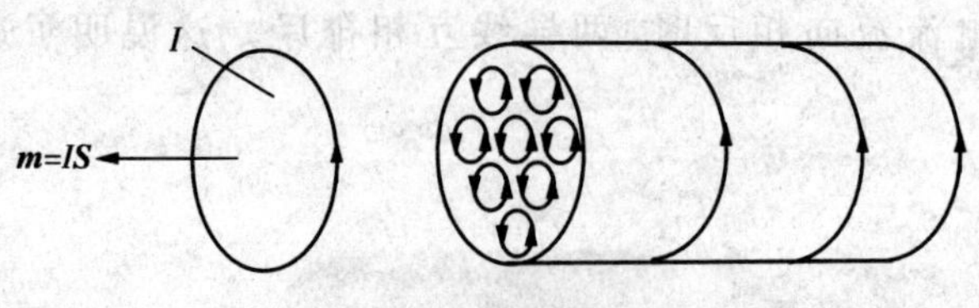

图 13-6 分子环流及磁矩示意图

§13-2 磁场的计算

我们知道在电荷的周围存在着电场,电荷之间的静电力是通过电场来传递的。对于两块磁铁来说,它们是电中性的,显然它们之间的作用力,不是通过电场来传递的,它们之间的相互作用力只能以另外一种场来传递,这种场称为磁场。与电场一样,磁场看不见,摸不着,但确实存在,是由电流所激发的一种特殊的物质。如果我们将电流看做是由电流元所组成的,那么两电流元之间的相互作用可以看做是一个电流元所激发的磁场对另一个电流元施加作用力的结果。

磁场作为一种物理实在,在空间某点,是不是有磁场,强弱如何,需要我们定义一个物理量来描述。我们引入磁感应强度 $\boldsymbol{B}$ 来定量地描述磁场。磁感应强度 $\boldsymbol{B}$ 应该由激发它的电流元来定义,而且它会对放在这点的电流元(或小磁针)有力的作用。

1. 由毕萨定律定义磁感应强度

19 世纪 20 年代,法国科学家毕奥和萨伐尔两个人经过大量分析研究,得出一条有关电流产生磁场的基本规律,称为毕奥-萨伐尔定律,内容如下:

在真空中,载流导线上任一电流元 $I\mathrm{d}\boldsymbol{l}$ 在给定点 P 所产生的磁感应强度 $\mathrm{d}\boldsymbol{B}$ 的大小,与电流元 $I\mathrm{d}\boldsymbol{l}$ 的大小成正比,与电流元到点 P 的矢径 $\boldsymbol{r}$ 的夹角 θ 的正弦成正比,与电流元到点 P 的距离 r 的平方成反比,即

$$\mathrm{d}\boldsymbol{B}=\frac{\mu_0}{4\pi}\frac{I\mathrm{d}\boldsymbol{l}\times\boldsymbol{r}}{r^3} \tag{13-1-a}$$

$$\mathrm{d}B=\frac{\mu_0}{4\pi}\frac{I\mathrm{d}l}{r^2}\sin\theta \tag{13-1-b}$$

式中 μ_0 为真空磁导率,其值为 $\mu_0=4\pi\times10^{-7}\,\mathrm{N\cdot A^{-2}}$,$\mathrm{d}\boldsymbol{B}$ 的方向垂直于 $\mathrm{d}\boldsymbol{l}$ 和 $\boldsymbol{r}$ 组

成的平面，并沿矢积 $\mathrm{d}\boldsymbol{l}\times\boldsymbol{r}$ 的方向。这样磁感应强度 $\boldsymbol{B}$ 的方向就可由右手定则来判断：用右手四指先指向电流元 $I\mathrm{d}\boldsymbol{l}$ 的方向，然后经小于 180° 的角转向矢径 $\boldsymbol{r}$，则大拇指的指向就是磁感应强度 $\boldsymbol{B}$ 的方向(如图 13－7)。

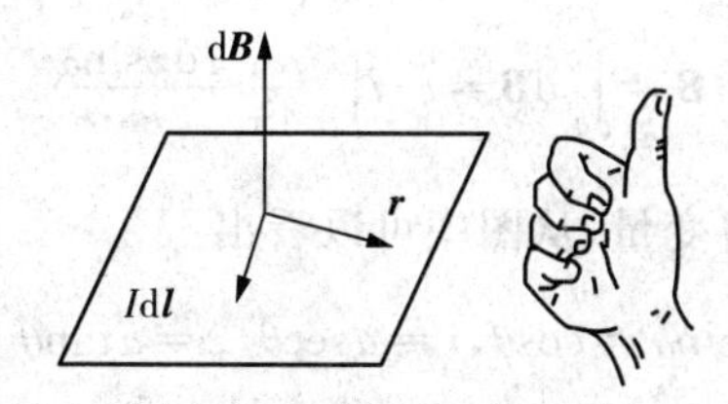

图 13－7　用右手螺旋关系判断磁感应强度方向

毕萨定律给出的是电流元所激发的磁场的磁感应强度的大小和方向，这里的电流元是一种物理的抽象，这个定律不能由实验直接验证，但是由这个定律出发，所得出的结果可以跟实验相符合。磁感应强度与电场强度一样，也可由一个矢量来描述，满足叠加原理。载流导线和线圈在空间某点激发的磁感应强度是组成它们的电流元在这点激发的磁感应强度的矢量和。

2. 毕萨定律的应用

(1) 载流直导线的磁场

如图 13－8 所示，在真空中有一长为 L、通电电流为 I 的直导线，现计算与直导线的距离为 a 的 P 点的磁感应强度。

首先我们建立如图 13－8 所示的坐标系。让 Oz 轴沿着载流导线 CD，电流方向为 z 轴正方向，Oy 轴通过 P 点。在直导线上任取一电流元 $I\mathrm{d}z$，此电流元在 P 点激发的磁感应强度，根据毕萨定律为

$$\mathrm{d}\boldsymbol{B}=\frac{\mu_0}{4\pi}\frac{I\mathrm{d}z\boldsymbol{k}\times\boldsymbol{r}}{r^3}=-\frac{\mu_0}{4\pi}\frac{I\mathrm{d}z\sin\alpha}{r^2}\boldsymbol{i} \tag{13-2}$$

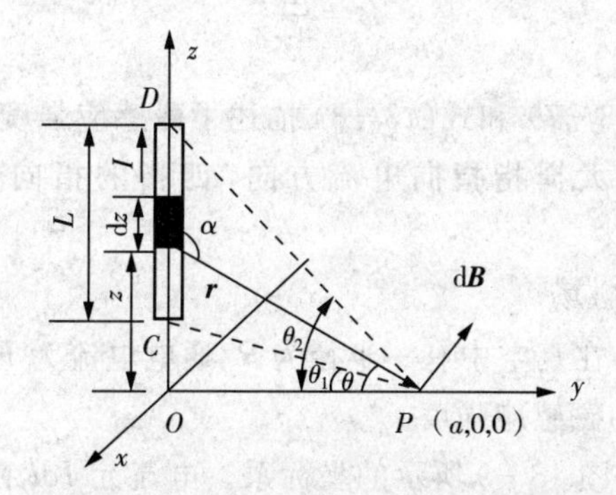

图 13－8　载流直导线的磁感应强度

d$\boldsymbol{B}$ 的方向垂直于电流元 $I\mathrm{d}\boldsymbol{l}$ 与矢径 $\boldsymbol{r}$ 所确定的平面,即在 xy 平面内垂直于 y 轴。这里用 $\boldsymbol{i}$,$\boldsymbol{j}$ 和 $\boldsymbol{k}$ 表示沿 x,y 和 z 方向的单位矢量。

载流直导线在 P 点产生的总磁感应强度为

$$\boldsymbol{B}=\int_L \mathrm{d}\boldsymbol{B}=-\boldsymbol{i}\int_L \frac{\mu_0}{4\pi}\frac{I\mathrm{d}z\sin\alpha}{r^2} \tag{13-3}$$

取$\overline{OP}$ 与 r 的夹角 θ 为自变量,从图中可以看出

$$\sin\alpha=\cos\theta, r=a\sec\theta, z=a\tan\theta \tag{13-4}$$

对 z 微分得

$$\mathrm{d}z=a\sec^2\theta\mathrm{d}\theta \tag{13-5}$$

把式(13-4)和式(13-5)代入式(13-3),对长为 L 的导线积分,积分下限对应 θ_1,积分上限对应 θ_2,得

$$B=\frac{\mu_0 I}{4\pi a}\int_{\theta_1}^{\theta_2}\cos\theta\mathrm{d}\theta=\frac{\mu_0 I}{4\pi a}(\sin\theta_2-\sin\theta_1) \tag{13-6}$$

此式可以当做求载流直导线外一点的磁感应强度的计算公式,式中 a 为所求点到直导线的距离,D 点在 z 轴正半轴,θ_2 取正,D 点在 z 轴负半轴,θ_2 取负,C 点在 z 轴正半轴,θ_1 取正,C 点在 z 轴负半轴,θ_1 取负。

如果将直导线视为无限长直导线,即 $\theta_2\to\pi/2$,$\theta_1\to-\pi/2$,由式(13-6)可得

$$B=\frac{\mu_0 I}{2\pi a} \tag{13-7}$$

如果将直导线视为半无限长直导线,即 $\theta_2\to\pi/2$,$\theta_1\to 0$,由式(13-6)可得

$$B=\frac{\mu_0 I}{4\pi a} \tag{13-8}$$

式(13-6)、式(13-7)和式(13-8)描述了磁感应强度的大小,方向可由右螺旋关系来判断,即大拇指指向电流方向,四指的指向即为磁感应强度的方向。

(2) 载流圆环的磁场

如图 13-9 所示,在真空中有一半径为 R、通电电流为 I 的圆环,现计算它的轴线上任意点 P 处的磁感应强度。

首先我们建立如图 13-9 所示的坐标系。电流元 $I\mathrm{d}\boldsymbol{l}$ 在 P 点产生的磁感应强度 d$\boldsymbol{B}$ 为

$$\mathrm{d}\boldsymbol{B}=\frac{\mu_0}{4\pi}\frac{I\mathrm{d}\boldsymbol{l}\times\boldsymbol{r}}{r^3} \tag{13-9}$$

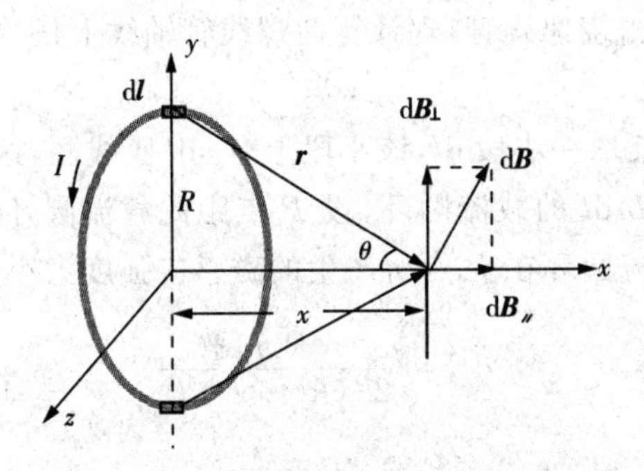

图 13-9　载流圆环的磁感应强度分析

从图看以看出 $\mathrm{d}\boldsymbol{l}$ 和 $\boldsymbol{r}$ 垂直，$\mathrm{d}\boldsymbol{B}$ 垂直于 $\mathrm{d}\boldsymbol{l}$ 和 $\boldsymbol{r}$ 组成的平面，圆环上各电流产生的 $\mathrm{d}\boldsymbol{B}$ 的方向各不相同。如果把 $\mathrm{d}\boldsymbol{B}$ 分解为垂直于轴线的分量 $\mathrm{d}\boldsymbol{B}_{\perp}$ 和平行于轴线的分量 $\mathrm{d}\boldsymbol{B}_{//}$，由对称性可知，垂直于轴线的分量会相互抵消。所以最后 P 点的磁感应强度沿 x 方向，因此也可用右手螺旋关系来判断载流圆环的磁感应强度的方向，即用四指环绕电流方向，大拇指的指向为磁感应强度的方向。P 点的磁感应强度的大小为

$$B=\int\mathrm{d}B_{//}=\int\mathrm{d}B\sin\theta=\int\frac{\mu_0}{4\pi}\frac{I\mathrm{d}l}{r^2}\frac{R}{r}$$

$$=\frac{\mu_0}{4\pi}\frac{IR}{r^3}\int_0^{2\pi R}\mathrm{d}l=\frac{\mu_0 R^2 I}{2r^3}=\frac{\mu_0}{2}\frac{R^2 I}{(R^2+x^2)^{3/2}} \tag{13-10}$$

当 $x=0$ 时，即在圆心处，磁感应强度的大小为

$$B=\frac{\mu_0 I}{2R} \tag{13-11}$$

当 $x\gg R$ 时，即场点离圆环很远时，有

$$B\approx\frac{\mu_0 IR^2}{2x^3} \tag{13-12}$$

如图 13-6 所示，我们引入磁矩 $\boldsymbol{m}=I\boldsymbol{S}$ 来描述载流线圈的性质，有时也用 P_{m} 表示磁矩。与电偶极子一样，式(13-12) 所对应的磁感应强度为

$$\boldsymbol{B}\approx\frac{\mu_0\boldsymbol{m}}{2\pi x^3} \tag{13-13}$$

(3) 载流直螺线管内部的磁场

如图 13-10 所示,在真空中有一半径为 R、通电电流为 I、单位长度内的匝数为 n、长度为 L 的密绕螺线管,现计算此螺线管轴线上任一场点 P 处的磁感应强度。

先在螺线管上任取一小段 $\mathrm{d}l$,该小段上有 $n\mathrm{d}l$ 匝线圈,这小段线圈可以等效为通电电流强度为 $In\mathrm{d}l$ 的载流圆环,设 P 点距此载流圆环的距离为 l,则由式(13-10) 可知此载流圆环在 P 点所产生的磁感应强度大小为

$$\mathrm{d}B=\frac{\mu_0}{2}\frac{R^2 In\mathrm{d}l}{(R^2+l^2)^{3/2}} \tag{13-14}$$

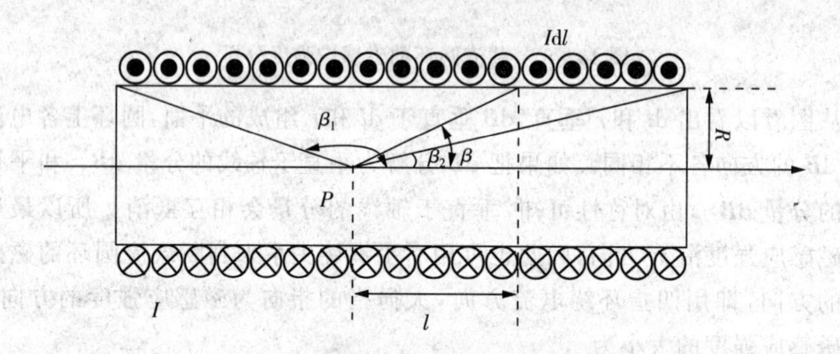

图 13-10 通电直螺线管内的磁感应强度分析

方向与圆环电流成右手螺旋关系。因为载流圆环在轴线上各点的磁感应强度都沿着轴线方向,所以整个螺线管在 P 点所产生的磁感应强度可以对上式直接积分得出

$$B=\int\frac{\mu_0}{2}\frac{R^2 In\mathrm{d}l}{(R^2+l^2)^{3/2}} \tag{13-15}$$

如图 13-10 所示,令 $l=R\cot\beta$,则 $\mathrm{d}l=-R\csc^2\beta\mathrm{d}\beta$,又 $R^2+l^2=r^2$,由上式可得

$$B=\int_{\beta_1}^{\beta_2}\frac{\mu_0}{2}\frac{R^2 In\times(-R\csc^2\beta\mathrm{d}\beta)}{r^3}=\frac{\mu_0 nI}{2}(\cos\beta_2-\cos\beta_1) \tag{13-16}$$

式中 β_1 和 β_2 分别表示 P 点到螺线管两端的连线与轴之间的夹角。如果选取坐标原点处于螺线管内轴上的中点,将螺线管轴线作为 x 轴,P 点位于坐标 x 处,则由图 13-10 可得

$$\cos\beta_1=-\frac{L/2+x}{\sqrt{(L/2+x)^2+R^2}}$$

$$\cos\beta_2=\frac{L/2-x}{\sqrt{(L/2-x)^2+R^2}}$$

将这两个式子代入式(13-16)，可得当$L=10R$时螺线管轴线上的磁感应强度，如图 13 - 11 所示。

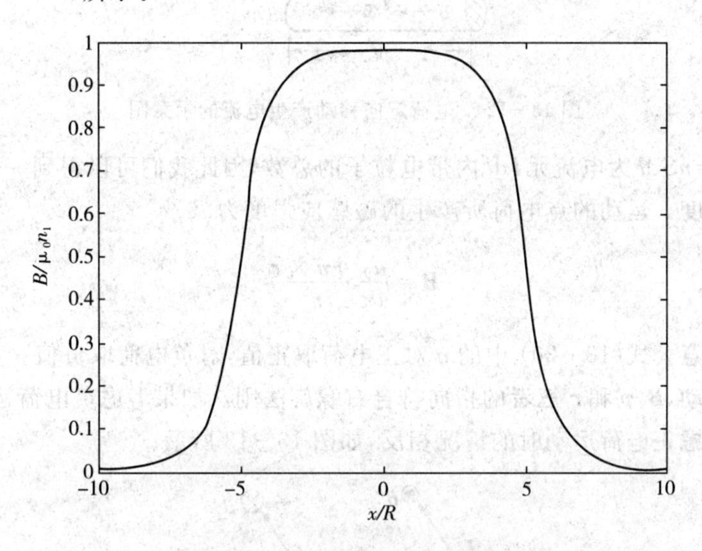

图 13 - 11　螺线管轴线上的磁感应强度

从图 13 - 11 可以看出在螺线管内部，轴线上的磁感应强度相等，螺线管端口处磁感应强度约为内部的一半。由式(13 - 16)，当$R\ll l$，从P点来看螺线管无限长时，$\beta_1\rightarrow\pi$，$\beta_2\rightarrow 0$，有

$$B=\mu_0 nI \tag{13-17}$$

即无限长载流直螺线管轴线上各点磁感应强度相等。

(4) 运动电荷的磁场

由毕萨定律可以计算不同形状的载流导线所产生的磁场的磁感应强度，而我们知道，导体中的电流是大量带电粒子定向运动的结果，因此可以猜想电流产生的磁场实际上是由运动电荷所产生的。

如图13-12所示，设在导体中单位体积内有n个带电粒子，每个粒子的带电量为q，沿电流方向的运动速率为v，如果导体的横截面积为S，那么单位时间内通过横截面S的电量，即电流强度为

$$I=nqvS \tag{13-18}$$

将上式代入毕萨定律式(13 - 1)，可得

$$\mathrm{d}\boldsymbol{B}=\frac{\mu_0}{4\pi}\frac{nqvS\mathrm{d}\boldsymbol{l}\times\boldsymbol{r}}{r^3}=\frac{\mu_0}{4\pi}\frac{q\boldsymbol{v}\times\boldsymbol{r}}{r^3}\mathrm{d}N \tag{13-19}$$

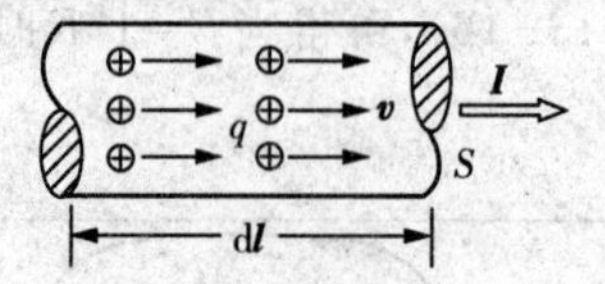

图 13-12　电荷定向移动产生电流的示意图

式中 $\mathrm{d}N=nS\mathrm{d}l$ 为电流元 $I\mathrm{d}l$ 内带电粒子的总数，因此我们可以得到一个带电量为 q 以速度 v 运动的点电荷所产生的磁感应强度为

$$\boldsymbol{B}=\frac{\mu_0}{4\pi}\frac{q\boldsymbol{v}\times\boldsymbol{r}}{r^3} \tag{13-20}$$

请注意公式(13-20)中的 q 对正电荷取正值，对负电荷取负值。如果考虑正电荷运动，$\boldsymbol{B}$，$\boldsymbol{v}$ 和 $\boldsymbol{r}$ 三者的指向符合右螺旋法则。如果考虑负电荷运动，$\boldsymbol{B}$ 的方向与考虑正电荷运动时的情况相反，如图 13-13 所示。

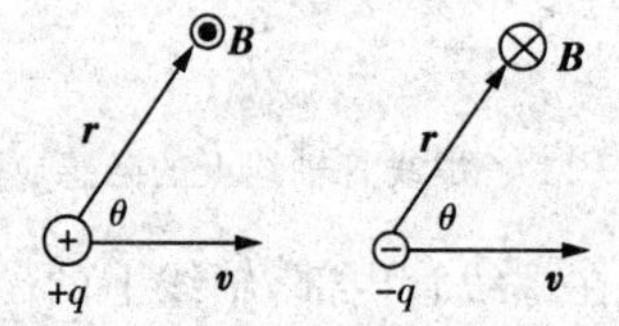

图 13-13　正、负电荷运动产生的磁场的方向示意图

【例 13-1】　有一带电量为 q 的均匀带电圆盘，圆盘半径为 R，以角速度 ω 绕其轴线匀速旋转，如图 13-14 所示，求轴线上的磁感应强度 $\boldsymbol{B}$ 和圆盘的磁矩。

解　如图在圆盘上取半径为 r，宽为 $\mathrm{d}r$ 的同轴环带，此环带的带电量为

$$\mathrm{d}q=\sigma\mathrm{d}S=2\pi\sigma r\mathrm{d}r \tag{13-21}$$

其中

$$\sigma=\frac{q}{\pi R^2}$$

此带电环带旋转时产生的电流为

$$\mathrm{d}I=\frac{\mathrm{d}q}{T}=\frac{\mathrm{d}q}{2\pi/\omega}=\frac{\omega}{2\pi}\mathrm{d}q=\frac{\omega q}{\pi R^2}r\mathrm{d}r \tag{13-22}$$

由式(13-10)可得此环带轴线上的磁感应强度大小为

$$\mathrm{d}B=\frac{\mu_0 r^2\mathrm{d}I}{2(r^2+x^2)^{3/2}}=\frac{\mu_0\omega q}{2\pi R^2}\frac{r^2\mathrm{d}r}{(r^2+x^2)^{3/2}} \tag{13-23}$$

圆盘可看作由半径从 0 到 R 的无限个这样的环带组成，因此圆盘轴线上的磁感应强度的大小为

$$B = \int dB = \frac{\mu_0 \omega q}{2\pi R^2}\int_0^R \frac{r^3}{(r^2 + x^2)^{3/2}}dr$$

$$= \frac{\mu_0 \omega q}{2\pi R^2}\left(\frac{R^2 + 2x^2}{\sqrt{R^2 + x^2}} - 2x\right) \tag{13-24}$$

方向为沿着圆盘的轴线方向。

下面求圆盘的磁矩。同样圆盘的磁矩可以看作其上一系列圆环磁矩的矢量和，因为这些矢量都沿着圆盘的轴线方向，所以圆盘的磁矩方向为圆盘的轴线方向，大小为

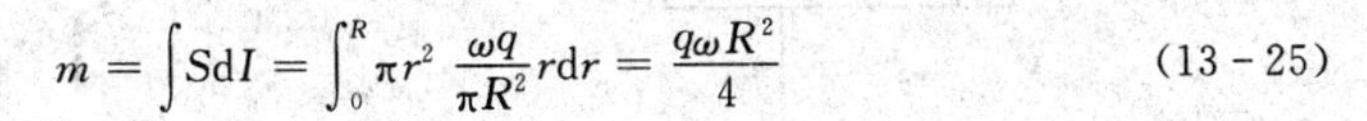

$$m = \int S dI = \int_0^R \pi r^2 \frac{\omega q}{\pi R^2} r dr = \frac{q\omega R^2}{4} \tag{13-25}$$

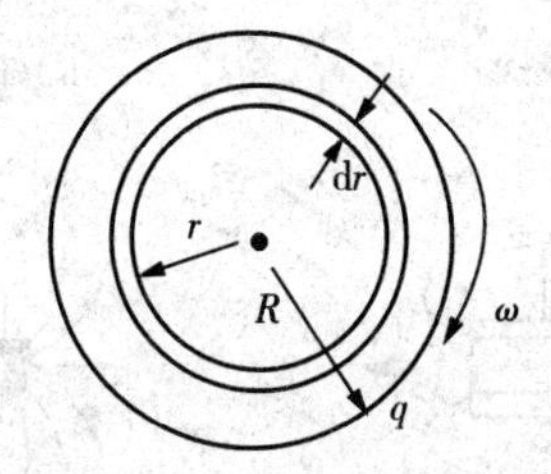

图 13-14　旋转带电圆盘的磁场分析

§13-3　磁力线　磁通量　磁场的高斯定理

1. 磁力线

就像用电力线描绘电场一样，我们可以用假想的磁力线形象地描述磁场。我们所作的磁力线需要满足两个特征：第一，磁力线上的每一点的切线方向为该点的磁感应强度的方向（也就是放入该点的小磁针北极的指向，这一点我们将在后面说明）；第二，磁感应强度较大的地方，磁力线较密，磁感应强度较小的地方，磁力线较疏。

几种典型磁体的磁力线分布如图 13-15 所示。

从磁力线的图示中，可以得出磁力线的如下特性：

(1) 磁场中的每一条磁力线都是环绕电流的闭合曲线，磁场是涡旋场，如图 13-15a 所示。在磁体外部，磁力线起始于磁体 N 极，终止于磁体 S 极；在磁体内部，磁力线起始于磁体 S 极，终止于磁体 N 极，如图 13-15c 所示。

(2) 任何两条磁力线在空间不相交。这是因为磁场中任意一点的磁感应强

度的方向都是唯一确定的。

(3) 磁力线方向与电流方向之间的关系满足右手螺旋关系。若大拇指指向电流方向,则四指指向为磁力线环绕方向,如图 13-15a 所示。若四指环绕方向为电流方向,则大拇指指向为磁力线方向。

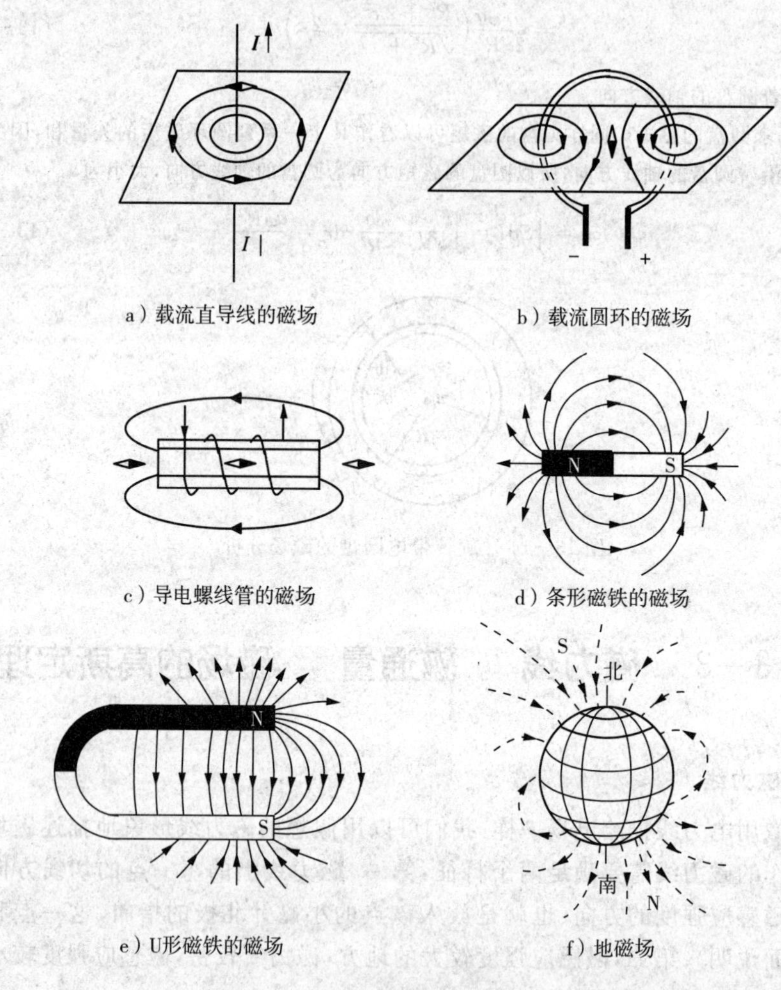

a) 载流直导线的磁场　b) 载流圆环的磁场　c) 导电螺线管的磁场　d) 条形磁铁的磁场　e) U形磁铁的磁场　f) 地磁场

图 13-15　几种典型磁体的磁力线分布

2. 磁通量

在磁感应强度为 $\boldsymbol{B}$ 的匀强磁场中,假设有一个面积为 $\boldsymbol{S}$ 且与磁感应强度 $\boldsymbol{B}$ 的方向垂直的平面,那么我们把磁感应强度 $\boldsymbol{B}$ 与面积 $\boldsymbol{S}$ 的标积,叫做穿过这个平面的磁通量,简称磁通,数学表示为

$$\Phi_B=\boldsymbol{B}\cdot\boldsymbol{S} \tag{13-26}$$

如果我们把磁感应强度投影到垂直于 $\boldsymbol{S}$ 面的方向，那么 $\Phi_B = B_{\perp} S$；如果我们把面积 S 投影到垂直于磁感应强度的方向，那么 $\Phi_B = BS_{\perp}$。一般情况下，$\Phi_B = BS\cos\theta$，θ 为 $\boldsymbol{B}$ 与 $\boldsymbol{S}$ 的夹角，$\boldsymbol{S}$ 的方向为 $\boldsymbol{S}$ 面的法线方向，如图 13－16 所示。

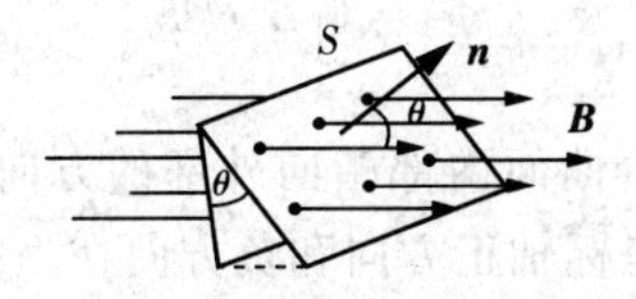

图 13－16　通过平面的磁通量计算示意图

由此磁通量的定义，我们可以计算非均匀磁场中，通过任意曲面的磁通量，如图 13－17 所示。在曲面上任取一面积元 $\mathrm{d}\boldsymbol{S}$，因为面积元 $\mathrm{d}\boldsymbol{S}$ 很小，因此可以视为平面，而且在 $\mathrm{d}\boldsymbol{S}$ 上的磁感应强度均为 $\boldsymbol{B}$，则通过 $\mathrm{d}\boldsymbol{S}$ 的磁通量

$$\mathrm{d}\Phi = \boldsymbol{B} \cdot \mathrm{d}\boldsymbol{S} = B\cos\mathrm{d}S \tag{13-27}$$

这样通过整个曲面的磁通量就等于这些面积元 $\mathrm{d}\boldsymbol{S}$ 上的磁通量 $\mathrm{d}\Phi$ 的总和，即

$$\Phi_B = \int_S \mathrm{d}\Phi = \int_S \boldsymbol{B} \cdot \mathrm{d}\boldsymbol{S} \tag{13-28}$$

在直角坐标系中，上式可化为

$$\Phi_B = \iint_{S_1} B_x \mathrm{d}y\mathrm{d}z + \iint_{S_2} B_y \mathrm{d}z\mathrm{d}x + \iint_{S_3} B_z \mathrm{d}x\mathrm{d}y \tag{13-29}$$

式中 S_1，S_2 和 S_3 为曲面在三个坐标平面上的投影。

在国际单位制中，B 的单位是特斯拉，S 的单位是平方米，Φ_B 的单位名称为韦伯，符号用 Wb 表示，有 $1\mathrm{Wb} = 1\mathrm{T} \cdot \mathrm{m}^2$。

如果我们画磁力线时，使得垂直于磁场方向的单位面积内的条数等于该处的磁通量，那么在非均匀磁场中通过任意曲面的磁通量等于穿过该曲面的磁力线的条数。

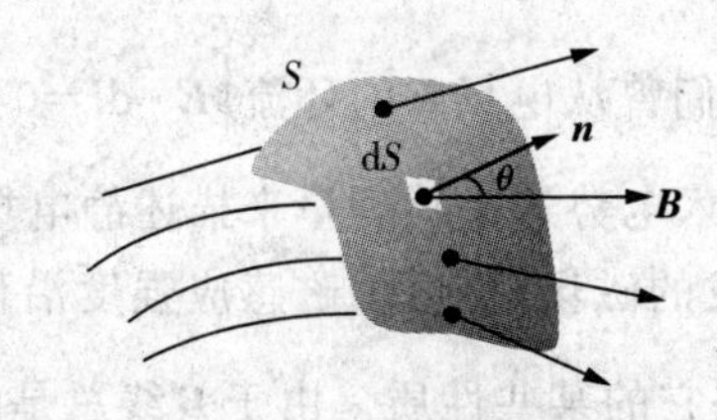

图 13－17　通过任意曲面的磁通量计算示意图

3. 磁场的高斯定理

对于闭合曲面来说,穿过它的磁通量应为

$$\Phi_B = \oiint_S \boldsymbol{B} \cdot \mathrm{d}\boldsymbol{S} \tag{13-30}$$

选取 d$\boldsymbol{S}$ 的方向为闭合曲面内部指向外部的方向,所以根据磁通量计算公式(13-29),闭合曲面沿坐标轴正方向和负方向在坐标平面上投影的面积大小相等方向相反,所以等号右面三个积分均为0,即

$$\Phi_B = \oiint_S \boldsymbol{B} \cdot \mathrm{d}\boldsymbol{S} = 0 \tag{13-31}$$

这就是磁场的高斯定理,即磁场中通过任意闭合曲面的磁通量必为0。

如果我们按照磁力线的条数来定义磁通量,我们很容易理解磁场的高斯定理。因为磁力线总是闭合的曲线,在任一闭合曲面内部,都不会有单一的N极或S极的磁荷存在,所以有多少条磁力线进入闭合曲面,必然有多少条磁力线穿出闭合曲面,进入时磁通量为负,穿出时磁通量为正,所以总的磁通量必然为0,如图13-18所示。

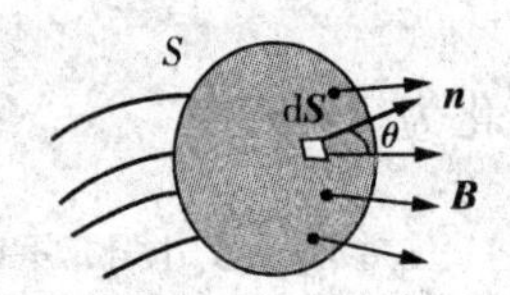

图13-18 通过闭合曲面的磁通量示意图

§13-4 安培环路定理

1. 安培环路定理

在研究静电场时,我们曾从电场$\boldsymbol{E}$的环流$\oint \boldsymbol{E} \cdot \mathrm{d}\boldsymbol{l}=0$这个特性知道静电场是一个保守力场,并由此引入电势这个物理量来描述静电场。

对由稳恒电流所激发的磁场,也可用磁感应强度沿任一闭合曲线的线积分$\oint \boldsymbol{B} \cdot \mathrm{d}\boldsymbol{l}$($\boldsymbol{B}$的环流)来反映它的某些性质。由于$\boldsymbol{B}$线总是闭合曲线,可以预期,对任一闭合曲线,$\boldsymbol{B}$的环流可以不为零。和$\boldsymbol{E}$矢量的环流不同,$\boldsymbol{B}$矢量的环流不具有功的意义,但它的规律却揭示了磁场的一个重要特性。

下面通过长直载流导线周围磁场的特例具体计算 $\boldsymbol{B}$ 沿任一闭合路径的线积分。

已知长直载流导线周围的磁力线是一组以导线为中心的同心圆（如图 13－19a）。在垂直于导线的平面内任意做一包围电流的闭合曲线 L（如图 13－19b），线上任一点 P 的磁感应强度大小为

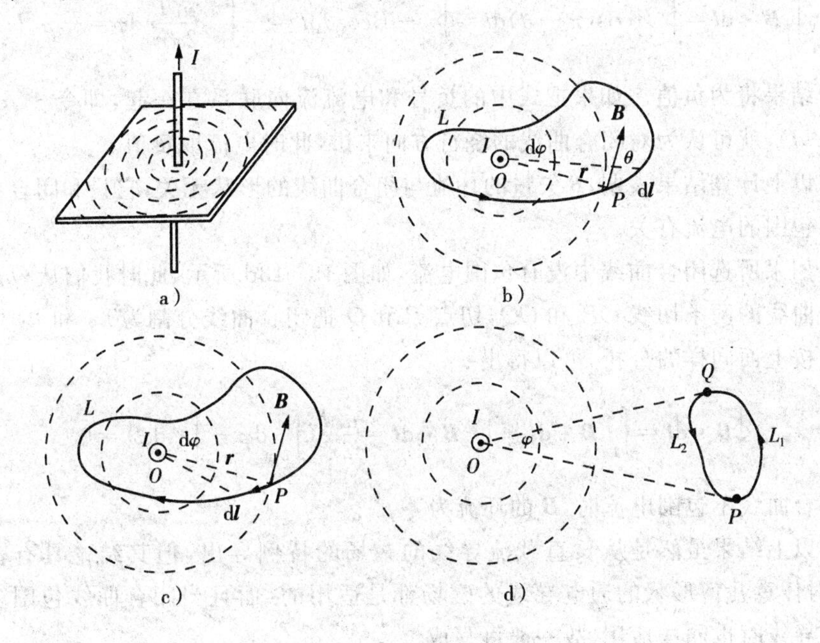

图 13－19　安培环路定理

$$B=\frac{\mu_0 I}{2\pi r}$$

式中 I 为导线中的电流，r 为该点离开导线的距离。由图可知，$\mathrm{d}l\cos\theta=r\mathrm{d}\varphi$，所以按图中所示的绕行方向沿这条闭合曲线 $\boldsymbol{B}$ 矢量的线积分将为

$$\oint_L \boldsymbol{B}\cdot\mathrm{d}\boldsymbol{l}=\oint_L B\cos\theta\mathrm{d}l=\oint_L Br\mathrm{d}\varphi=\int_0^{2\pi}\frac{\mu_0 I}{2\pi r}r\mathrm{d}\varphi$$

$$=\frac{\mu_0 I}{2\pi}\int_0^{2\pi}\mathrm{d}\varphi=\mu_0 I$$

如果闭合曲线 L 不在垂直于直导线的平面内，则可将 L 上每一段线元 $\mathrm{d}\boldsymbol{l}$ 分解为在垂直于直导线平面内的分矢量 $\mathrm{d}l_{//}$ 与垂直于此平面的分矢量 $\mathrm{d}l_{\perp}$，所以

$$\oint_L \boldsymbol{B}\cdot\mathrm{d}\boldsymbol{l}=\oint_L \boldsymbol{B}\cdot(\mathrm{d}\boldsymbol{l}_{\perp}+\mathrm{d}\boldsymbol{l}_{//})=\oint_L B\cos 90^\circ\mathrm{d}l_{\perp}+\oint_L B\cos\theta\mathrm{d}l_{//}$$

$$=0+\oint_L Br\mathrm{d}\varphi=\int_0^{2\pi}\frac{\mu_0 I}{2\pi r}r\mathrm{d}\varphi=\mu_0 I$$

积分结果与上相同。

如果沿同一曲线但改变绕行方向进行积分(如图 13-19c),则得

$$\oint_L \boldsymbol{B}\cdot\mathrm{d}\boldsymbol{l}=\oint_L B\cos(\pi-\theta)\mathrm{d}l=\oint_L -B\cos\theta\mathrm{d}l=-\int_0^{2\pi}\frac{\mu_0 I}{2\pi r}r\mathrm{d}\varphi=-\mu_0 I$$

积分结果将为负值。如果把式中的负号和电流流向联系在一起,即令 $-\mu_0 I=\mu_0(-I)$,就可认为对闭合曲线的绕行方向来讲,此时电流取负值。

以上计算结果表明,**B** 矢量的环流与闭合曲线的形状无关,它只和闭合曲线内所包围的电流有关。

如果所选闭合曲线中没有包围电流,如图 13-13d 所示,此时我们从 O 点作闭合曲线的两条切线 OP 和 OQ,切点 P 和 Q 把闭合曲线分割为 L_1 和 L_2 两部分。按上面同样的分析,可以得出

$$\oint \boldsymbol{B}\cdot\mathrm{d}\boldsymbol{l}=\int_{L_1}\boldsymbol{B}\cdot\mathrm{d}\boldsymbol{l}+\int_{L_2}\boldsymbol{B}\cdot\mathrm{d}\boldsymbol{l}=\frac{\mu_0 I}{2\pi}\left(\int_{L_1}\mathrm{d}\varphi-\int_{L_2}\mathrm{d}\varphi\right)=0$$

即闭合曲线不包围电流时,**B** 的环流为零。

以上结果虽然是从长直载流导线的磁场的特例导出,但其结论具有普遍性,对任意几何形状的通电导线的磁场都是适用的,而且当闭合曲线包围多根载流导线时也同样适用,故一般可写成

$$\oint_L \boldsymbol{B}\cdot\mathrm{d}\boldsymbol{l}=\mu_0\sum I \qquad (13-32)$$

式(13-32)表达了电流与它所激发磁场之间的普遍规律,称为安培环路定理,可表述如下:

在磁场中,**B** 矢量沿任何闭合曲线的线积分(也称 **B** 矢量的环流),等于真空的磁导率 μ_0 乘以穿过以这闭合曲线为边界所张任意曲面的各稳恒电流的代数和。

式(13-32)中电流的正、负与积分时在闭合曲线上所取的绕行方向有关,如果所取积分的绕行方向与电流流向满足右手螺旋法则关系,则电流为正,相反的电流为负。例如图 13-20 所示的三种情况,**B** 沿各闭合曲线的线积分分别为

$$\oint_{L_1}\boldsymbol{B}\cdot\mathrm{d}\boldsymbol{l}=\mu_0(I_1-I_2)$$

$$\oint_{L_2} \boldsymbol{B} \cdot \mathrm{d}\boldsymbol{l} = 0$$

$$\oint_{L_3} \boldsymbol{B} \cdot \mathrm{d}\boldsymbol{l} = \mu_0 (I - I) = 0$$

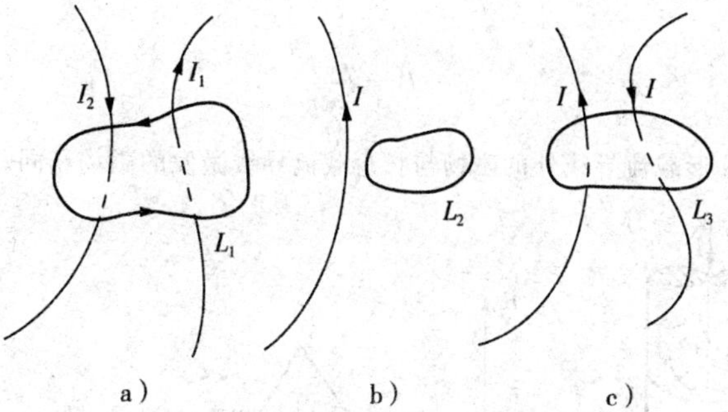

图 13-20　解释安培环路定理的符号规则

应当注意，定理中的 I 只是穿过环路的电流，它说明 $\boldsymbol{B}$ 的环流 $\oint \boldsymbol{B} \cdot \mathrm{d}\boldsymbol{l}$ 只和穿过环路的电流有关，而与未穿过环路的电流无关，但是环路上任一点的磁感应强度 $\boldsymbol{B}$ 却是所有电流（无论是否穿过环路）所激发的场在该点叠加后的总磁感应强度。另外，定理仅适用于闭合的载流导线，而对于任意设想的一段载流导线是不成立的。

$\boldsymbol{B}$ 的环流不一定等于零，表明稳恒磁场是有旋场，不是保守力场，一般不能引进标量势的概念来描述磁场，这说明磁场和静电场是本质上不同的场。

2. 安培环路定理的应用

安培环路定理以积分形式表达了稳恒电流和它所激发磁场间的普遍关系，而毕奥—萨伐尔定律是部分电流和部分磁场相联系的微分表达式。原则上两者都可以用来求解已知电流分布的磁场问题，但当电流分布具有某种对称性时，利用安培环路定理能很简单地算出磁感应强度来。下面举几个例子来说明。

【例 13-2】 求长直圆柱形载流导线内外的磁场。

解　如图 13-21a 所示，设圆柱截面的半径为 R，稳恒电流 I 沿轴线方向流动，并呈轴对称分布，当所考察的场点 P（或 Q）离导线的距离比 P（或 Q）离导线两端的距离小得很多时，可以把导线看作是无限长。在此区域内，磁场对圆柱形轴线具有对称性，磁力线是在垂直轴线平面内以轴线为中心的同心圆。过点 P（或点 Q）取一半径为 r 的磁感应线为积分回路，由于线上任一点的 $\boldsymbol{B}$ 的量值相等，$\boldsymbol{B}$ 的方向与该点的 $\mathrm{d}\boldsymbol{l}$ 的方向一致，所以，$\boldsymbol{B}$ 的环流为

$$\oint \boldsymbol{B} \cdot d\boldsymbol{l} = B2\pi r$$

如果$r > R$(图中点P),全部电流I穿过积分回路,由安培环路定理得

$$B2\pi r = \mu_0 I$$

即

$$B = \frac{\mu_0 I}{2\pi r} \tag{13-33}$$

由此可见长直圆柱形载流导线外的磁场与长直载流导线激发的磁场相同。

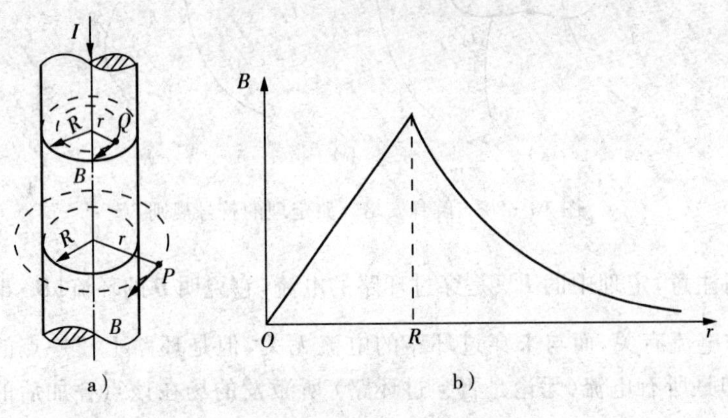

图 13-21 圆柱形电流磁场的计算

如果$r < R$,即在圆柱形导线内部(图中Q点),考虑两种可能的电流分布:(1) 当电流均匀分布在圆柱形导线表面层时,则穿过积分回路的电流为零,由安培环路定理给出$B2\pi r = 0$,即$B = 0$,可知柱内任一点的磁感应强度为零;(2) 当电流均匀分布在圆柱形导线截面上时,则穿过积分回路的电流应是$I' = (I/\pi R^2)\pi r^2$,由安培环路定理得

$$\oint \boldsymbol{B} \cdot d\boldsymbol{l} = B2\pi r = \mu_0 \frac{I}{\pi R^2}\pi r^2$$

由此算出导线内任意点Q的磁感应强度为

$$B = \frac{\mu_0 I r}{2\pi R^2} \tag{13-34}$$

可见在圆柱形导线内部,磁感应强度和离开轴线的距离r成正比,如图 13-21b 中绘出了磁感应强度与离开轴线距离r的关系曲线。

【例 13-3】 求载流长直螺线管内的磁场。

解 设有绕得很均匀紧密的长直螺线管,通有电流I。由于螺线管相当长,所以管内中间部分的磁场可以看成是无限长螺线管内的磁场。这时再根据电流分布的对称性,可以证明:(1) 管内外的磁力线是一系列与轴线平行的直线,即管内外的磁场是均匀磁场;(2) 管外磁场很弱,几乎为零,可忽略不计。

为了计算管内中间部分的一点 P 的磁感应强度，可以通过 P 点作一矩形的闭合回路 $abcd$，如图 13-22 所示。在线段 cd 上，以及在线段 bc 和 da 的位于管外部分，因为是在螺线的外部，所以 $B=0$；在 bc 和 da 的位于管内部分，虽然 $B\neq 0$，但 $\mathrm{d}\boldsymbol{l}\perp\boldsymbol{B}$，即 $\boldsymbol{B}\cdot\mathrm{d}\boldsymbol{l}=0$；线段 ab 上各点磁感应强度大小相等，方向都与积分路径一致，即从 a 到 b。所以 $\boldsymbol{B}$ 沿闭合回路 $abcd$ 的线积分为

$$\oint\boldsymbol{B}\cdot\mathrm{d}\boldsymbol{l}=\int_{ab}\boldsymbol{B}\cdot\mathrm{d}\boldsymbol{l}+\int_{bc}\boldsymbol{B}\cdot\mathrm{d}\boldsymbol{l}+\int_{cd}\boldsymbol{B}\cdot\mathrm{d}\boldsymbol{l}+\int_{da}\boldsymbol{B}\cdot\mathrm{d}\boldsymbol{l}=\int_{ab}\boldsymbol{B}\cdot\mathrm{d}\boldsymbol{l}=B\cdot\overline{ab}$$

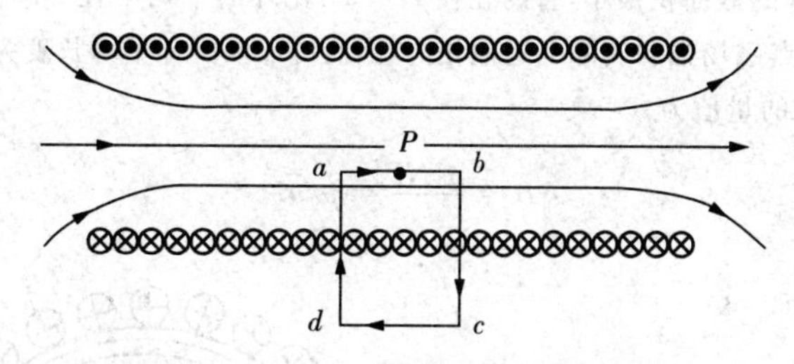

图 13-22　长直螺线管内磁场的计算

设螺线管的长度为 l，共有 N 匝线圈，则单位长度上有 $N/l=n$ 匝线圈，通过每匝线圈的电流为 I，所以回路 $abcd$ 所包的电流总和为 $\overline{ab}nI$，根据右手螺旋法则应为正值。于是，由安培环路定理，得

$$\oint\boldsymbol{B}\cdot\mathrm{d}\boldsymbol{l}=B\cdot\overline{ab}=\mu_0\,\overline{ab}nI$$

所以

$$B=\mu_0 nI\text{ 或 }B=\frac{\mu_0 NI}{l}=\mu_0\frac{\mathrm{d}I}{\mathrm{d}l}\tag{13-35}$$

其中，$\mathrm{d}I/\mathrm{d}l$ 为螺线管沿轴线方向每单位长度的电流。

由于矩形回路是任取的，不论 ab 段在管内任何位置，式(13-35)都成立。因此，无限长螺线管内任一点的 $\boldsymbol{B}$ 值均相同，方向平行于轴线，即无限长螺线管内中间部分的磁场是一个均匀磁场。上式与根据毕奥－萨伐尔定律算出的结果相同，但应用安培环路定理的计算方法比较简便。

【例 13-4】　求载流螺绕环内的磁场。

解　绕在环形管上的一组圆形电流形成螺绕环，如图 13-23a 所示，环上线圈的总匝数为 N，电流为 I。

如果环上的线圈绕得很紧密，则磁场几乎全部集中在螺绕环内，环外磁场接近于零。由于对称性的缘故，环内磁场的磁力线都是一些同心圆，圆心在通过环心且垂直于环面的直线上。在同一条磁感应线上各点磁感应强度的量值相等，方向处处沿圆的切线方向，并和环面平行。

为了计算管内某一点 P 的磁感应强度，可选择通过 P 点的磁力线 L 作为积分回路，由于线上任一点磁感应强度 $\boldsymbol{B}$ 的量值相等，方向都与 $\mathrm{d}\boldsymbol{l}$ 同向，故得 $\boldsymbol{B}$ 的环流为

$$\oint_L \boldsymbol{B} \cdot \mathrm{d}\boldsymbol{l} = B\oint_L \mathrm{d}l = B2\pi r$$

式中 r 为回路半径。由安培环路定理得

$$B2\pi r = \mu_0 NI$$

于是 P 点的磁感应强度大小为

$$B = \frac{\mu_0 NI}{2\pi r}$$

当环形螺线管的截面积很小,管的孔径 $r_2 - r_1$ 比环的平均半径 r 小得多时(如图 13-23b 所示),管内各点磁场强弱实际上近似相同,因而可以取圆环平均长度为 $l = 2\pi r$,则环内各点的磁感应强度的量值为

$$B = \frac{\mu_0 NI}{l} = \mu_0 nI \tag{13-36}$$

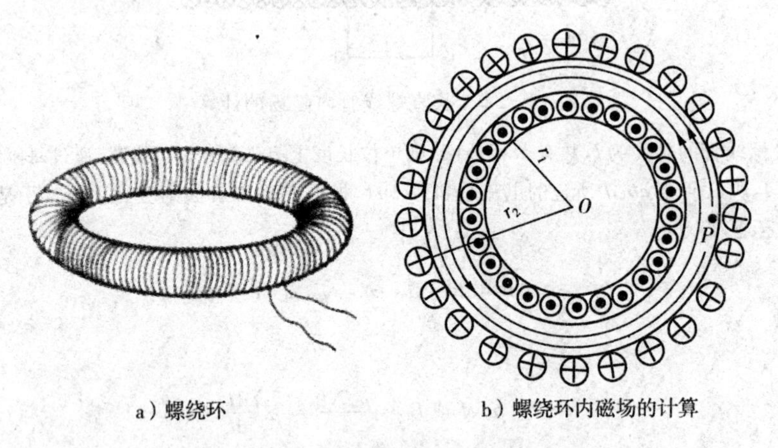

a)螺绕环　　b)螺绕环内磁场的计算

图 13-23　载流螺绕环内磁场的计算

本章小结

1. 磁场的基本概念

(1) 磁场由电流或运动电荷所激发,是一种特殊的物质,对放入其中的电流元、小磁针或运动电荷有力的作用;

(2) 我们用磁力线来形象地描述磁场,用磁感应强度 $\boldsymbol{B}$ 来定量地描述磁场;

(3) 磁通量是通过某给定曲面的磁感应强度的大小的度量:$\Phi_B = \int_S \boldsymbol{B} \cdot \mathrm{d}\boldsymbol{S}$;

(4) 磁场的高斯定理表明稳恒磁场中通过任意闭合曲面的磁通量必为 0。

2. 磁场高斯定理

$\oint_S \boldsymbol{B} \cdot \mathrm{d}\boldsymbol{S} = 0$，此定理表明磁场是无源场。

3. 毕奥-萨伐尔定律

电流元的磁场 $\mathrm{d}\boldsymbol{B} = \frac{\mu_0}{4\pi}\frac{I\mathrm{d}\boldsymbol{l} \times \boldsymbol{e}_r}{r^2}$；

一段载流导线的磁场 $B = \frac{\mu_0 I}{4\pi a}(\sin\theta_2 - \sin\theta_1)$。

4. 典型载流导线的磁场

(1) 长直载流导线的磁场 $B = \frac{\mu_0 I}{2\pi r}$；

(2) 载流圆线圈轴线上的磁场 $B = \frac{\mu_0 IR^2}{2(R^2 + x^2)^{3/2}} = \frac{\mu_0 I}{2R}\sin^3\theta$；

(3) 载流长直螺线管轴线上的磁场 $B = \mu_0 nI$；

(4) 载流螺绕环内的磁场 $B = \frac{\mu_0 NI}{2\pi r}$。

5. 运动电荷的磁场

$\boldsymbol{B} = \frac{\mu_0}{4\pi}\frac{q\boldsymbol{v} \times \boldsymbol{e}_r}{r^2}$。

6. 安培环路定理(适用于稳恒电流)

$\oint_L \boldsymbol{B} \cdot \mathrm{d}\boldsymbol{l} = \mu_0 \sum I$。

7. 安培环路定理的应用

计算某些具有一定对称性的电流分布的磁场。

习　题

13-1　如图所示，两种形状的载流线圈中的电流强度相同，则 O_1、O_2 处的磁感应强度大小关系是(　　)。

A. $B_{O_1} < B_{O_2}$　B. $B_{O_1} > B_{O_2}$　C. $B_{O_1} = B_{O_2}$　D. 无法判断

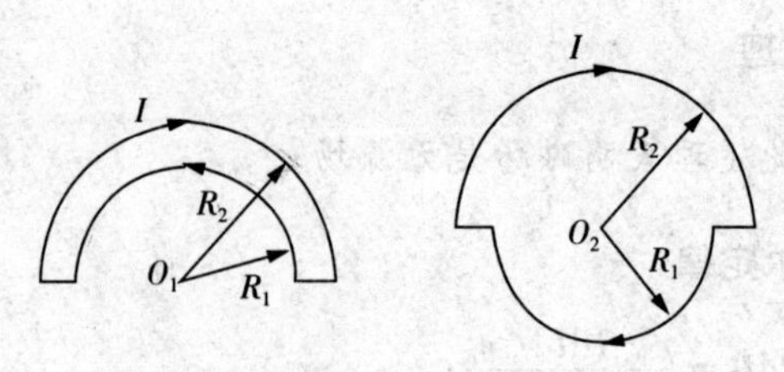

题 13-1 图

13-2 长直导线 aa' 与一半径为 R 的导体圆环相切于 a 点,另一长直导线 bb' 沿半径方向与圆环接于 b 点,如下图所示。现有稳恒电流 I 从 a' 端流入而从 b' 端流出,则磁感应强度沿图中所示的顺时针的闭合路径 L 的路积分为( )。

A. $\oint \boldsymbol{B} \cdot d\boldsymbol{l} = \frac{1}{2}\mu_0 I$ B. $\oint \boldsymbol{B} \cdot d\boldsymbol{l} = -\frac{1}{3}\mu_0 I$

C. $\oint \boldsymbol{B} \cdot d\boldsymbol{l} = \frac{1}{4}\mu_0 I$ D. $\oint \boldsymbol{B} \cdot d\boldsymbol{l} = 0$

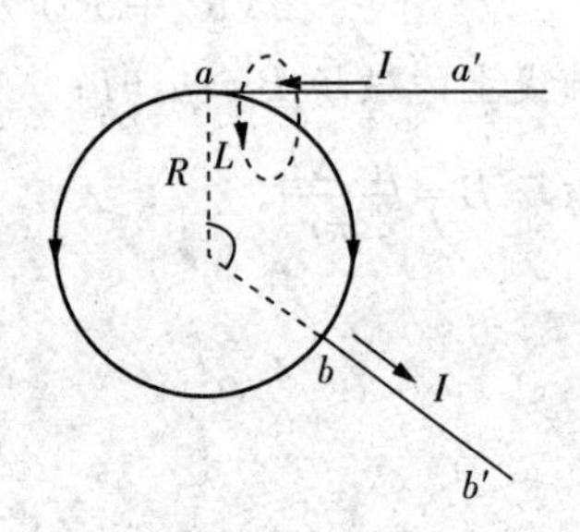

题 13-2 图

13-3 对于安培环路定理的理解,正确的是( )。

A. 若 $\oint \boldsymbol{B} \cdot d\boldsymbol{l} = 0$,则必定 L 上 B 处处为零

B. 若 $\oint \boldsymbol{B} \cdot d\boldsymbol{l} = 0$,则 L 包围的电流的代数和为零

C. 若 $\oint \boldsymbol{B} \cdot d\boldsymbol{l} = 0$,则必定 L 不包围电流

D. 若 $\oint \boldsymbol{B} \cdot d\boldsymbol{l} = 0$,则 L 上各点的 B 仅与 L 内电流有关

13-4 在阴极射线管外,如图所示放置一个蹄形磁铁,则阴极射线将( )

A. 向下偏 B. 向上偏

C. 向纸外偏 D. 向纸内偏

13-5 如图,一条无穷长直导线在一处弯成半径 R 的半圆形,通电流 I,则圆心 O 处磁感应强度大小__________,方向__________。

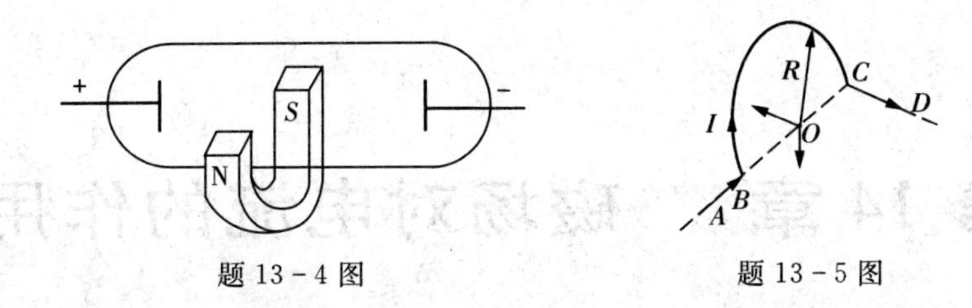

题 13-4 图　　题 13-5 图

13-6　半径为 0.5cm 的无限长直圆柱形导体上，沿轴线方向均匀地流着 $I=3\mathrm{A}$ 的电流，作一半径 $r=2.5\mathrm{cm}$，长 $l=5\mathrm{cm}$ 的圆柱体闭合曲面 S，该圆柱体轴与电流导体轴平行，两者相距 1.5cm，则该曲面上的磁感应强度沿曲面的积分 $\oiint \boldsymbol{B}\cdot\mathrm{d}\boldsymbol{S}=$ ________。

13-7　在匀强磁场 $\boldsymbol{B}$ 中，取一半径为 R 的圆，圆面的法线 $\boldsymbol{n}$ 与 $\boldsymbol{B}$ 成 60° 角，如图所示，则通过以该圆周为边线的如图所示的任意曲面 S 的磁通量 $\Phi_B=\iint_S \boldsymbol{B}\cdot\mathrm{d}\boldsymbol{S}=$ ________。

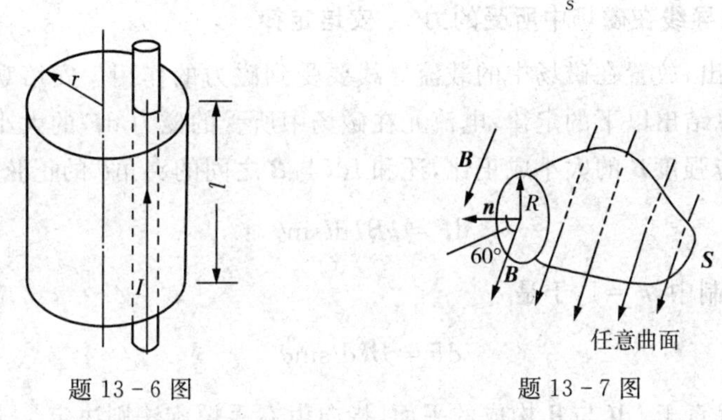

题 13-6 图　　题 13-7 图

13-8　从经典观点来看，氢原子可看作是一个电子绕核做高速旋转的体系。已知电子和质子的电荷分别为 $-e$ 和 e，电子质量为 m_e，氢原子的圆轨道半径为 r，电子做平面轨道运动，试求电子轨道运动的磁矩 m 的数值为多少？它在圆心处所产生磁感强度的数值 B_0 为多少？

13-9　如图所示，一无限长载流平板宽度为 a，线电流密度（即沿 x 方向单位长度上的电流）为 d，求与平板共面且距平板一边为 b 的任意点 P 的磁感强度。

13-10　一无限长圆柱形铜导体（磁导率 μ_0），半径为 R，通有均匀分布的电流 I。今取一矩形平面 S（长为 1m，宽为 $2R$），位置如下图中阴影部分所示，求通过该矩形平面的磁通量。

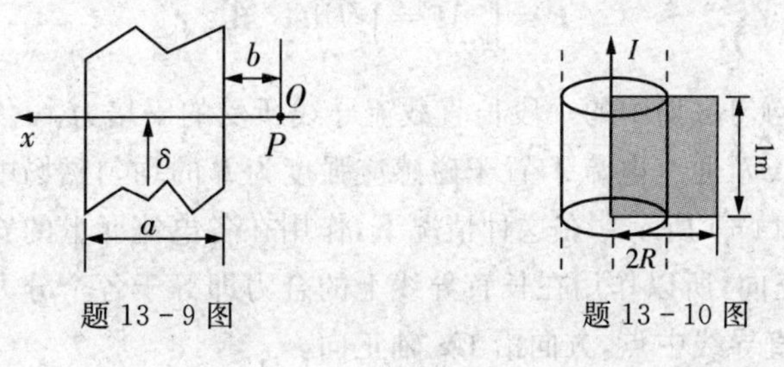

题 13-9 图　　题 13-10 图

第 14 章　磁场对电流的作用

§14-1　磁场对载流导线的作用

1. 载流导线在磁场中所受的力　安培定律

实验指出,放置在磁场中的载流导线要受到磁力的作用。安培观察了大量实验事实,总结出以下的定律:电流元在磁场中所受的磁力 $\mathrm{d}\boldsymbol{F}$ 的大小与电流元 $I\mathrm{d}\boldsymbol{l}$ 和磁感应强度 $\boldsymbol{B}$ 的大小成正比,还和 $I\mathrm{d}\boldsymbol{l}$ 与 $\boldsymbol{B}$ 之间的夹角 θ 的正弦成正比,即

$$\mathrm{d}F = kBI\mathrm{d}l\sin\theta$$

在国际单位制中,$k=1$,于是

$$\mathrm{d}F = BI\mathrm{d}l\sin\theta$$

$\mathrm{d}\boldsymbol{F}$ 的方向垂直于 $I\mathrm{d}\boldsymbol{l}$ 与 $\boldsymbol{B}$ 构成的平面,指向由右手螺旋法则决定。于是上式可写成矢量式:

$$\mathrm{d}\boldsymbol{F} = I\mathrm{d}\boldsymbol{l}\times\boldsymbol{B} \tag{14-1a}$$

称为安培定律,$\mathrm{d}\boldsymbol{F}$ 也称为安培力。

一段任意形状的载流导线所受的磁力(安培力)等于作用在其上各段电流元上的安培力的矢量和,即

$$\boldsymbol{F} = \int_L \mathrm{d}\boldsymbol{F} = \int_L I\mathrm{d}\boldsymbol{l}\times\boldsymbol{B} \tag{14-1b}$$

下面讨论均匀磁场中的一段长直载流导线所受的安培力。

设直导线长 l,通有电流 I,置于磁感应强度为 $\boldsymbol{B}$ 的均匀磁场中,导线与 $\boldsymbol{B}$ 的夹角为 θ,如图 14-1 所示。在这种情况下,作用在各电流元上的安培力 $\mathrm{d}\boldsymbol{F}$ 的方向都沿 Oz 轴正向,所以作用在长直导线上的合力即等于各个分力的代数和,即合力作用在长直导线中点,方向沿 Oz 轴正向。

$$F=\int_L \mathrm{d}F=\int_0^l I\mathrm{d}lB\sin\theta=IB\sin\theta\int_0^l \mathrm{d}l=IBl\sin\theta \qquad (14-2)$$

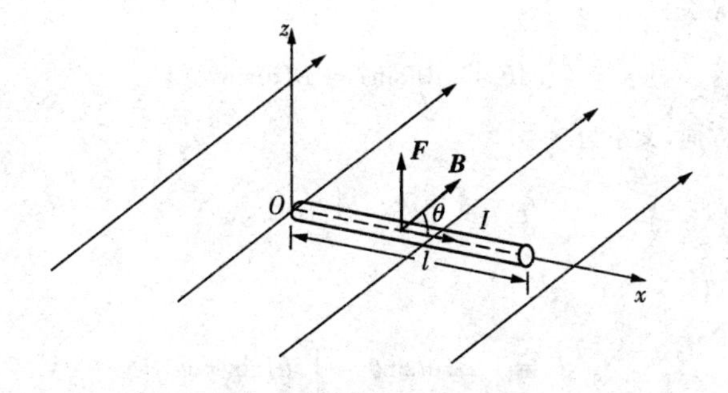

图 14-1　一段长直载流导线在匀强磁场中所受的安培力

如果这段载流导线是在非均匀磁场中，则每一小段上所受的安培力 d$\boldsymbol{F}$ 的大小和方向都有所不同，这时，原则上可先把 d$\boldsymbol{F}$ 分解为 d$\boldsymbol{F}_x$、d$\boldsymbol{F}_y$、d$\boldsymbol{F}_z$ 三个分量，求出合力 $\boldsymbol{F}$ 的分量分别为

$$\boldsymbol{F}_x=\int \mathrm{d}\boldsymbol{F}_x,\boldsymbol{F}_y=\int \mathrm{d}\boldsymbol{F}_y,\boldsymbol{F}_z=\int \mathrm{d}\boldsymbol{F}_z$$

分力的作用点(或作用线)，按力学中计算平行力合力的方法一样处理，然后再由 $\boldsymbol{F}_x$、$\boldsymbol{F}_y$、$\boldsymbol{F}_z$ 求出合力 $\boldsymbol{F}$。

【例 14-1】　如图 14-2 表示一段半圆形导线，通有电流 I，圆的半径为 r，放在均匀磁场 $\boldsymbol{B}$ 中，磁力线与导线平面垂直，求磁场作用在半圆形导线上的力。

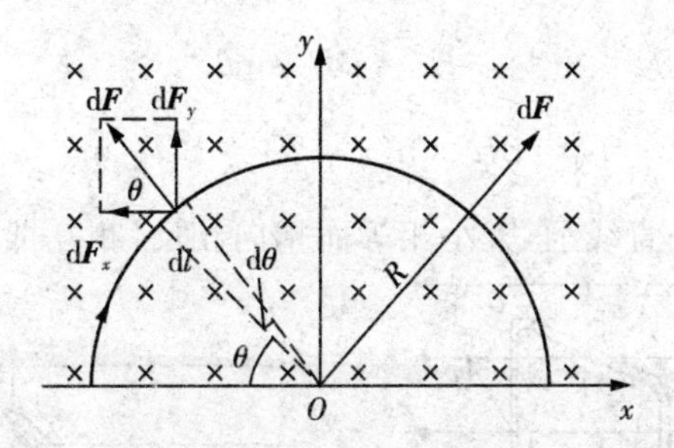

图 14-2　匀强磁场中的一段半圆形导线

解　如图取坐标系 Oxy，这时各段电流元受到的安培力数值上都等于

$$\mathrm{d}F=BI\mathrm{d}l$$

但方向沿各自的半径离开圆心向外。整段导线受力为各个电流元所受力的矢量和

$$\boldsymbol{F}=\int \mathrm{d}\boldsymbol{F}$$

因此,我们应将各个电流元所受力 d$\boldsymbol{F}$ 分解为 x 方向与 y 方向的分力 dF_x 和 dF_y。由于电流元分布的对称性,半圆形导线上各段电流元在 x 方向分力的总和为零,只有 y 方向对合力有贡献。因为

$$\mathrm{d}F_y = \mathrm{d}F\sin\theta = BI\mathrm{d}l\sin\theta$$

所以合力 $\boldsymbol{F}$ 在 y 方向,大小为

$$F = \int_L \mathrm{d}F_y = \int_L BI\mathrm{d}l\sin\theta$$

由于 $\mathrm{d}l = \mathrm{r}\mathrm{d}\theta$,所以

$$F = \int_L BI\mathrm{d}l\sin\theta = \int_0^{\pi} BI\sin\theta r\mathrm{d}\theta$$

$$= BIr\int_0^{\pi}\sin\theta\mathrm{d}\theta = 2BIr$$

显然,合力 $\boldsymbol{F}$ 作用在半圆弧中点,方向沿 y 轴正向。

从本例题所得结果可以推断:一个任意弯曲的载流导线放在均匀磁场中所受到的磁场力,等效于弯曲导线起点到终端的电流矢量在磁场中所受的力。

2. 载流线圈在磁场中所受的磁力矩

如图 14-3 所示,在磁感应强度为 $\boldsymbol{B}$ 的匀强磁场中,有一刚性的长方形平面载流线圈,边长分别为 l_1 和 l_2,电流为 I,设线圈的平面与磁场的方向成任意角 θ,对边 AB、CD 与磁场垂直。根据安培定律,导线 BC 和 AD 所受的磁场力分别为

$$F_1 = BIl_1\sin\theta$$

$$F_1' = BIl_1\sin(\pi-\theta) = BIl_1\sin\theta$$

这两个力在同一直线上,大小相等而指向相反,相互抵消。

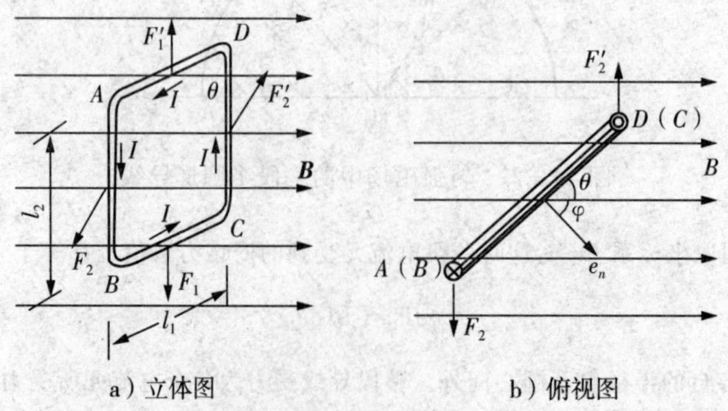

a) 立体图 b) 俯视图

图 14-3 载流线圈在匀强磁场中受的力和磁力矩

导线 AB 和 CD 所受的磁场力分别为 F_2 和 F'_2，则

$$F_2 = F'_2 = BIl_2$$

这两个力大小相等，指向相反，但作用线不在同一直线上，形成一力偶，力臂为 $l_1\cos\theta$。它们作用在线圈上的力偶矩为

$$M = F_2 l_1 \cos\theta = BIl_1 l_2 \cos\theta = BIS\cos\theta$$

式中 $S = l_1 l_2$ 为线圈的面积。如果用线圈平面的正法线方向和磁场方向的夹角 φ 来代替 θ，由于 $\theta + \varphi = \pi/2$，所以上式可写为

$$M = BIS\sin\varphi$$

如果线圈有 N 匝，那么线圈所受的力偶矩为

$$M = NBIS\sin\varphi = mB\sin\varphi \qquad (14-3a)$$

上式中的 $m = NIS$ 为线圈的磁矩，由于 φ 也是磁矩矢量 $\boldsymbol{m}$ 与磁感应强度 $\boldsymbol{B}$ 的夹角，所以式(14－3a) 也可写成矢量式

$$\boldsymbol{M} = \boldsymbol{m} \times \boldsymbol{B} \qquad (14-3b)$$

式(14－3) 不仅对长方形线圈成立，对于在匀强磁场中任意形状的平面线圈也同样成立。甚至对于带电粒子沿闭合回路的运动以及带电粒子的自旋，也都可用上述公式计算在磁场中所受的磁力矩。

由式(14-3) 可知，当 $\varphi = \pi/2$ 亦即线圈平面与磁场方向相互平行时，线圈所受到的磁力矩为最大。这一磁力矩有使 φ 减小的趋势。当 $\varphi = 0$，亦即线圈平面与磁场方向垂直时，线圈磁矩 $\boldsymbol{m}$ 的方向与磁场方向相同，线圈所受到的磁力矩为零，这是线圈稳定平衡的位置。当线圈受到扰动时，它就会在磁力矩的作用下转回到 $\varphi = 0$ 处的稳定位置上。利用载流线圈在磁场中转动的这一特性可以用载流试探小线圈来检测磁场，由线圈在稳定平衡位置时磁矩 $\boldsymbol{m}$ 的指向确定外磁场 $\boldsymbol{B}$ 的方向，并由线圈所受到的最大磁力矩 M_{max} 确定外磁场 $\boldsymbol{B}$ 的值，即 $B = M_{max}/m$(即单位磁矩所受的最大磁力矩)。

平面载流线圈在均匀磁场中任意位置上所受的合力均为零，仅受力矩的作用。因此在均匀磁场中的平面载流线圈只发生转动，不会发生整个线圈的平动。如果平面载流线圈处在非均匀磁场中，各个电流元所受到的作用力的大小和方向一般也都不可能相同，因此，合力和合力矩一般也不会等于零，所以线圈除转动外还要平动。

磁场对载流线圈作用力矩的规律是制成各种电动机、磁电式仪表等机电设备和仪表的基本原理。

3. 平行载流导线间的相互作用力

设有两条平行的载流直导线 AB 和 CD，两者的垂直距离为 a，电流分别为 I_1 和 I_2，方向相同(如图 14-4)，距离 a 与导线的长度相比很小，因此两导线可视为“无限长”导线。在 CD 上任取一电流元 $I_2\mathrm{d}\boldsymbol{l}_2$，按安培定律，该电流元所受的力 $\mathrm{d}\boldsymbol{F}_{21}$ 的大小为

$$\mathrm{d}F_{21}=B_{21}I_2\mathrm{d}l_2\sin\theta$$

式中 θ 为 $I_2\mathrm{d}\boldsymbol{l}_2$ 与 $\boldsymbol{B}_{21}$ 间的夹角，而 $\boldsymbol{B}_{21}$ 为载流导线 AB 在 $I_2\mathrm{d}\boldsymbol{l}_2$ 处所激发的磁感应强度(注意 CD 上任何其他电流元在 $I_2\mathrm{d}\boldsymbol{l}_2$ 处所激发的磁感应强度为零)。根据“无限长”载流直导线的磁感应强度的公式，得

图 14-4 平直载流直导线

$$B_{21}=\frac{\mu_0 I_1}{2\pi a}$$

$\boldsymbol{B}_{21}$ 的方向如图所示，垂直于电流元 $I_2\mathrm{d}\boldsymbol{l}_2$，所以 $\sin\theta=1$，因而

$$\mathrm{d}F_{21}=B_{21}I_2\mathrm{d}l_2=\frac{\mu_0 I_1 I_2}{2\pi a}\mathrm{d}l_2$$

$\mathrm{d}\boldsymbol{F}_{21}$ 的方向在两平行载流直导线所决定的平面内，指向导线 AB。显然，载流导线 CD 上各个电流元所受的力的方向都与上述方向相同，所以导线 CD 单位长度所受的力为

$$\frac{\mathrm{d}F_{21}}{\mathrm{d}l_2}=\frac{\mu_0 I_1 I_2}{2\pi a} \tag{14-4}$$

同理可以证明载流导线 AB 单位长度所受的力大小也为 $\frac{\mu_0 I_1 I_2}{2\pi a}$，方向指向导线 CD。这就是说，两个同方向的平行载流导线，通过磁场的作用，将互相吸引。不难看出，两个反向的平行载流导线，通过磁场的作用将互相排斥，每一导线单位长度所受的排斥力与同方向的引力相等。

4. 电流单位“安培”的定义

由于电流比电荷量容易测定，在国际单位制中把安培定为基本单位，定义如下：

真空中相距 1m 的两无限长而截面极小的平行直导线中载有相等的电流，若在每米长度导线上的相互作用力正好等于 2×10^{-7}N，则导线中的电流定义为 1 安培(1A)。

在国际单位制中，真空磁导率 μ_0 是导出量。根据安培的定义，在式(14-4)中 $a=1\mathrm{m}, I_1=I_2=1\mathrm{A}, \mathrm{d}F_{21}/\mathrm{d}l_2=2\times10^{-7}\mathrm{N/m}$，从而可得

$$\mu_0=4\pi\times10^{-7}\mathrm{N/A^2}$$

§14-2　磁场对运动电荷的作用力——洛伦兹力

在一般情况下，如果带电粒子运动的方向与磁场方向成夹角 θ，则所受磁力 $\boldsymbol{F}$ 的大小为

$$F=qvB\sin\theta \tag{14-5}$$

方向垂直于 $\boldsymbol{v}$ 和 $\boldsymbol{B}$ 所决定的平面，指向由 $\boldsymbol{v}$ 经小于180°的角转向 $\boldsymbol{B}$ 按右手螺旋法则决定，用矢量式可表示为

$$\boldsymbol{F}=q\boldsymbol{v}\times\boldsymbol{B} \tag{14-6}$$

上式就是洛伦兹力——磁场对运动电荷的作用力的公式，式中各量的方向关系如图14-5所示。对于正电荷，$\boldsymbol{F}$ 在 $\boldsymbol{v}\times\boldsymbol{B}$ 的方向上，对于负电荷，则所受的力的方向正好相反。

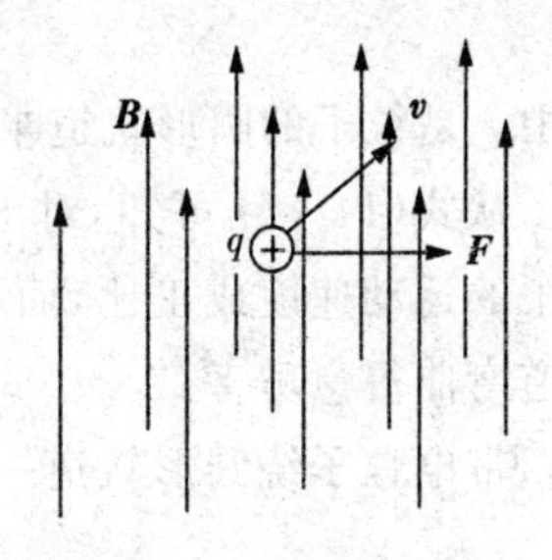

图 14-5　洛伦兹力

洛伦兹力总是和带电粒子运动速度相垂直这一事实说明磁力只能使带电粒子的运动方向偏转，而不会改变其速度的大小，因此磁力对运动带电粒子所做的功恒等于零，这是洛伦兹力的一个重要特征。

§14-3　运动电荷在电场和磁场中的运动

1. 带电粒子在磁场中的运动

下面讨论带电粒子在均匀及不均匀磁场中运动的基本规律。

(1) 带电粒子在均匀磁场中的运动

设有一均匀磁场，磁感应强度为 $\boldsymbol{B}$，一电荷量为 q、质量为 m 的粒子以初速 $\boldsymbol{v}_0$ 进入磁场中运动，分三种情况进行分析。

① 如果$\boldsymbol{v}_0$与$\boldsymbol{B}$相互平行,作用于带电粒子的洛伦兹力等于零,带电粒子不受磁场的影响,进入磁场后仍做匀速直线运动。

② 如果$\boldsymbol{v}_0$与$\boldsymbol{B}$相互垂直(如图14-6所示),这时粒子将受到与运动方向垂直的洛伦兹力$\boldsymbol{F}$,$\boldsymbol{F}$的大小为

$$F=qv_0B$$

方向垂直于$\boldsymbol{v}_0$及$\boldsymbol{B}$。所以带电粒子速度的大小不变,只改变方向。带电粒子将做匀速圆周运动,而洛伦兹力起着向心力的作用。因此

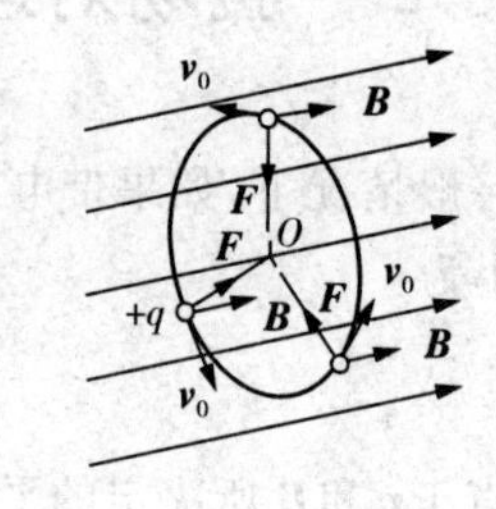

图14-6 带电粒子在均匀磁场中

$$qv_0B=m\frac{v_0^2}{r}$$

或

$$r=\frac{mv_0}{qB} \tag{14-7}$$

式中r是粒子的圆形轨道半径。

从式(14-7)可知,对于确定的带电粒子(即q/m一定),其轨道半径与带电粒子的运动速度成正比,而与磁感应强度成反比。速度愈小,洛伦兹力也愈小,轨道弯曲得愈厉害。

带电粒子绕圆形轨道一周所需的时间(周期)为

$$T=\frac{2\pi r}{v_0}=\frac{2\pi m}{qB} \tag{14-8}$$

可见周期与带电粒子的运动速度无关,这一特点是磁聚焦和回旋加速器的理论基础。

③ 如果$\boldsymbol{v}_0$与$\boldsymbol{B}$斜交成θ角(如图14-7所示),我们可把$\boldsymbol{v}_0$分解成两个分量:平行于$\boldsymbol{B}$的分量$v_{0//}=v_0\cos\theta$和垂直于$\boldsymbol{B}$的分量$v_{0\perp}=v_0\sin\theta$。由于磁场的作用,带电粒子在垂直于磁场的平面内以$v_{0\perp}$做匀速圆周运动。但由于同时有平行于$\boldsymbol{B}$的速度分量$v_{0//}$不受磁场的影响,所以带电粒子合运动的轨道是一螺旋线,螺旋线的半径是

$$r=\frac{mv_{0\perp}}{qB}=\frac{v_0\sin\theta}{qB}$$

螺距是

$$h = v_{0//} T = v_{0//} \frac{2\pi r}{v_{0\perp}} = \frac{2\pi m v_0 \cos\theta}{qB} \tag{14-9}$$

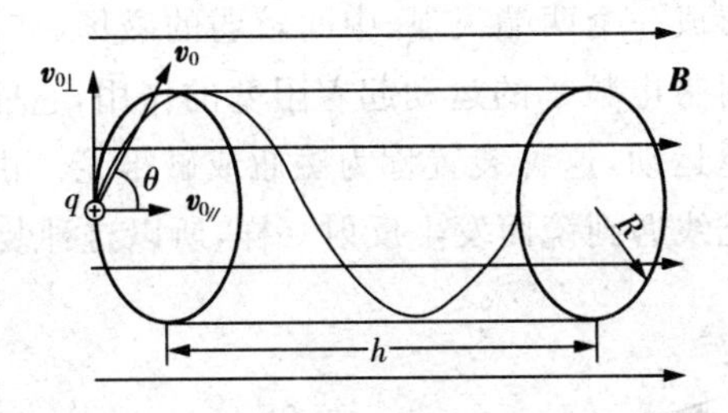

图 14－7　螺旋运动

式中 T 为旋转一周的时间。上式表明，螺距 h 只和平行于磁场的速度分量 $v_{0//}$ 有关，而和垂直于磁场的速度分量 $v_{0\perp}$ 无关。

由此可见，若有一束速度大小近似相同、方向略有不同，但与磁感应强度 $\boldsymbol{B}$ 的夹角很小的带电粒子流，从同一点发出，由于在 θ 很小的情形下，不同 θ 的正弦值差别比余弦值差别要显著得多，所以各粒子因速度的垂直分量不同，在磁场的作用下，将沿不同半径的螺旋线前进，而它们速度的平行分量则近似相等，故螺距近似相等。这样，所有带电粒子将沿各自的螺旋线做半径不同，螺距相同的螺旋运动，绕行一周后汇集于同一点。这与光束经透镜后聚焦的现象相类似，所以称为磁聚焦。磁聚焦广泛应用于电真空器件中对电子束的聚焦。如图 14－8 为显像管中电子束的磁聚焦示意图。

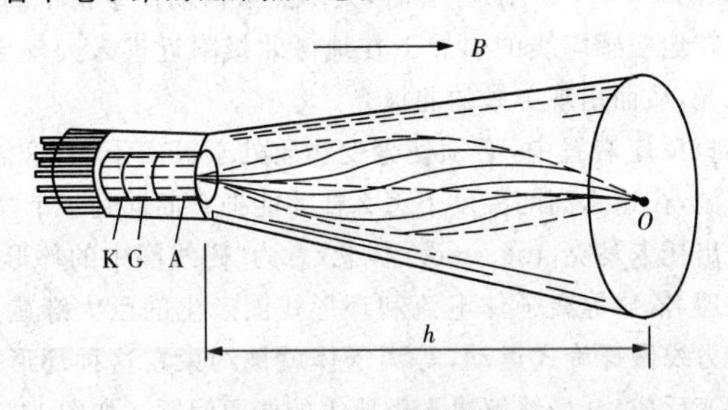

图 14－8　磁聚焦

(2) 带电粒子在非均匀磁场中的运动和磁约束技术

由上述讨论可知，带电粒子在均匀磁场中可绕磁线做螺旋运动，螺旋线的半径 r 与磁感应强度 B 成反比，所以当带电粒子在非均匀磁场中向磁场较强的方向运动时，螺旋线的半径将随着磁感应强度的增加而不断地减小，如图 14－9 所示。同时，带电粒子在非均匀磁场中受到的洛伦兹力，恒有一指向磁场较弱的方向的分力,此分力阻止带电粒子向磁场较强的方向运动。这样有可能使粒子沿磁场方向的速度逐渐减小到零,从而迫使粒子掉向反转运动。如果在一长直圆柱形真空室中形成一个两端很强、中间较弱的磁场(如图 14-10 所示),那么两端较强的磁场对带电粒子的运动起着阻塞的作用,它能迫使带电粒子局限在一定的范围内往返运动,这种装置称为磁瓶或磁牢笼。由于带电粒子在两端处的这种运动好像光线遇到镜面发生反射一样,所以这种装置也称为磁镜。

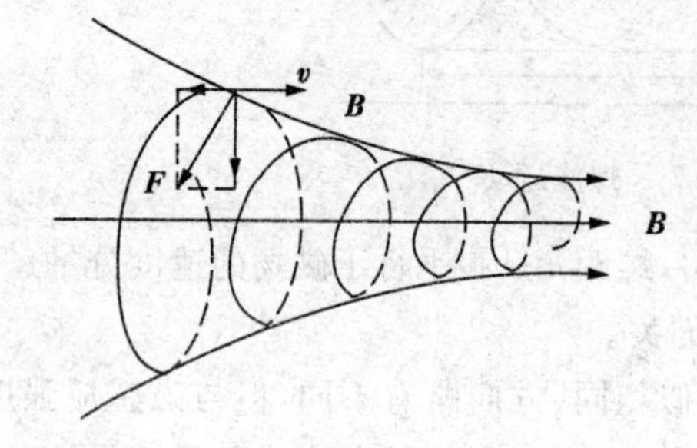

图 14-9 不均匀磁场对运动的带电粒子的力

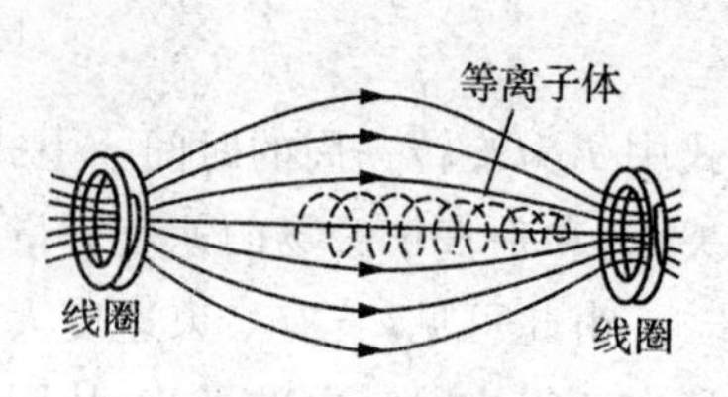

图 14-10 瓷瓶

上述磁约束现象也广泛存在于宇宙空间。地球本身是一个大磁体,磁场在两极强而中间弱。当来自外层空间的大量带电粒子(宇宙射线)进入磁场影响范围后,粒子将绕地球磁力线做螺旋线运动,因为在近两极处地磁场增强,做螺旋线运动的粒子将被折回,结果粒子在沿磁感应线的区域内来回振荡,形成所谓范阿仑带(如图 14-11 所示)。有时,太阳黑子活动使宇宙中高能粒子剧增,这些高能粒子在地磁感应线的引导下在地磁北极附近进入大气层时使大气激发辐射出可见光,从而出现美妙的北极光。

在受控热核反应装置中,必须使聚变物质处于等离子态,这需要几千万甚至几亿度的高温,在这么高的温度下怎么样才能把它们框到一个"容器"里?前苏联科学家提出托卡马克(tokamak)概念,意为"磁线圈中的环形容器"。根据上述磁约束原理,依靠等离子体电流和环形线圈产生的巨大螺旋形强磁场,带电粒子会沿磁力线做螺旋式运动,等离子体就被约束在这种环形的磁场中,以此来实现核聚变反应,并最终解决人类所需的能源问题。如图 14-12 所示是托卡马克装置的原理示意图。我国是世界上少数几个拥有超导托卡马克装置的国家之一,并取得了令人瞩目的领先成果。由我国自行设计、建造的"中国环流器一号"受控热核反应装置于 1984 年 9 月 21 日建成启动,它是一种托卡马克装置。20 世纪 90 年代已把它改建成"中国环流器新一号"。2006 年 2 月,在合肥的中科院等离子体所建成了一座高级超导托卡马克装置(EAST)(图14-13),它是目前世界上唯一运行的全超导磁体的核聚变实验装置。2006 年,美、日、欧等

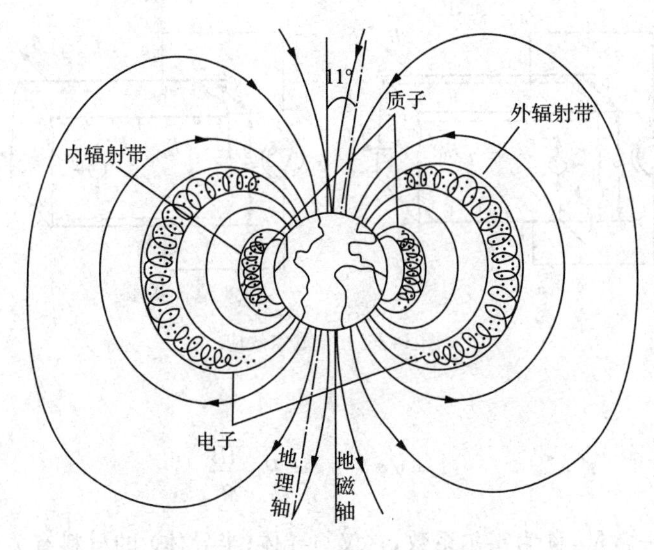

图 14－11　地磁场内的范阿仑带

联合开发的国际热核聚变实验堆(ITER)已完成设计,决定在法国建设,预定2015 年左右建成。该计划有世界上众多(包括中国的)专家参与。受控热核聚变前景光明,专家估计到 2050 年前后,人类有可能实现可控热核聚变电站发电。

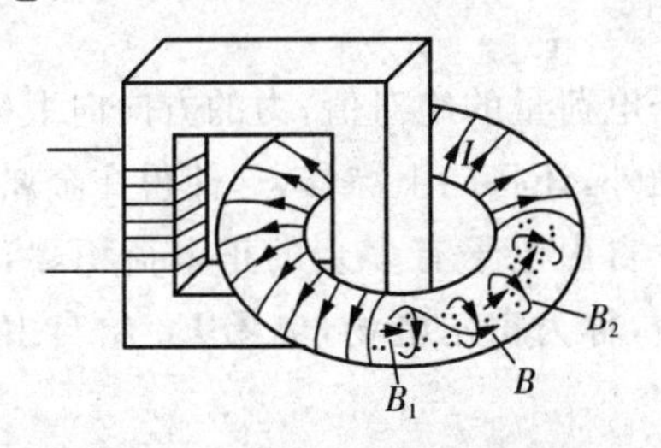

图 14－12　托卡马克装置

图 14－13　EAST 外景

2. 霍尔效应

1879 年霍尔首先观察到,把一载流导体薄板放在磁场中时,如果磁场方向垂直于薄板平面,则在薄板的上下两个侧面之间会出现微弱电势差(图 14－14),这一现象称为霍尔效应。这种电势差称为霍尔电势差。

实验测定,霍尔电势差的大小与电流 I 及磁感应强度 B 成正比,而与薄片沿 $\boldsymbol{B}$ 方向的厚度 d 成反比,即

$$V_1 - V_2 \propto \frac{IB}{d}$$

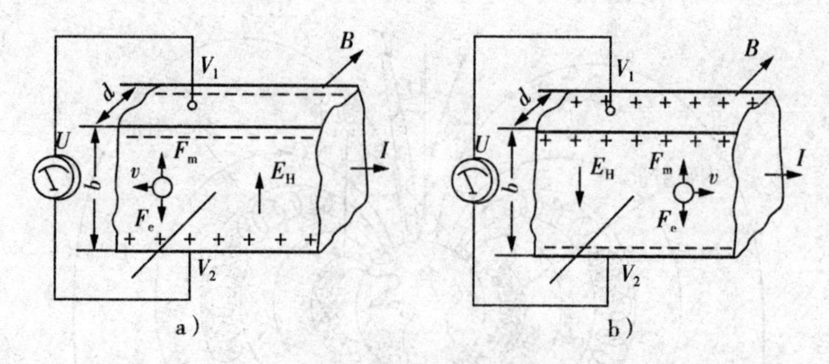

图 14-14 霍尔效应

或写成

$$U = V_1 - V_2 = R_H \frac{IB}{d} \tag{14-10}$$

式中 R_H 是一常量,称为霍尔系数,它仅与导体(半导体)的材料有关。

霍尔效应的出现是由于导体中的载流子(形成电流的运动电荷)在磁场中受洛伦兹力的作用而发生横向漂移的结果。以金属导体为例,导体中的电流是自由电子在电场作用下做定向运动形成的,其运动方向与电流的流向正好相反,如果在垂直电流方向有一均匀磁场 $\boldsymbol{B}$,这些自由电子受洛伦兹力作用,其大小为

$$F_m = evB$$

式中 v 是电子定向运动的平均速度,e 是电子电荷量的绝对值,力的方向向上(图 14-14a)。这时自由电子除宏观的定向运动外,还将向上漂移,这使得在金属薄板的上侧有多余的负电荷积累,而下侧缺少自由电子有多余的正电荷积累,结果在导体内部形成方向向上的附加电场 $\boldsymbol{E}_H$,称为霍尔电场,电场 $\boldsymbol{E}_H$ 给自由电子的作用力为

$$\boldsymbol{F}_e = e\boldsymbol{E}_H$$

方向向下。当这两个力达到平衡时,电子不再有横向漂移运动,结果在金属薄板上下两侧间形成一恒定的电势差。由于 $F_m = F_e$,所以

$$eE_H = evB$$

或

$$E_H = vB$$

这样霍尔电势差为

$$V_1 - V_2 = -E_H b = -vBb$$

设单位体积内的自由电子数为 n，则电流 $I=nevdb$，代入得

$$U=V_1-V_2=-\frac{IB}{ned} \tag{14-11a}$$

如果导体中的载流子带正电荷量 q，则洛伦兹力向上，使带正电的载流子向上漂移（图 14-14b），这时霍尔电势差为

$$U=V_1-V_2=\frac{IB}{nqd} \tag{14-11b}$$

比较式（14-10）和式（14-11a）、式（14-11b）可以得到霍尔系数为

$$R_{\mathrm{H}}=-\frac{1}{ne}\ 或\ R_{\mathrm{H}}=\frac{1}{nq} \tag{14-12}$$

霍尔系数的正负决定于载流子的正负性质。因此，实验测定霍尔电势差或霍尔系数不仅可以判定载流子的正负，还可以测定载流子的浓度，即单位体积内的载流子数 n。例如，半导体材料就是用这个方法判定它是空穴型的（p 型——载流子为带正电的空穴）还是电子型的（n 型——载流子是带负电的自由电子）。由于在半导体材料中载流子的浓度远小于单价金属中自由电子的浓度，可得到较大的霍尔电势差，所以，常用半导体材料制成各种霍尔效应传感器，用来测量磁感应强度、电流，甚至压力、转速等。在工程上，R_{H} 称为霍尔元件的灵敏度。在自动控制和计算技术等方面，霍尔效应也得到了广泛的应用。

在导电流体中也会产生霍尔效应现象，这就是目前正在研究中的“磁流体发电”的基本原理（图 14-15）。把由燃料（油、煤气或原子能反应堆）加热而产生的高温（约 3000K）气体，以高速 v（约 1000m/s）通过用耐高温材料制成的导电管，产生电离，达到等离子状态。若在垂直于 $\boldsymbol{v}$ 的方向上加上磁场，则气流中的正负离子由于受洛伦磁力的作用，将分别向垂直于 $\boldsymbol{v}$ 和 $\boldsymbol{B}$ 的两个相反方向偏转，结果在导电管两侧的电极上产生霍尔电势差。这种发电方式没有转动的机械部分，直接把热能转化为电能，因而损耗少，转换效率高，是非常诱人、有待于开发的新技术。

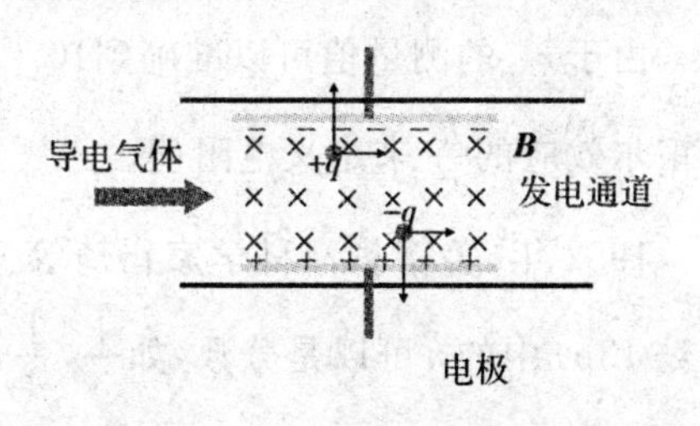

图 14-15　磁流体发电原理

3. 量子霍尔效应

在式（14-11）中令

$$r_H^* = \frac{U}{I} = \frac{B}{nqd} \tag{14-13a}$$

这一比值具有电阻的量纲,因而被定义为霍尔电阻 r_H^*。此式表明霍尔电阻应正比于磁场 B。1980 年,在研究半导体在极低温度下(1.5K)和强磁场(18T)中的霍尔效应时,德国物理学家克里青(Klaus von Klitzing)发现霍尔电阻和磁场的关系并不是线性的,而是有一系列台阶式的改变(如图 14-16),这一效应叫量子霍尔效应,克里青因此荣获 1985 年诺贝尔物理学奖。

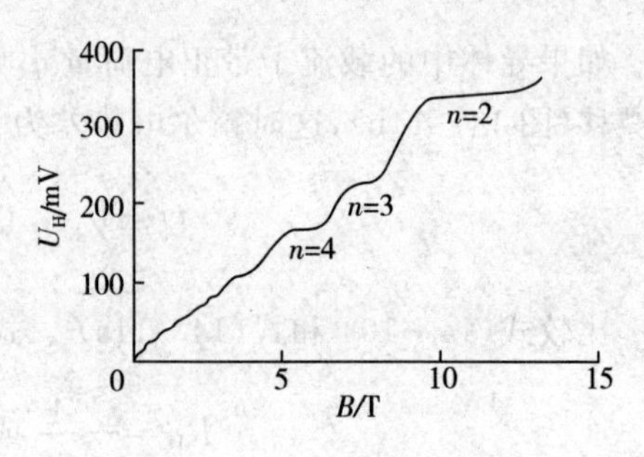

图 14-16 量子霍尔效应

量子霍尔效应只能用量子理论来解释,该理论指出

$$r_H^* = \frac{U}{I} = \frac{r_K^*}{n} \quad (n=1,2,3,\cdots) \tag{14-13b}$$

式中 r_K^* 叫克里青常量,它与基本常量 h 和 e 有关,即

$$r_K^* = \frac{h}{e^2} = 25813\Omega \tag{14-14}$$

由于 r_K^* 的测量值可以准确到10^{-10},国际计量委员会决定从 1990 年起,用量子霍尔效应的$\frac{h}{e^2}$来定义电阻值。

1982 年,美籍华裔科学家崔琦等又发现在更强的磁场和更低的温度下,式(14-13b)中的n可以是分数,如$\frac{1}{3}$,$\frac{1}{4}$,$\frac{1}{5}$等,这种现象叫分数量子霍尔效应,崔琦等荣获 1998 年诺贝尔物理学奖。

本章小结

1. 载流导线在磁场中受的力 —— 安培定律

对电流元:$d\boldsymbol{F} = Id\boldsymbol{l} \times \boldsymbol{B}$;

对一段载流导线:$\boldsymbol{F} = \int_L d\boldsymbol{F} = \int_L Id\boldsymbol{l} \times \boldsymbol{B}$。

2. 载流线圈在均匀磁场中受的磁力矩

$$\boldsymbol{M}=\boldsymbol{m}\times\boldsymbol{B}$$

其中 $\boldsymbol{m}=NIS\boldsymbol{e}_n$。

3. 平行载流导线间的相互作用力

导线单位长度所受的力的大小为

$$\frac{\mathrm{d}F_{21}}{\mathrm{d}l_2}=\frac{\mu_0 I_1 I_2}{2\pi a}$$

4. 带电粒子在均匀磁场中的运动

圆形轨道半径：$r=\dfrac{mv_0}{qB}$；

圆形轨道周期：$T=\dfrac{2\pi r}{v_0}=\dfrac{2\pi m}{qB}$；

螺旋运动螺距：$h=v_{0//}T=v_0\ \dfrac{2\pi r}{v_{0\perp}}=\dfrac{2\pi mv_0\cos\theta}{qB}$。

5. 霍尔效应：在磁场中的载流导体上出现横向电势差的现象

霍尔电势差：$U=\dfrac{IB}{nqd}$；

霍尔电势差的正负和形成电流的载流子的正负有关。

习　题

14-1　在 YOZ 平面内有电流为 I_2 的圆形线圈 2，与在 XOY 平面内有电流为 I_1 的圆形线圈 1，它们的公共中心为 O，且 $r_2>r_1$，则线圈 1 受到的磁力矩的大小和方向为（　　）。

A. 沿负 y 轴，$\dfrac{\mu_0\pi I_1 I_2 r_2^2}{2r_1}$　　B. 沿正 y 轴，$\dfrac{\mu_0\pi I_1 I_2 r_2^2}{2r_1}$

C. 沿负 y 轴，$\dfrac{\mu_0\pi I_1 I_2 r_1^2}{2r_2}$　　D. 沿正 y 轴，$\dfrac{\mu_0\pi I_1 I_2 r_1^2}{2r_2}$

14-2　如图所示，载流为 I_2 的线圈与载流为 I_1 的长直导线共面，设长直导线固定，则线圈在磁场力作用下将（　　）。

A. 向左平移　　B. 向右平移

C. 向上平移　　D. 向下平移

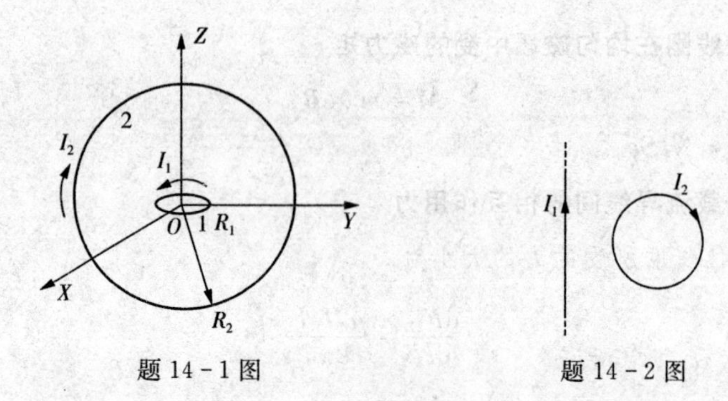

题 14-1 图　　　　　题 14-2 图

14-3　在阴极射线管外,如图所示放置一个蹄形磁铁,则阴极射线将(　　)。

A. 向下偏　　　　B. 向上偏

C. 向纸外偏　　　D. 向纸内偏

14-4　如图,在均匀磁场中放一均匀带正电荷的圆环,其线电荷密度为 λ,圆环可绕通过环心 O 与环面垂直的转轴旋转。当圆环以角速度 ω 转动时,圆环受到的磁力矩为__________,其方向__________。

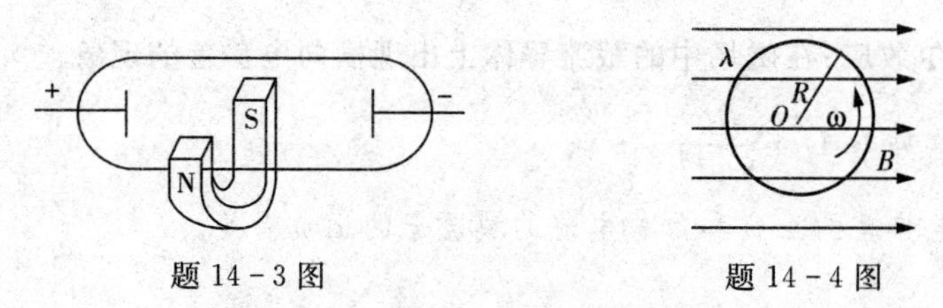

题 14-3 图　　　　　题 14-4 图

14-5　如图所示,一半径为 r,通有电流为 I 的圆形回路,位于 Oxy 平面内,圆心为 O。一带正电荷为 q 的粒子,以速度 v 沿 z 轴向上运动,当带正电荷的粒子恰好通过 O 点时,作用于圆形回路上的力为__________,作用在带电粒子上的力为__________。

14-6　截面积为 S,截面形状为矩形的直的金属条中通有电流 I。金属条放在磁感强度为 $\boldsymbol{B}$ 的匀强磁场中,$\boldsymbol{B}$ 的方向垂直于金属条的左、右侧面(如图所示)。在图示情况下金属条的上侧面将积累__________电荷,载流子所受的洛伦兹力 $f_m =$ __________。

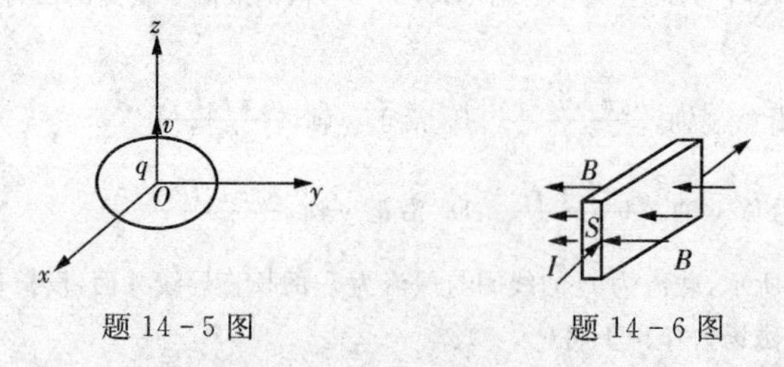

题 14-5 图　　　　　题 14-6 图

14-7　一条长为 0.5m 的直导线,沿 y 方向放置,通以沿 y 方向 $I = 10\text{A}$ 的电流,导线所在处的磁感应强度为:$\boldsymbol{B} = 0.3\boldsymbol{i} - 1.2\boldsymbol{j} + 0.5\boldsymbol{k}$,则该导线所受的力是多少?

第 15 章　磁介质

上两章讨论了真空中磁场的规律，在实际应用中，常需要了解物质中磁场的规律。由于物质的分子(或原子)中都存在着运动的电荷，所以当物质放到磁场中时，其中的运动电荷将受到磁力的作用而使物质处于一种特殊的状态中，处于这种特殊状态的物质又会反过来影响磁场的分布。本章将讨论物质和磁场相互影响的规律。

§15－1　磁介质和磁介质的磁化

1. 磁介质的分类

在考虑物质受磁场的影响或它对磁场的影响时，物质统称为磁介质。磁介质在磁场作用下内部状态的变化叫做磁化。设某一电流分布在真空中激发的磁感应强度为 $\boldsymbol{B}_0$，那么在同一电流分布下，当磁场中放进了某种磁介质后，磁化了的磁介质激发附加磁感应强度 $\boldsymbol{B}'$，此时磁场中任一点的磁感应强度 $\boldsymbol{B}$ 等于 $\boldsymbol{B}_0$ 和 $\boldsymbol{B}'$ 的矢量和，即

$$\boldsymbol{B}=\boldsymbol{B}_0+\boldsymbol{B}' \tag{15-1}$$

通常把 B 和 B_0 的比值定义为该磁介质的相对磁导率，用 μ_r 表示，即

$$\mu_r=\frac{B}{B_0} \tag{15-2}$$

由于磁介质有不同的磁化特性，它们磁化后所激发的附加磁场会有所不同。有一些磁介质磁化后使磁介质中的磁感应强度 $\boldsymbol{B}$ 稍大于 $\boldsymbol{B}_0$，即 $B>B_0$，$\mu_r>1$，这类磁介质称为顺磁质，例如锰、铬、铂、氮等都属于顺磁性物质；另一些磁介质磁化后使磁介质中的磁感应强度 $\boldsymbol{B}$ 稍小于 $\boldsymbol{B}_0$，$B<B_0$，$\mu_r<1$，这类磁介质称为抗磁质，例如水银、铜、铋、硫、氯、氢、银、金、锌、铅等都属于抗磁性物质。

一切抗磁质以及大多数顺磁质有一个共同点,那就是它们所激发的附加磁场极其微弱,$\boldsymbol{B}$ 和 $\boldsymbol{B}_0$ 相差很小。此外,还有另一类磁介质,它们磁化后所激发的附加磁场极其强,$B \gg B_0$,$\mu_r \gg 1$,这类能显著地增强磁场的物质,称为铁磁质,例如铁、镍、钴、钆以及这些金属的合金,还有铁氧体等物质。表 15-1 列出了部分磁介质的相对磁导率。

表 15-1 几种磁介质的相对磁导率

磁介质种类		相对磁导率
抗磁质 $\mu_r < 1$	铋(293K)	$1 - 16.6 \times 10^{-5}$
	汞(293K)	$1 - 2.9 \times 10^{-5}$
	铜(293K)	$1 - 1.0 \times 10^{-5}$
	氢(气体)	$1 - 3.98 \times 10^{-5}$
顺磁质 $\mu_r > 1$	氧(液体,90K)	$1 + 769.9 \times 10^{-5}$
	氧(液体,293K)	$1 + 344.9 \times 10^{-5}$
	铝(293K)	$1 + 1.65 \times 10^{-5}$
	铂(293K)	$1 + 26 \times 10^{-5}$
铁磁质 $\mu_r \gg 1$	纯铁	5×10^{3}(最大值)
	硅钢	7×10^{2}(最大值)
	坡莫合金	1×10^{5}(最大值)

为什么磁介质对磁场有这样的影响?这要由磁介质受磁场的影响而发生的改变来说明。这就涉及磁介质的微观结构,下面来说明。

2. 分子电流和分子磁矩

根据物质电结构学说,任何物质都是由分子、原子组成的,而分子或原子中任何一个电子都不停地同时参与两种运动:一种是环绕原子核的轨道运动,另一种是电子本身的固有运动,叫做自旋。这两种运动都等效于一个电流分布,因而能产生磁效应。把分子或原子看作一个整体,分子或原子中各个电子对外所产生磁效应的总和,可用一个等效的圆电流表示,统称为分子电流。这种分子电流具有一定的磁矩,称为分子磁矩,用 $\boldsymbol{m}'_{分子}$ 表示。

在外磁场 $\boldsymbol{B}_0$ 作用下,分子或原子中和每个电子相联系的磁矩都受到磁力矩的作用。由于分子或原子中的电子以一定的角动量做高速转动,这时,每个电子除了保持上述两种运动以外,还要附加外磁场方向为轴线的转动,称为电子的进动。这与力学中所讲的高速旋转的陀螺,在重力矩的作用下,以重力方向为轴线所做的进动十分相似(图 15-1)。

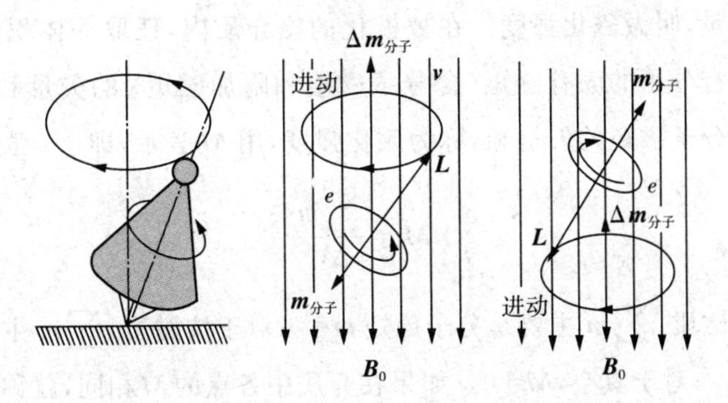

图 15-1　电子轨道运动在外磁场中的进动和附加磁矩

可以证明：不论电子原来的磁矩与磁场方向之间的夹角是何值，在外磁场 $\boldsymbol{B}_0$ 中，电子角动量 $\boldsymbol{L}$ 进动的转向总是和 $\boldsymbol{B}_0$ 的方向构成右手螺旋关系（见图 15-1）。电子的进动也相当于一个圆电流。由于电子带负电，这种等效圆电流的磁矩的方向永远与 $\boldsymbol{B}_0$ 的方向相反。分子或原子中各个电子因进动而产生的磁效应的总和也可用一个等效的分子电流的磁矩来表示，因进动而产生的等效电流的磁矩称为附加磁矩，用 $\Delta\boldsymbol{m}_{分子}$ 表示。

3. 磁介质的磁化

对抗磁质而言，每个分子或原子中所有电子的轨道磁矩和自旋磁矩的矢量和等于零，介质不显磁性。当有外磁场时，抗磁质中的分子由于附加磁矩 $\Delta\boldsymbol{m}_{分子}$ 的产生，在磁体内激发一个和外磁场 $\boldsymbol{B}_0$ 方向相反的附加磁场 $\boldsymbol{B}'$，这就是抗磁性的起源。抗磁性既然起源于外磁场对电子轨道运动作用的结果，可以这么说，一切磁介质皆具有抗磁性。

而顺磁质分子虽然每个分子的磁矩不等于零，但各个分子的磁矩排列是杂乱无章的，因而对外也不显示磁性。当有外磁场时，顺磁质分子磁矩顺外磁场有序取向，结果产生和外磁场 $\boldsymbol{B}_0$ 方向相同的附加磁场 $\boldsymbol{B}'$，这就是顺磁性的成因。应当指出，顺磁质分子在此时也产生了抗磁性，但在通常情况下，$\Delta\boldsymbol{m}_{分子}$ 远小于 $\boldsymbol{m}_{分子}$，这些磁介质主要显示顺磁性。

§15-2　磁场强度　磁介质中的安培环路定理

1. 磁化强度

为了表征磁介质磁化的程度，与讨论电介质时定义极化强度一样，引进一个宏观物理量,叫做磁化强度。在被极化的磁介质内,任取一体积元 ΔV,在这体积元中所有分子的固有磁矩(含分子磁矩和附加磁矩)的矢量和为 $\sum \boldsymbol{m}$,则单位体积内分子磁矩的矢量和,称为磁化强度,用 $\boldsymbol{M}$ 表示,即

$$\boldsymbol{M}=\frac{\sum \boldsymbol{m}}{\Delta V} \tag{15-3}$$

对于顺磁质,$\sum \boldsymbol{m}$ 主要是分子磁矩 $\boldsymbol{m}_{分子}$;对于抗磁质,$\sum \boldsymbol{m}$ 主要是分子附加磁矩 $\Delta \boldsymbol{m}_{分子}$;对于真空,$\boldsymbol{M}=0$。如果在介质中各点的 $\boldsymbol{M}$ 相同,就称磁介质被均匀磁化。在国际单位制中,$\boldsymbol{M}$ 的单位是 A/m。

2. 磁化强度与磁化电流的关系

当电介质极化时,极化强度与极化电荷有着密切的关系。同样,当磁介质被磁化时,磁化强度与磁化电流也有着密切的关系。下面用一例简要说明。

设有一无限长直螺线管,长直螺线管通以电流 I,管内充满均匀的顺磁质。设每个分子磁矩对应的分子电流为 I',圆电流的半径为 r。沿螺线管轴线选取以 r 为半径,L 为长度的圆柱体,如图 15-2 所示。每个分子磁矩为

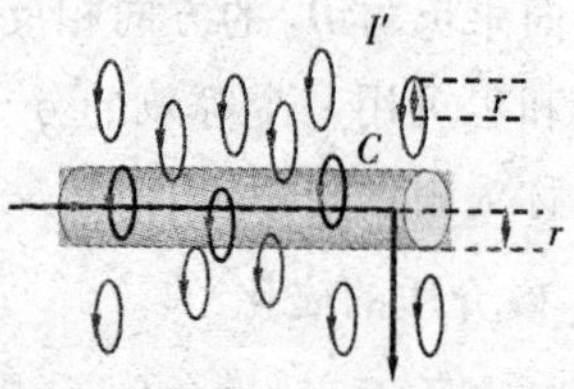

$$m=I'\pi r^2$$

图 15-2　长直螺线管内的分子电流

若 n 表示单位体积内的分子磁矩数,则磁介质表面沿螺线管轴线 L 长度内的磁化电流为

$$I_s=n(\pi r^2 L)I'=nmL$$

由于

$$M=\frac{\sum m}{\Delta V}=nm$$

所以

$$I_s=ML \tag{15-4}$$

此式即为磁化强度与磁化电流的关系。

3. 磁介质中的安培环路定理

把真空中磁场的安培环路定理推广到有磁介质存在的稳恒磁场中去,当电

流的磁场中有磁介质时，由于介质磁化，要产生磁化电流。考虑到磁化电流的贡献，则安培环路定理应写成

$$\oint_L \boldsymbol{B} \cdot \mathrm{d}\boldsymbol{l} = \mu_0 \left(\sum I_i + I_s \right) \tag{15-4}$$

式中 $\boldsymbol{B}$ 为磁介质中的总磁感应强度，等式右边内的两项电流是穿过回路所围面积的总电流，即传导电流 $\sum I_i$ 和磁化电流 I_s 的代数和。

下面仍以长直螺线管为例，如图15-3所示，推导出磁介质中的安培环路定理：

$$\oint_L \boldsymbol{B} \cdot \mathrm{d}\boldsymbol{l} = \int_{BC} \boldsymbol{B} \cdot \mathrm{d}\boldsymbol{l} = \mu_0 \sum I = \mu_0 (NI + I_s)$$

$$I_s = ML = \int_{BC} \boldsymbol{M} \cdot \mathrm{d}\boldsymbol{l} = \oint_l \boldsymbol{M} \cdot \mathrm{d}\boldsymbol{L}$$

$$\oint_L \boldsymbol{B} \cdot \mathrm{d}\boldsymbol{l} = \mu_0 \left(NI + \oint_L \boldsymbol{M} \cdot \mathrm{d}\boldsymbol{l} \right)$$

或

$$\oint_L \left(\frac{\boldsymbol{B}}{\mu_0} - \boldsymbol{M} \right) \cdot \mathrm{d}\boldsymbol{l} = NI = \sum I$$

我们把 $\left(\frac{\boldsymbol{B}}{\mu_0} - \boldsymbol{M} \right)$ 定义为一个新的物理量 $\boldsymbol{H}$，称为磁场强度矢量，即

$$\boldsymbol{H} = \frac{\boldsymbol{B}}{\mu_0} - \boldsymbol{M} \tag{15-5}$$

这样，有磁介质时的安培环路定理便有下列简单的形式

$$\oint_L \boldsymbol{H} \cdot \mathrm{d}\boldsymbol{l} = \sum I_i \tag{15-6}$$

式(15-6)表明，在稳恒磁场中，磁场强度矢量 $\boldsymbol{H}$ 沿任一回路的线积分(即 $\boldsymbol{H}$ 的环流)等于包围在环路内的各传导电流的代数和，而与磁化电流无关。特别指出的是，上式虽然是从长直螺线管这一特例中推导出来的，但是，从理论上可以证明它是普遍适用的。

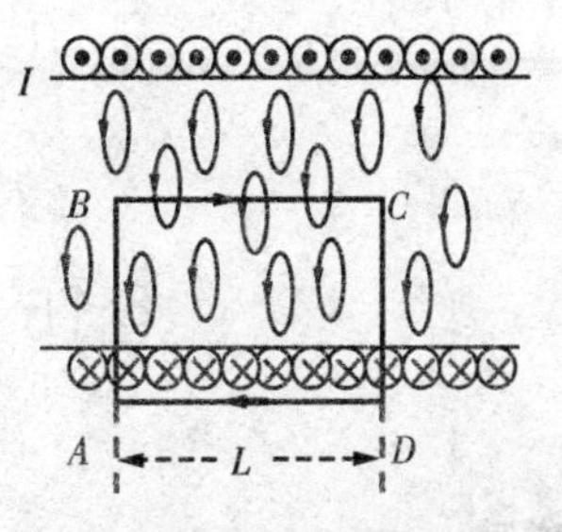

图15-3　长直螺线管内磁场计算

4. B 与 H 的关系

对各向同性磁介质

$$\boldsymbol{M}=k\boldsymbol{H}$$

k 称为磁介质的磁化率,因为

$$\boldsymbol{H}=\frac{\boldsymbol{B}}{\mu_0}-\boldsymbol{M}=\frac{\boldsymbol{B}}{\mu_0}-k\boldsymbol{H}$$

所以

$$\boldsymbol{B}=\mu_0(1+k)\boldsymbol{H} \tag{15-7}$$

如果令

$$\mu_r=1+k \tag{15-8}$$

μ_r 就是磁介质的相对磁导率,于是有

$$\boldsymbol{B}=\mu_0\mu_r\boldsymbol{H}=\mu\boldsymbol{H} \tag{15-9}$$

【例 15-1】 如图 15-4,同轴圆筒形导体之间充一相对磁导率为 μ_r 的磁介质,试求空间磁感应强度。

解

$$\oint_L \boldsymbol{B}\cdot d\boldsymbol{l}=\begin{cases}0 & r<R_1\\ I & r_2<r<R_2\\ 0 & r>R_2\end{cases}$$

$R_1<r<R_2$:$H=\dfrac{I}{2\pi r}$

由

$$B=\mu_0\mu_r H$$

得

$$B=\frac{\mu_0\mu_r I}{2\pi r}$$

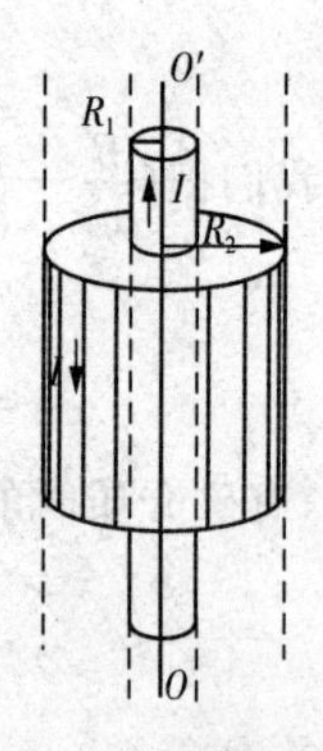

图 15-4 同轴电缆

§15-3 铁磁质

1. 磁畴

所谓磁畴,是指铁磁材料在自发磁化的过程中为降低静磁能产生分化的方

向各异的小型磁化区域，每个区域内包含大量原子，这些原子的磁矩都像一个小磁铁那样整齐排列，但相邻的不同区域之间原子磁矩排列方向不同，如图 15-5 所示。

2. 磁化曲线与磁滞回线

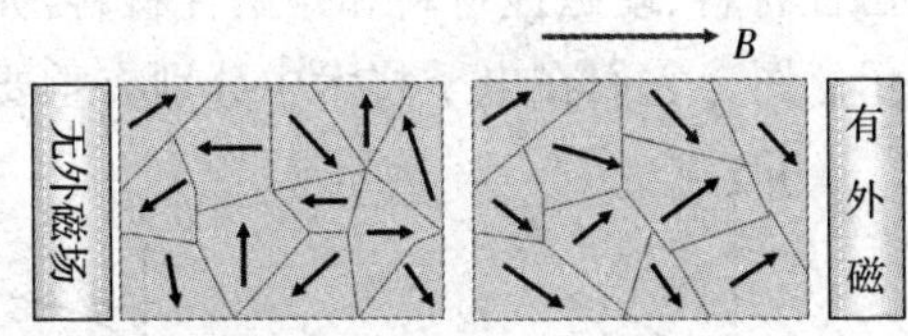

图 15-5　铁磁质内的磁畴示意图

顺磁质的磁化曲线呈线性关系，如图 15-6 所示。实验表明，铁磁性物质的磁化，B 和 H 不是简单的线性关系，如图 15-7 所示。当外磁场由 $+H_m$ 逐渐减小时，这种 B 的变化落后于 H 的变化的现象，叫做磁滞现象，简称磁滞。由于磁滞，$H=0$ 时，磁感强度 $B\neq0$，B_r 叫做剩余磁感强度（剩磁）。若要完全消除剩磁，需要加上相反的磁场，所加相反磁场强度的量值 H_c 叫矫顽力。

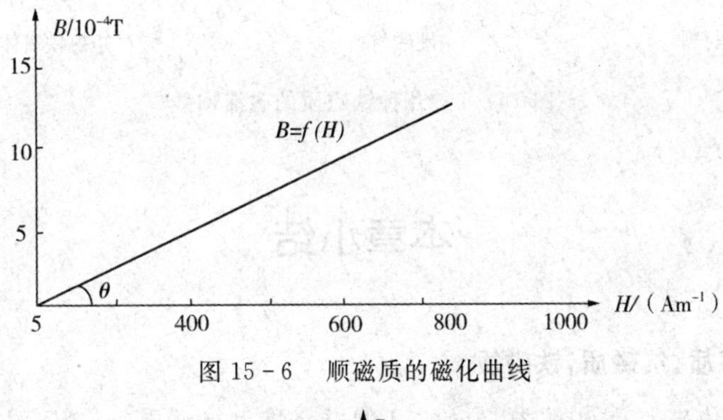

图 15-6　顺磁质的磁化曲线

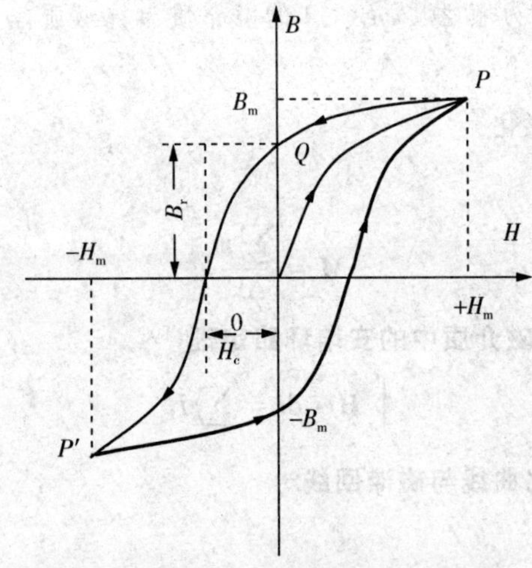

图 15-7　磁滞回线

3. **铁磁性材料**

不同铁磁性物质的磁滞回线形状相差很大，按照矫顽力大小可将铁磁质分为软磁性材料、硬磁性材料和矩磁性材料，如图 15－8 所示是三种铁磁质的磁滞回线示意图。它们在电子技术中分别有重要应用。

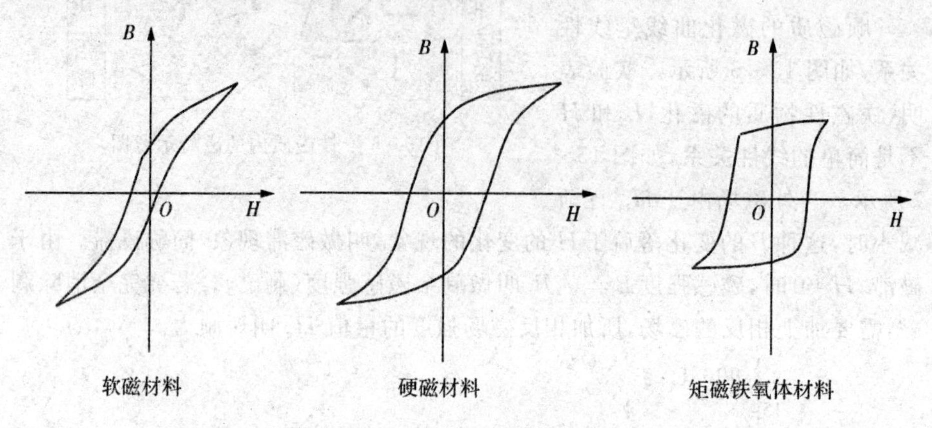

图 15－8　几种铁磁质的磁滞回线

本章小结

1. **顺磁质，抗磁质，铁磁质**

$\mu_r > 1$ 的磁介质为顺磁质，$\mu_r < 1$ 的磁介质为抗磁质，$\mu_r \gg 1$ 的磁介质称为铁磁质。

2. **分子磁矩与磁化**

3. **磁化强度**

$$\boldsymbol{M} = \frac{\sum \boldsymbol{m}}{\Delta V}$$

4. **磁场强度 $\boldsymbol{H}$，磁介质中的安培环路定理**

$$\oint_L \boldsymbol{H} \cdot \mathrm{d}\boldsymbol{l} = \sum I_i$$

5. **铁磁质的磁化曲线与磁滞回线**

习　题

15-1　如图所示的三条线，分别表示三种不同的磁介质的 $B-H$ 关系。下面四种说法正确的是(　　)。

A. Ⅰ 抗磁质，Ⅱ 顺磁质，Ⅲ 铁磁质

B. Ⅰ 顺磁质，Ⅱ 抗磁质，Ⅲ 铁磁质

C. Ⅰ 铁磁质，Ⅱ 顺磁质，Ⅲ 抗磁质

D. Ⅰ 抗磁质，Ⅱ 铁磁质，Ⅲ 顺磁质

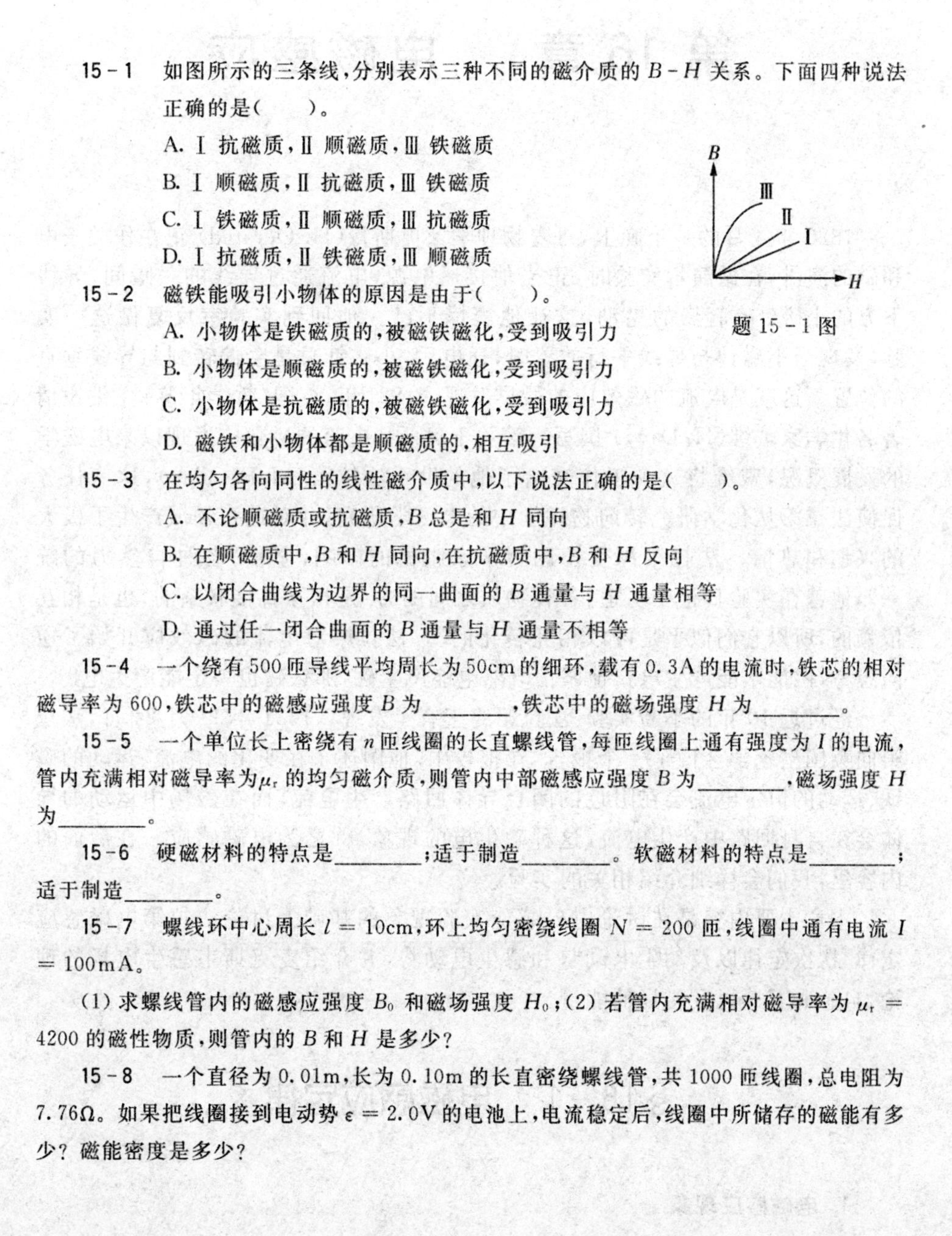

题 15-1 图

15-2　磁铁能吸引小物体的原因是由于(　　)。

A. 小物体是铁磁质的，被磁铁磁化，受到吸引力

B. 小物体是顺磁质的，被磁铁磁化，受到吸引力

C. 小物体是抗磁质的，被磁铁磁化，受到吸引力

D. 磁铁和小物体都是顺磁质的，相互吸引

15-3　在均匀各向同性的线性磁介质中，以下说法正确的是(　　)。

A. 不论顺磁质或抗磁质，B 总是和 H 同向

B. 在顺磁质中，B 和 H 同向，在抗磁质中，B 和 H 反向

C. 以闭合曲线为边界的同一曲面的 B 通量与 H 通量相等

D. 通过任一闭合曲面的 B 通量与 H 通量不相等

15-4　一个绕有 500 匝导线平均周长为 50cm 的细环，载有 0.3A 的电流时，铁芯的相对磁导率为 600，铁芯中的磁感应强度 B 为________，铁芯中的磁场强度 H 为________。

15-5　一个单位长上密绕有 n 匝线圈的长直螺线管，每匝线圈上通有强度为 I 的电流，管内充满相对磁导率为 μ_r 的均匀磁介质，则管内中部磁感应强度 B 为________，磁场强度 H 为________。

15-6　硬磁材料的特点是________；适于制造________。软磁材料的特点是________；适于制造________。

15-7　螺线环中心周长 $l=10\text{cm}$，环上均匀密绕线圈 $N=200$ 匝，线圈中通有电流 $I=100\text{mA}$。

(1) 求螺线管内的磁感应强度 B_0 和磁场强度 H_0；(2) 若管内充满相对磁导率为 $\mu_r=4200$ 的磁性物质，则管内的 B 和 H 是多少？

15-8　一个直径为 0.01m，长为 0.10m 的长直密绕螺线管，共 1000 匝线圈，总电阻为 7.76Ω。如果把线圈接到电动势 $\varepsilon=2.0\text{V}$ 的电池上，电流稳定后，线圈中所储存的磁能有多少？磁能密度是多少？

第 16 章　电磁感应

1820 年 4 月的一个晚上，丹麦物理学家奥斯特(H. Oersted)正在作关于电和磁的演讲，在做演示实验时，正当他接通电源，电流通过导线的一瞬间，导线下方的小磁针有轻微的晃动，这让他震惊不已。他回到实验室反复做这一实验，发现当小磁针与导线平行放置时，通电后，小磁针总是会偏转到与导线垂直的位置。这就是电流的磁效应的最早发现。1821 年，英国《哲学年鉴》主编邀请著名化学家戴维(H. Davy)撰写一篇关于奥斯特电流的磁效应发现以来电磁学的发展概况，戴维将这一工作交给了他的助手法拉第(M. Faraday)，这一任务促使法拉第从化学研究转向物理学中的电磁学研究，并对这一领域产生了极大的兴趣和热情。法拉第深受德国哲学家康德的影响，坚信“各种自然力的统一”，他曾在实验日记中写道：各种物质之间的力“是相互直接联系的，也是相互依赖的，所以它们似乎是可以相互转化的”。法拉第对电流的磁效应开始了逆向思考，磁能不能产生电？他坚信既然电能产生磁，那么磁也一定能产生电。

经过近 10 年的不断实验，法拉第终于有了发现。1831 年 11 月 24 日，法拉第向英国皇家学会做了一个报告，在报告中，他阐述了在变化的电流、运动的磁铁、运动的恒定电流会在附近的闭合导体回路产生电流，而在磁场中运动的导体会在自身回路中产生电流，这种磁生电的现象，称之为电磁感应。在后面的内容里，我们会详细介绍相关的实验。

本章主要内容是在讨论电磁感应实验现象的基础上讨论法拉第电磁感应定律、楞次定律以及动生电动势和感生电动势，并介绍麦克斯韦感生电场的理论、自感和互感以及磁场的能量。

§16-1　电磁感应定律

1. 电磁感应现象

迈克尔·法拉第(Michael Faraday，1791 — 1867)，英国著名的实验物理学家、化学家，发电机和电动机的发明者。他创造性地提出了场和力线的概念，他的发现——电磁感应奠定了整个电磁学的基础。后其又相继发现电解定律，物质的抗磁性和顺磁性，以及光的偏振面在磁场中的旋转。继奥斯特发现电流的磁效应之后，法拉第仔细分析了电流的磁效应等现象，认为既然电能够产生磁，反过来，磁也应该能产生电。他首先从静止的磁力对导线或线圈的作用中产生电流，但是失败了。经过近10年的不断实验，到1831年法拉第终于发现，一个通电线圈的磁力虽然不能在另一个线圈中引起电流，但是当通电线圈的电流刚接通或中断的时候，另一个线圈中的电流计指针有微小偏转。兴奋之余，法拉第又做了一系列的实验，发现当一块磁铁穿过一个闭合回路时，回路内也会有电流产生这一现象称为电磁感应。法拉第用不同的实验证实了电磁感应现象的存在，并揭示了其内在的规律。下面我们就来简要介绍一下这几个电磁感应的实验，并说明产生这一现象的条件。

迈克尔·法拉第

(Michael Faraday，1791－1867)

实验1：如图16－1所示，线圈密绕的螺线管，两端连接一检流计G，构成一闭合回路。将一条形磁铁插入线圈内部的一瞬间，检流计的指针发生偏转，检测到回路中产生了感应电流；若将条形磁铁从线圈中抽出，发现检流计的指针向相反方向发生偏转。并且感应电流的大小与条形磁铁的运动速度有关，速度越大，电流也越大，若运动停止，检流计指针亦不发生偏转，回路中电流为0。而条形磁铁不动，线圈运动也有类似的电流产生。

实验2：有一水平放置的矩形导线轨道，匀强磁场垂直导轨平面，导体棒ab在导轨上做速度为v的匀速直线运动，若在回路中连接一检流计，检流计指针将发生偏转，检测到回路中有电流产生。如图16－2所示。

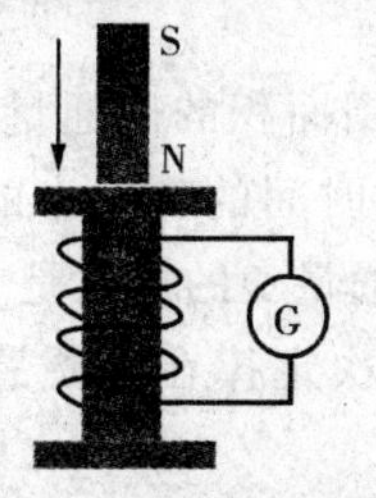

图16－1　条形磁铁插入螺线管内部

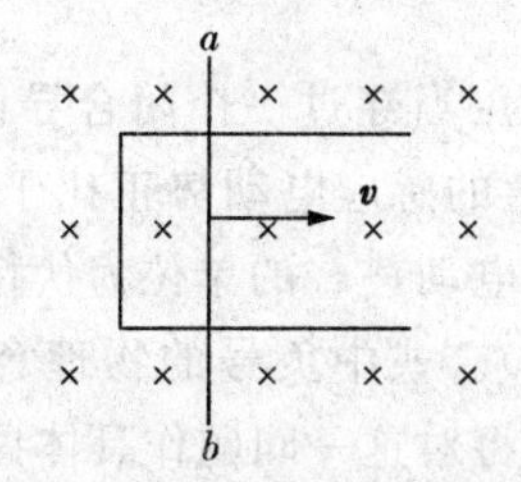

图16－2　金属导体棒在水平导轨上做匀速直线运动

实验 3:如图 16-3 所示,闭合导体线圈在匀强磁场中转动,回路中的用电器小灯亮了,显示出有电流产生,这就是交流电的发电原理。

实验 4:如图 16-4 所示,左侧线圈回路中的滑线变阻器滑动头位置变化,导致回路 1 中的电流发生变化,此时在其右侧的线圈回路 2 中也检测到有电流产生。

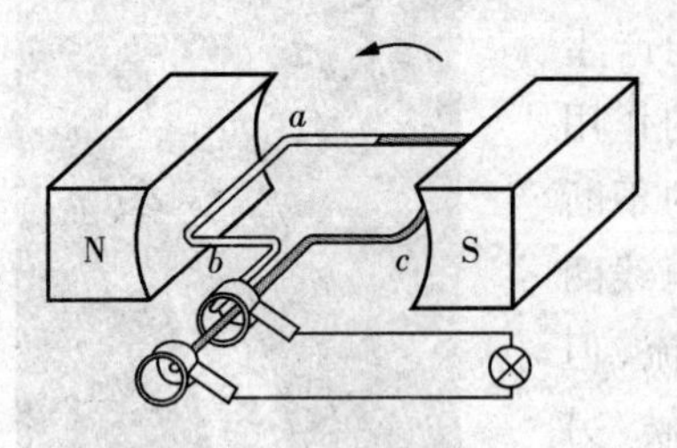

图 16-3 闭合导线圈在磁场中匀角速度转动

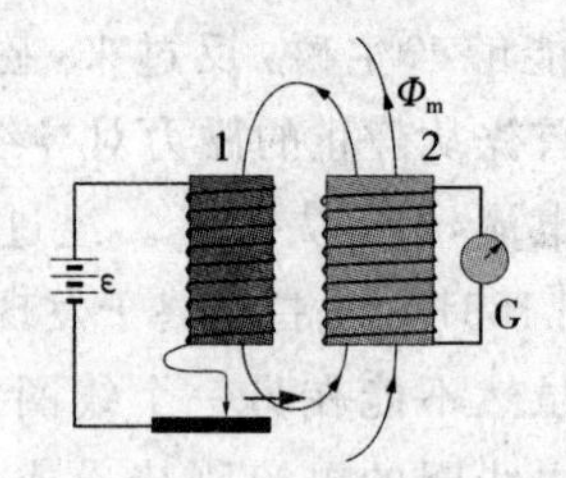

图 16-4 回路 1 电流变化,在回路 2 中有电流产生

从上述实验可以看出,产生电流的条件是,一要有闭合导体回路,二是穿过导体回路的磁场发生变化,或磁场不变而回路面积变化,回路面积变化指面积增大或回路面积取向发生变化,两个条件缺一不可。第二个条件也可以用磁通量的变化来进行描述,于是这些实验有一个共同点:穿过闭合导体回路所围面积的磁通量都发生变化。这里需要特别指出的是,是磁通量的变化,而非磁通量本身引起了电流。回路中的电流称之为感应电流。感应电流的产生离不开电动势,在电磁感应实验中,显然在导体回路中产生了电动势,这种电动势我们称之为感应电动势。

2. 电磁感应定律

法拉第把他毕生所做的实验都以日记的形式记录了下来,后人总结得到法拉第电磁感应定律的数学公式,即

$$\varepsilon_i=-\frac{\mathrm{d}\Phi}{\mathrm{d}t} \tag{16-1}$$

物理含义为:当穿过一个闭合导体回路所围面积的磁通量发生变化时,在导体回路中产生的感应电动势正比于磁通量对时间的变化率的负值。在国际单位制中,感应电动势 ε_i 的单位为伏特(V),磁通量 Φ 的单位是韦伯(Wb),时间 t 的单位是秒(s)。式中负号的物理意义,是楞次定律在电磁感应现象中的体现,在后面我们将对这一问题作具体讨论。

需要注意的是,式(16-1)中的磁通量 Φ 是指通过单匝导体回路所围面积的磁通量,如果导体回路有 N 匝线圈组成,且穿过每匝的磁通量都是 Φ,那么该式

中的磁通量Φ应该用穿过N匝线圈的总的磁通量即磁通链Ψ表示，即$\Psi=N\Phi$，简称磁链。此时电磁感应定律应表示为

$$\varepsilon_i=-\frac{d\Psi}{dt} \tag{16-2}$$

设导体回路的电阻为r，则由闭合回路欧姆定律可得，回路中的感应电流为

$$I=-\frac{1}{r}\frac{d\Phi}{dt} \tag{16-3}$$

再根据电流的定义$I=dq/dt$，可知在一段时间间隔$t_1\to t_2$内，由于回路中有感应电流，则通过导线某一截面有一定的感应电荷量。设在时刻t_1穿过闭合回路所围面积的磁通量为Φ_1，而在时刻t_2穿过闭合回路所围面积的磁通量为Φ_2，则在这段时间间隔内，感应电荷量为

$$q=\int_{t_1}^{t_2}I dt=-\frac{1}{r}\int_{\Phi_1}^{\Phi_2}d\Phi=-\frac{1}{r}\Delta\Phi=\frac{1}{r}(\Phi_1-\Phi_2) \tag{16-4}$$

下面我们看一个例题。

【例 16-1】 一个密绕的探测线圈面积为$4cm^2$，匝数$N=160$，电阻$R=50\Omega$。线圈与一个内阻$r=30\Omega$的冲击电流计相连。今把探测线圈放入一均匀磁场中，线圈法线与磁场方向平行。当把线圈法线转到垂直磁场的方向时，电流计指示通过的电荷为$4\times10^{-5}C$。问磁场的磁感强度为多少？

解 设在时间$t_1\to t_2$中线圈法线从平行于磁场的位置转到垂直于磁场的位置，则在t_1时刻线圈中的总磁通为$N\Phi=NBS$（S为线圈的面积），在t_2时刻线圈的总磁通为零，于是在$t_1\to t_2$时间内总磁通变化为

$$\Delta(N\Phi)=-NBS$$

令t时刻线圈中的感应电动势为ε，则电流计中通过的感应电流为

$$i=\frac{\varepsilon}{r+R}=-\frac{N}{r+R}\frac{d\Phi}{dt}$$

$t_1\to t_2$时间内通过的电荷量为

$$q=\int_{t_1}^{t_2}i dt=-\frac{N}{r+R}\int_{\Phi_1}^{\Phi_2}d\Phi=-\frac{N}{r+R}\Delta\Phi=\frac{NBS}{r+R}$$

所以

$$B=q(r+R)/(NS)=5\times10^{-2}T$$

式(16-3)表明，闭合回路中产生的感应电流与回路中磁通量随时间的变化快慢有关，变化率越大，感应电流也越大；而式(16-4)表明回路中的感应电

荷只与回路中磁通量的变化有关,而与磁通量随时间的变化快慢无关。因此如果可从实验中测出由于探测线圈平面转过 90° 而通过导体回路某一截面的感应电荷量,那么就可以知道通过回路磁通量的变化量,从而测定探测线圈所处位置的磁感强度。至于探测线圈转动过程是匀速还是变速,不需要考虑。另外如果是非匀强磁场,只要探测线圈足够小,仍可以测定其所处位置的磁感强度。这就是磁通计测量磁感强度的原理。在地质勘探和地震监测等领域,常用磁通计来测定地磁场的变化。

3. 楞次定律

1834年,物理学家楞次(H. Lenz,1804—1865)在概括了大量实验事实的基础上,总结出一条判断感应电流方向的规律,称为楞次定律(Lenz law),楞次定律的内容可表述为:感应电流在回路中产生的磁场总是阻碍原磁通的变化。如果原磁通是增加的,那么感应电流的磁场要阻碍原磁通的增加,就一定与原磁场的方向相反;如果原磁通减少,那么感应电流的磁场要阻碍原磁通的减少,就一定与原磁场的方向相同。在正确理解楞次定律的含义后,就可按下面步骤判断感应电流的方向:① 确定穿过回路的原磁通的方向,以及它是增加还是减少;② 根据楞次定律表述的正确含义确定回路中感应电流在该回路中产生的磁场的方向;③ 应用右手螺旋法则,根据感应电流在回路内部产生磁场的方向的规律,确定感应电流的方向。请读者试着确定图 16-5 与图 16-6 线圈中感应电流的方向。

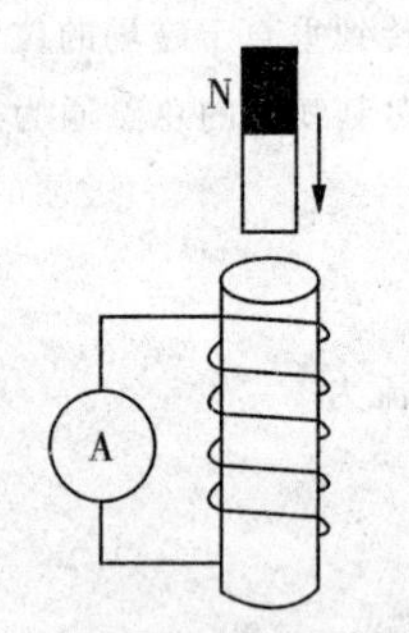

图 16-5 磁铁插入闭合线圈

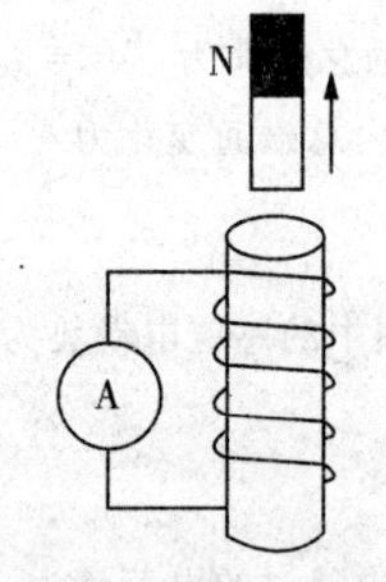

图 16-6 磁铁抽出闭合线圈

这里我们试着来说明式(16-1)中负号的物理含义。

为分析方便起见,作如下规定:回路的绕行方向与回路所围面积的正法线方向 e_n 之间满足右手螺旋关系。当回路中的感应电动势为正值,表示感应电动势的方向与回路正的绕行方向相同;若回路中的感应电动势为负值,表示感应电动势的方向与回路正的绕行方向相反。为简单起见,通常我们取回路的绕行正向的正法线方向与原磁场磁感强度 $\boldsymbol{B}$ 的方向保持一致，如图 16－7 所示，我们定义回路的绕行正向为逆时针方向，若此时磁场向外增大即 $\mathrm{d}\Phi > 0$，根据法拉第电磁感应定律，可得 $\varepsilon_i < 0$，则回路中的感应电动势的方向为顺时针方向。这里需要指出的是，回路绕行的正向也可取顺时针方向，此时磁场向外增大可得 $\mathrm{d}\Phi < 0$，由电磁感应定律仍得到回路中的感应电动势的方向为顺时针方向，对回路中产生的感应电动势的方向的判断没有影响。

楞次定律是能量守恒定律在电磁感应现象中的具体体现。楞次定律可以有不同的表述方式，但各种表述的实质相同，楞次定律的实质是：产生感应电流的过程必须遵守能量守恒定律，如果感应电流的方向违背楞次定律规定的原则，那么就会出现无限大电能。下面分别就这一问题进行说明：

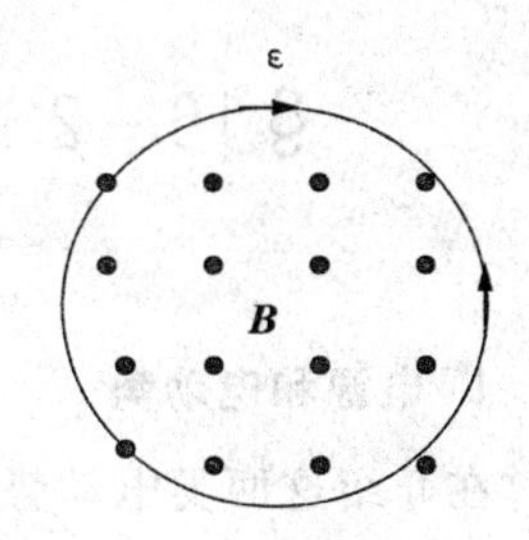

图 16－7　规定回路绕行正向为逆时针方向

如果感应电流在回路中产生的磁场并非阻碍引起感应电流的原磁通量的变化，那么，一旦出现感应电流，引起感应电流的原磁通变化将得到加强，于是感应电流进一步增加，原磁通变化也进一步加强……感应电流在如此循环过程中不断增加直至无限。这样，便可从最初磁通量微小的变化中（并在这种变化停止以后）得到无限大的感应电流。这显然是违反能量守恒定律的。楞次定律指出这是不可能的，感应电流的磁场必须阻碍引起它的原磁通变化，感应电流具有的以及消耗的能量，必须从引起磁通变化的外界获取。要在回路中维持一定的感应电流，外界必须消耗一定的能量。如果磁通的变化是由外磁场的变化引起的，那么，要抵消从无到有地建立感应电流的过程中感应电流在回路中的磁通，以保持回路中有一定的磁通变化率，产生外磁场的励磁电流就必须不断增加与之相应的能量，这只能从外界不断地补充。

如图 16－8 所示，若组成回路的导体棒在外力作用下，在垂直于导轨的匀强磁场中运动，产生的感应电流在磁场中受的力即安培力的方向若与导体棒的运动方向相同，那么，感应电流受的安培力就会加快导体切割磁感线的运动，使穿过回路的磁通量随时间的变化率增大，从而又增大感应电流。如此下去，导体的运动将不断加速，动能不断增大，感应电流的能量和在电路中损耗的焦耳热都不断增大，却不需外界做功，这也违反能量守恒定律。楞次定律指出这也是不可能的，感应电流受的安培力必须阻碍导体的运动，因此要维持导体棒以一定速度在磁场中

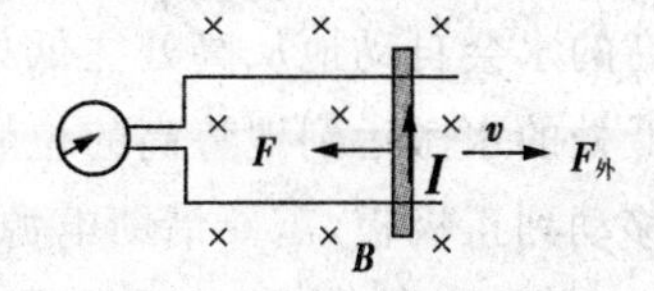

图 16－8　外力克服导体棒所受安培力做功

运动,在回路中产生一定的感应电流,要求外界必须克服作用于感应电流的安培力做功。

综上所述,楞次定律的任何表述,都是与能量守恒定律相一致的。概括各种表述“感应电流的效果总是阻碍产生感应电流的原因”,其实质就是产生感应电流的过程必须遵守能量守恒定律。

§16-2 动生电动势和感生电动势

1. 电源和电动势

在介绍这两类电动势之前,我们先来看一下电源电动势的概念。要在导体回路中产生恒定的电流,要求导体内首先要建立一个恒定的电场。如图16-9所示,两金属板带等量异号电荷,上极板带正电荷,下极板带负电荷,两极板间有一个电势差,用导线连接上下极板,下极板的负电荷很快在静电力的作用下沿着导线移动到上极板与正电荷发生中和,用相对运动的观点我们也可以认为是正电荷沿着导线移动到负极板发生中和,导线内只有很短的时间内产生了电流,并很快随着正电荷被完全中和,电流随即消失,电势差也随之减小为零。

为了在导线中形成恒定的电流,必须要求有一装置,在正极板的正电荷经由导线跑到负极板中和的同时,该装置能对正极板源源不断地补充正电荷,并且这些正电荷是从负极板搬运过来,从而在两极板间维持一恒定的电势差,这一装置我们称之为电源。这要求电源内部有一非静电力 $\boldsymbol{F}_k$,因为在静电力的作用下正电荷只会自动地从正极板流向负极板,即由高电势到低电势,这就跟地势高的水会自动地从高处往低处流动类似,但是反之则不能自发进行,要把地势低处的水搬运到地势高的位置,必须借助水泵才能实现,要让正电荷从负极板移动到正极板,需要借助电源提供非静电力才能实现,在这里电源的作用相当于水泵,见图16-9。像蓄电池、太阳能电池、燃料电池、发电机等设备能提供相应的非静电力实现这一目的,这些设备都是电源。

电源提供的非静电力在把正电荷由负极板搬运到正极板的过程中,将对正电荷做功。仿照静电场中对电场强度的定义,我们定义非静电场强 $\boldsymbol{E}_k$:

$$\boldsymbol{E}_k=\frac{\boldsymbol{F}_k}{q} \tag{16-5}$$

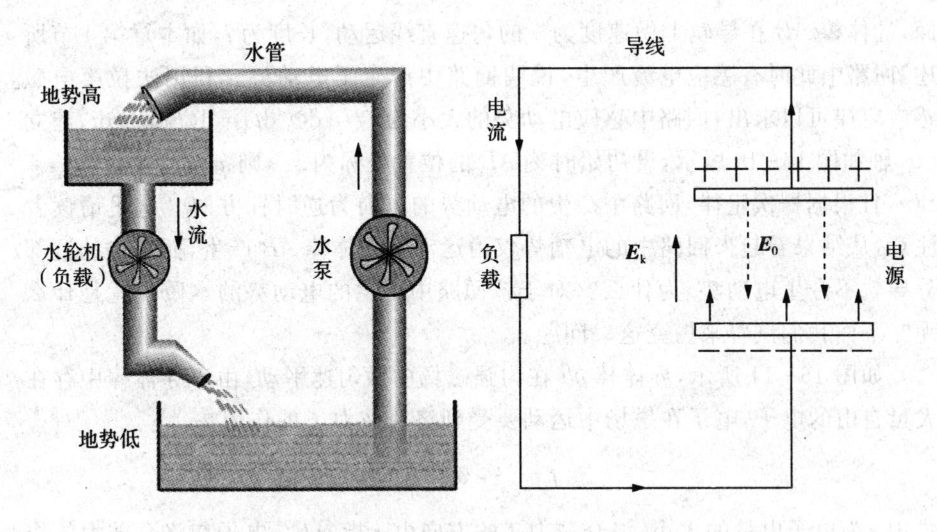

图 16－9　电源与水泵作用的类比

将单位正电荷经电源内部从负极板移动到正极板非静电力所做的功，定义为电源电动势的大小，用 ε 来表示：

$$\varepsilon = \int_{-(内)}^{+} \boldsymbol{E}_{\mathrm{k}} \cdot \mathrm{d}\boldsymbol{l} \qquad (16-6)$$

若闭合回路上处处都有非静电力存在，则整个闭合回路的总电动势为

$$\varepsilon = \oint_C \boldsymbol{E}_{\mathrm{k}} \cdot \mathrm{d}\boldsymbol{l} \qquad (16-7)$$

电动势的单位与电压的单位相同，为伏特(V)。电源电动势的大小反映了电源把其他形式的能量转化为电能的本领大小。电动势是标量，为方便，往往规定 ε 的方向由负极板经电源内部指向正极板。

2. 两种电动势的分类

法拉第电磁感应定律告诉我们，只要通过闭合回路所围面积的磁通量发生变化，就会在回路中产生电动势。而磁通量 $\Phi_{\mathrm{m}} = \int_S \boldsymbol{B} \cdot \mathrm{d}\boldsymbol{S}$，我们把磁场保持不变，导体回路或其一部分在磁场中运动而产生的感应电动势称为动生电动势；而导体回路或导体不动，仅磁场发生变化而产生的感应电动势称为感生电动势。

3. 动生电动势

如图 16－10 所示，一水平放置的矩形导线轨道，匀强磁场 $\boldsymbol{B}$ 垂直于导轨平

面,导体棒 AB 在导轨上做速度为 v 的匀速直线运动,长度为 l,如本章第 1 节所述,回路中此时有感应电流产生,说明回路中产生了电动势。利用法拉第电磁感应定律可以求出,回路中感应电动势的大小为 $\varepsilon=|\mathrm{d}\Phi/\mathrm{d}t|=\mathrm{d}(Blx)/\mathrm{d}t$,建立 Ox 轴如图 16-10 所示,设初始时刻 AB 的位置坐标为 x_0,则 $x=x_0+vt$,得 $\varepsilon=Blv$,且根据楞次定律,回路中产生的电动势的方向为逆时针方向。这里请读者注意,从结果看起来回路中的电动势仅由运动的导体棒 AB 产生,而静止的这部分导轨不产生电动势,为什么?对于该回路中产生的电动势的本质究竟是什么呢?下面我们试着来探究这一问题。

如图 16-11 所示,导体棒 ab 在匀强磁场中做匀速平动,由于导体棒中存在大量自由的电子,电子在磁场中运动要受到洛仑兹力 $\boldsymbol{f}$ 的作用:

$$\boldsymbol{f}=-e\boldsymbol{v}\times\boldsymbol{B}$$

式中 e 为电子电量的大小,洛仑兹力 $\boldsymbol{f}$ 的方向由 a 指向 b。电子在洛仑兹力的作用下,将沿着导体从 a 向 b 端运动,使得导体棒 b 端积累负电荷,而 a 端则由于缺少负电荷而积累了正电荷,随着导体两端正、负电荷的累积,在导体中也要激发电场,其方向由 a 指向 b,此时电子同时还要受到一个向上的电场力的作用,该电场力满足

$$\boldsymbol{F}_{\mathrm{e}}=-e\boldsymbol{E}$$

当导体两端电荷的积累达到一定程度,电场力和洛仑兹力达到平衡,ab 间就产生了一个稳定的电势差,即产生了动生电动势,方向从 b 指向 a。这样运动的导体棒就相当于是一个电源,产生电动势的非静电力即洛仑兹力,而非静电场强为

$$\boldsymbol{E}_{\mathrm{k}}=\frac{\boldsymbol{f}}{-e}=\boldsymbol{v}\times\boldsymbol{B}$$

根据前面电源电动势的定义即式(16-6)可知,导体棒上产生的电动势即动生电动势为

$$\varepsilon_i=\int_b^a\boldsymbol{E}_{\mathrm{k}}\cdot\mathrm{d}\boldsymbol{l}=\int_b^a(\boldsymbol{v}\times\boldsymbol{B})\cdot\mathrm{d}\boldsymbol{l} \tag{16-8}$$

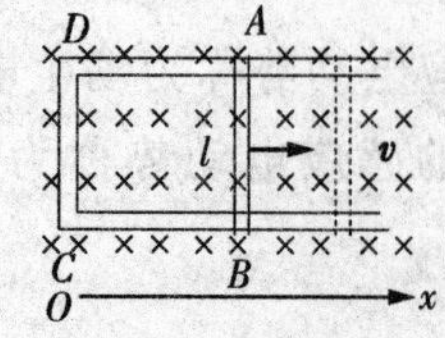

图 16-10 闭合回路的一部分 AB 向右做匀速平动

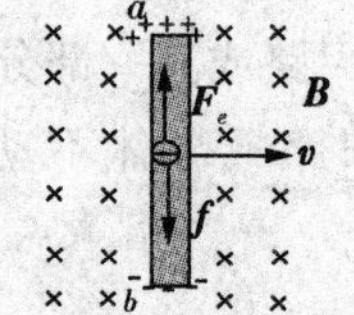

图 16-11 导体棒 ab 向右做匀速平动

上式为动生电动势的定义，由定义知图 16-10 回路中只有运动的导体棒 AB 上有动生电动势，而静止的导轨上则不产生，利用动生电动势定义得到的结论和应用法拉第电磁感应定律所得结果是一致的。

下面我们来学习关于动生电动势的计算。

依据动生电动势定义求解的一般步骤是，先在运动导体上取一段线元 $\mathrm{d}\boldsymbol{l}$，并规定该方向为所取线元正方向，其速度为 $\boldsymbol{v}$，确定线元上的动生电动势 $\mathrm{d}\varepsilon_i=(\boldsymbol{v}\times\boldsymbol{B})\cdot\mathrm{d}\boldsymbol{l}$，然后对导体棒积分计算整个导体棒上产生的动生电动势，当 $\varepsilon_i>0$，说明 ε_i 的方向与 $\mathrm{d}\boldsymbol{l}$ 的正方向相同，反之，ε_i 的方向与 $\mathrm{d}\boldsymbol{l}$ 的正方向相反。

我们先来看最简单的情况。

(1) 导体棒或回路在匀强磁场中运动(平动与转动)

【例 16-2】 在图 16-12 中，长度为 L 的导体棒 ab，在匀强磁场 $\boldsymbol{B}$ 中以速度 $\boldsymbol{v}$ 向右做匀速直线运动，导体棒运动方向与棒成 α 角，求导体棒上产生的动生电动势。

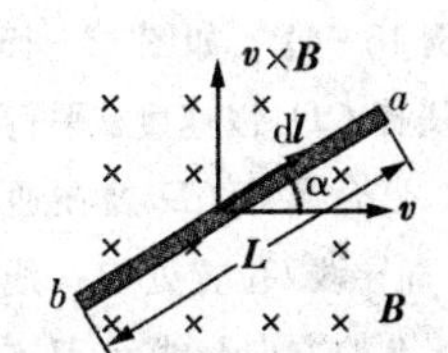

图 16-12　导体棒在匀强磁场中做匀速直线运动

解　取线元 $\mathrm{d}\boldsymbol{l}$ 如图，这里 $\boldsymbol{v}$ 的方向与匀强磁场 $\boldsymbol{B}$ 垂直，$\boldsymbol{v}\times\boldsymbol{B}$ 的方向为图示竖直向上，与 $\mathrm{d}\boldsymbol{l}$ 间的夹角为 $\frac{\pi}{2}-\alpha$，得到

$$\varepsilon_i=\int_b^a(\boldsymbol{v}\times\boldsymbol{B})\cdot\mathrm{d}\boldsymbol{l}=\int_b^a vB\cos\left(\frac{\pi}{2}-\alpha\right)\mathrm{d}l=BvL\sin\alpha \qquad (16-9)$$

注意到 $\varepsilon_i>0$，可知，此时导体棒的动生电动势的方向与线元正方向一致，即由 $b\rightarrow a$。

【例 16-3】 一根长度为 L 的铜棒，在磁感强度为 $\boldsymbol{B}$ 的均匀磁场中，以角速度 ω 在与磁场方向垂直的平面上绕棒的一端 O 做匀速转动，如图 16-13a 所示，试求在铜棒两端产生的感应电动势。

解　**方法一**：在铜棒上距离 O 点 l 位置处取极小的一段线元 $\mathrm{d}\boldsymbol{l}$，其速度为 $v=\omega l$，铜棒上各点速度不同，方向如图 16-13a 所示，且 $\boldsymbol{v}$，$\boldsymbol{B}$，$\mathrm{d}\boldsymbol{l}$ 两两垂直，$\boldsymbol{v}\times\boldsymbol{B}$ 的方向与线元 $\mathrm{d}\boldsymbol{l}$ 方向相反，于是由式(16-8)得线元 $\mathrm{d}\boldsymbol{l}$ 上的动生电动势为 $\mathrm{d}\varepsilon_i=(\boldsymbol{v}\times\boldsymbol{B})\cdot\mathrm{d}\boldsymbol{l}=Bv\cos\pi\mathrm{d}l=-B\omega l\mathrm{d}l$，于是铜棒两端的动生电动势为各线元的动生电动势之和，即

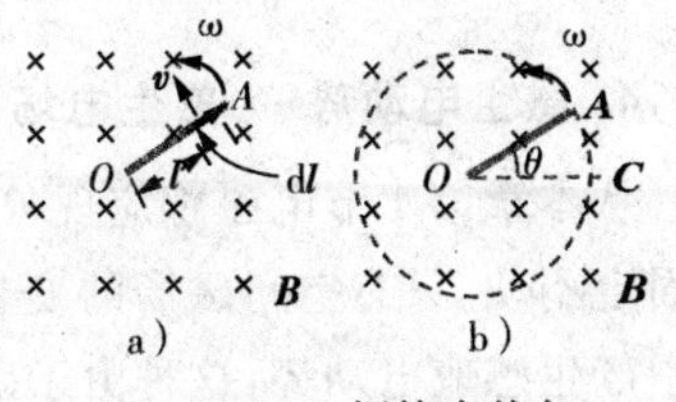

图 16-13　铜棒在均匀磁场中绕端点做匀速转动

$$\varepsilon_i=-\int_O^A B\omega l\mathrm{d}l=-\frac{1}{2}B\omega L^2$$

$\varepsilon_i<0$，动生电动势的正方向与线元方向相反，即由 A 指向 O，A 端带负电，O 端带正电。

方法二：铜棒绕O点转动扫过的面积为OCA扇形回路，如图16-13b所示，通过扇形面积的磁通量为

$$\Phi_m = \int_S \boldsymbol{B} \cdot d\boldsymbol{S} = BS = \frac{1}{2}B\theta L^2$$

根据法拉第电磁感应定律可得

$$\varepsilon_i = \frac{d\Phi_m}{dt} = \frac{1}{2}BL^2\frac{d\theta}{dt} = \frac{1}{2}B\omega L^2$$

方向可由楞次定律判断回路中感应电流方向为逆时针方向，也即铜棒OA中的动生电动势方向为A指向O。

(2) 导体棒或回路在非匀强磁场中运动

【例16-4】 如图16-15所示，一长直导线中通有电流I，在其右侧相距其a处有一长为b的金属棒CD，以速度$\boldsymbol{v}$平行于长直导线做匀速运动，求金属棒中产生的动生电动势。

解　金属棒CD处在通电导线的非均匀磁场中，在距离长直导线l位置处取一线元$d\boldsymbol{l}$，方向由C指向D，线元$d\boldsymbol{l}$处$\boldsymbol{v}\times\boldsymbol{B}$的方向与线元$d\boldsymbol{l}$方向相反，且$d\boldsymbol{l}$处的磁场可认为是均匀的，其磁感强度的大小为$B=\frac{\mu_0 I}{2\pi l}$，方向垂直纸面向里，线元$d\boldsymbol{l}$上的动生电动势为

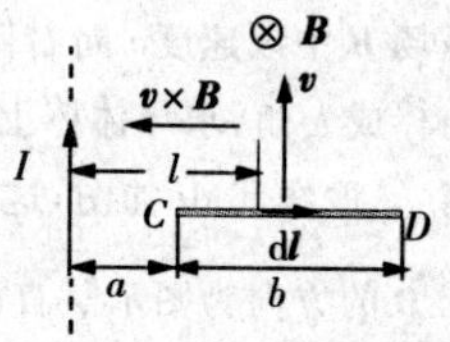

图16-15　长直导线在通电导线附近做匀速运动

$$d\varepsilon_i = (\boldsymbol{v}\times\boldsymbol{B})\cdot d\boldsymbol{l} = -Bv dl = -\frac{\mu_0 I}{2\pi l}v dl$$

整个金属棒上的动生电动势为

$$\varepsilon_i = \int_L d\varepsilon_i = \int_a^{a+b} -\frac{\mu_0 I}{2\pi l}v dl = -\frac{\mu_0 I}{2\pi}v\ln\frac{a+b}{a}$$

$\varepsilon_i < 0$表明金属棒中动生电动势的方向为D指向C。

4. 感生电动势　感生电场

从本章第1节电磁感应现象中的实验1和实验4，我们发现，当闭合导体回路固定不动，只有空间磁场的变化引起穿过回路的磁通量发生变化，也会在回路中产生感应电动势，这种由于磁场变化而引起的感应电动势即感生电动势。

感生电动势是怎么产生的？我们知道，要形成电流，不仅要有可以自由移动的电荷，还要有迫使电荷做定性运动的电场，从对静止电荷作用的效果来看，这个力不可能是洛仑兹力，只能是电场力，并且这个电场力必须是不同于静止电荷所激发的电场中的静电力的非静电力，1865年，麦克斯韦在分析了一系列电磁感应现象后，指出：即使不存在导体回路，变化的磁场在其周围空间，也会激发一种电

场，这个电场叫做感生电场，这就是感生电场假说。感生电场的电场强度为 $\boldsymbol{E}_{\mathrm{k}}$，故感生电动势的大小等于感生电场强度 $\boldsymbol{E}_{\mathrm{k}}$ 沿任意闭合回路的线积分，即

$$\varepsilon=\oint_{C}\boldsymbol{E}_{\mathrm{k}}\cdot\mathrm{d}\boldsymbol{l}=-\frac{\mathrm{d}\Phi}{\mathrm{d}t} \tag{16-10}$$

这个由麦克斯韦感生电场假设而得到的感生电动势式(16－10)，不仅适用于由导体构成的闭合回路，甚至对在真空任意所取的闭合回路，都是适用的，也就是说，只要穿过空间某一闭合回路的磁通量发生变化，那么就会在该闭合回路中产生感生电动势，其大小等于感生电场 $\boldsymbol{E}_{\mathrm{k}}$ 沿该闭合回路的环流。

由此，我们可以将感生电场与静电场做一个对比，从产生的源头来看，静电场是由静止电荷激发的，它是一种保守场，沿任意闭合回路，静电场的电场强度的环流恒为 0，而感生电场与静电场不同，它沿任意闭合回路的环流一般不为 0，也就是说，感生电场不是保守场，感生电场的电力线是有头有尾的闭合曲线，故感生电场也可称为有旋电场或涡旋电场，如图 16－16 所示。

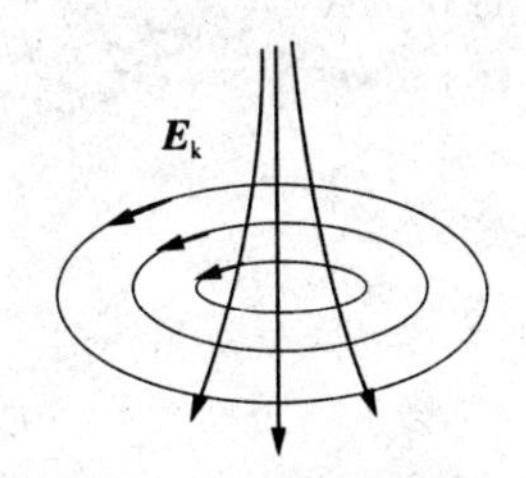

图 16－16　感生电场示意图

基于磁通量的求解，式(16－10)也可以表示为

$$\varepsilon=\oint_{C}\boldsymbol{E}_{\mathrm{k}}\cdot\mathrm{d}\boldsymbol{l}=-\frac{\mathrm{d}}{\mathrm{d}t}\int_{S}\boldsymbol{B}\cdot\mathrm{d}\boldsymbol{S}$$

若闭合回路是静止不动的，它所围的面积也不随时间发生变化，故上式也可表示为

$$\varepsilon=\oint_{C}\boldsymbol{E}_{\mathrm{k}}\cdot\mathrm{d}\boldsymbol{l}=-\int_{S}\frac{\mathrm{d}\boldsymbol{B}}{\mathrm{d}t}\cdot\mathrm{d}\boldsymbol{S} \tag{16-11}$$

式中 $\frac{\mathrm{d}\boldsymbol{B}}{\mathrm{d}t}$ 是积分回路所围面积上所取积分面元 $\mathrm{d}\boldsymbol{S}$ 处磁感强度随时间的变化率。该式揭示了变化的磁场要产生电场，即感生电场。式(16－11)中的负号仍然是楞次定律在这里的体现，或者我们也可以应用前面所学，先给回路规定一个正的绕行方向，从而来确定在回路中产生的感生电动势的方向。

【例 16－5】　局限于半径 R 的圆柱形空间内分布有均匀磁场，方向如图 16－17。磁场的变化率 $\partial B/\partial t>0$，求：圆柱内、外的感生电场的分布。

解　由于圆柱形空间对称性可知，以圆柱形截面的中心为圆心，半径为 R 作一圆周，作为闭合回路，由于磁场的变化，在该回路上各点产生的感生电场的大小是相同的，显然这个圆周是感生电场的一条电力线，假定电力线方向为如图 16－17 所示的顺时针方向，这个方向

也是回路绕行的正向，那么有：

(1)$r<R$

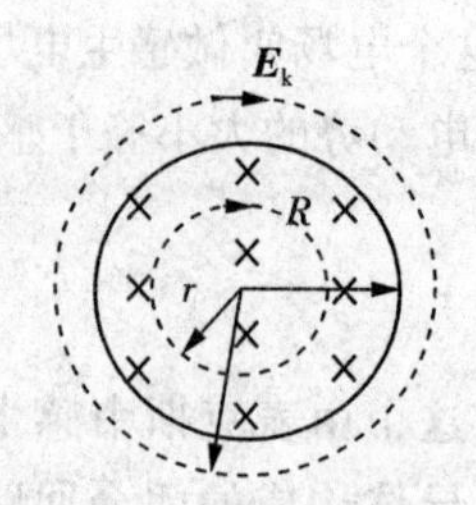

图 16-17　圆柱形空间分布有均匀磁场

由 $\oint_l \boldsymbol{E}_k \cdot d\boldsymbol{l} = -\oint_S \frac{\partial \boldsymbol{B}}{\partial t} \cdot d\boldsymbol{S}$

$$\oint_l E_k dl\cos 0° = -\oint_S \frac{\partial B}{\partial t} dS\cos 0°$$

$$E_k 2\pi r = -\frac{dB}{dt}\pi r^2, E_k = -\frac{r}{2}\frac{dB}{dt}$$

感生电场的方向与规定的正方向相反，为逆时针。

(2)$r>R$

由 $\oint_{L'} \boldsymbol{E}_k \cdot d\boldsymbol{l} = -\oint_{S'} \frac{\partial \boldsymbol{B}}{\partial t} \cdot d\boldsymbol{S}$

$$\oint_{L'} \boldsymbol{E}_k \cdot d\boldsymbol{l} = -\frac{dB}{dt}\pi R^2$$

$$E_k 2\pi r = -\frac{dB}{dt}\pi R^2, E_k = -\frac{R^2}{2r}\frac{dB}{dt}$$

感生电场的方向与规定的正方向相反，为逆时针方向。

5. 涡电流

感应电流不仅能够出现在导体回路中，且当大块导体处在变化的磁场中，或与磁场有相对运动时，在导体中也会产生感应电流。这种在大块导体中流动的感应电流，我们称为涡电流，简称涡流。涡电流在工业技术中有着广泛的应用。

在金属圆柱体上绕一组线圈，当线圈中通入交变电流时，金属圆柱体便处在交变磁场中。由于金属导体的电阻很小，涡电流很大，所以热效应极为显著，可以用于金属材料的加热和冶炼。理论分析表明，涡电流强度与交变电流的频率成正比，涡电流产生的焦耳热则与交变电流的平方成正比，因此，采用高频交流电就可以在金属圆柱体内汇集成强大的涡流，释放出大量的焦耳热，最后使金属自身熔化。这就是高频感应炉的原理。

电磁灶也是一种利用电磁感应原理进行电能 — 热能转换的电热炊具。高频电磁灶使用时通入 50Hz 的市电，经过内部电路整流后变成 20kHz 以上的高频电流。在加热线圈中通入高频交流电后线圈周围便产生交变磁场，当炊具放上以后，交变磁场的磁力线大部分经过金属锅体形成回路，在锅底中产生感应电流，因锅底本身具有一定的电阻，涡流流经锅底便会产生焦耳热，最终实现电能 — 热能的转换。电磁灶产生的热量仅在锅底本身，它的面板不发热，在加热过程中没有明火，所以安全可靠、清洁卫生。在使用电磁灶时常常使用铁质铁锅，这是由于非导磁性材料不能有效汇聚磁力线，几乎不能形成涡流，所以基本上不加热。另外导磁性差的非磁性材料一般电阻率太高，产生的涡流也很小不能很好地产生热量。所以电磁灶使用的锅底材料一般是铁磁性的金属或者铁合金，通常采用的锅底有铸铁锅、生铁锅和不锈铁锅。

磁阻尼涡电流还可以起到阻尼作用。利用磁场对金属板的这种阻尼作用，可制成各种电磁阻尼器，如图 16－18 所示。例如磁电式电表中或电气机车的电磁制动器中的阻尼装置，就是应用涡电流实现其阻尼作用的，产生的涡电流可以使摆动的指针迅速地停止在平衡位置。

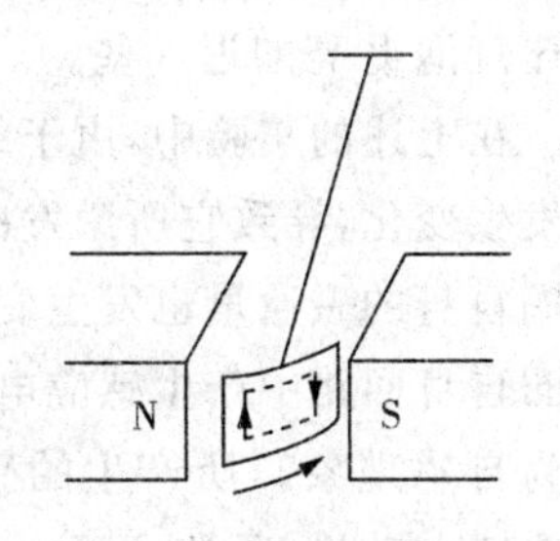

图 16－18　电磁阻尼原理图

涡电流虽然有很多用处，但是在有些情况下也有很大的危害。如当在变压器或其他电机的铁芯中通有交变电流时，铁芯内将产生涡流，同时放出焦耳热，这不仅消耗了部分电能，还会因为铁芯严重发热而导致变压器或电机不能正常工作，为了尽可能减少铁芯中的涡电流，一般变压器或电机的铁芯不采用整块材料，而是把铁芯材料首先制成薄矽钢片或细条板材，再在外面涂上绝缘材料，然后叠合成铁芯，如图 16－19 所示，这样，变压器或电机在工作时，涡电流只能在薄片的横截面上流动，由于增大了电阻，就减小了涡电流，降低了能量损耗。

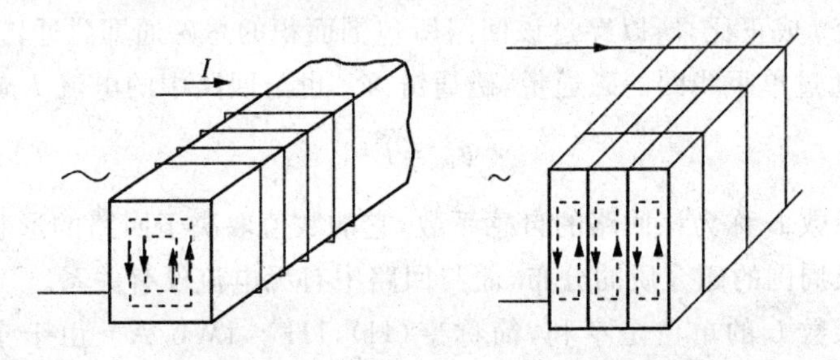

图 16－19　变压器内部多层铁磁材料薄板阻止涡电流示意图

§16－3　自感　互感

1. 自感

如图 16－20a 所示的实验中，A 和 B 是两个完全相同的灯泡，L 是一个多匝线圈，R 是一个电阻，其阻值与线圈的电阻值相等，灯泡 A 与线圈 L 串联，灯泡 B

与电阻R串联,两部分分支处在并联状态,当闭合电键开关K,可观察到灯泡B立即变亮,而A则逐渐变亮,最后与灯泡A的亮度相同。这是由于在A支路中,电流的变化使得线圈中产生感应电动势,根据楞次定律,感应电动势将阻碍电流的增加,因此在这一支路中,电流增加得相对于B支路要慢一些,于是灯泡A也比灯泡B亮的迟一些。

在上述的实验中,由于线圈自身的电流发生变化,导致它所激发的磁场穿过该线圈自身的磁通量也发生变化,从而在该线圈自身回路中产生感应电动势的现象,成为自感现象。所产生的感应电动势称为自感电动势,通常可用 ε_L 来表示。

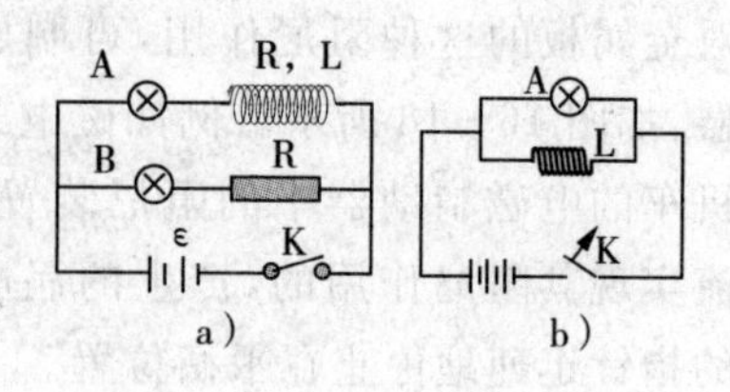

图 16-20 自感现象

在图16-20b中,我们可以观察断开电键开关K时的自感现象;当我们断开开关K,灯泡A并不会立即熄灭,而是突然闪亮一下后才缓慢熄灭,这是由于切断电源时,线圈中的电流突然变为0,线圈中的磁通量变化率很大,从而在线圈中产生了自感电动势且由此产生的自感电流很大,所以灯泡会发出短暂的强光后才缓慢熄灭。

对于一个导线回路或N匝线圈,回路中通有电流I,如果线圈中及周围没有磁介质,根据毕奥-萨伐尔定律,回路电流产生的磁场空间中,任一点的磁感应强度与电流I成正比,所以穿过该回路所包围面积的总磁通即磁通链 $\Psi_m=N\Phi$,式中 Φ 为通过单匝线圈的磁通量,磁通链 Ψ_m 也与回路中的电流 I 成正比,即

$$\Psi_m = LI \tag{16-12}$$

式中比例系数L称为该回路的自感系数,它的数值取决于回路的形状、大小、线圈匝数以及周围的磁介质的分布,而与回路中有无电流没有关系。

自感系数L的单位是亨利,简称亨(H),1H=1Wb/A。由于亨利单位较大,常用毫亨(mH)和微亨(μH)作为单位。

根据法拉第电磁感应定律,自感电动势 ε_L 为

$$\varepsilon_L = -\frac{\mathrm{d}\Psi_m}{\mathrm{d}t} = -L\frac{\mathrm{d}I}{\mathrm{d}t} \tag{16-13}$$

上式表明,当电流变化率为一个单位时,回路中产生的自感电动势等于该线圈的自感系数。式(16-13)中的负号,表示回路中的自感电动势阻碍回路本身电流的变化,即:当回路电流减小时,自感电动势 $\varepsilon_L>0$,其方向与电流的方向相同;当回路电流增大时,自感电动势 $\varepsilon_L<0$,其方向与电流的方向相反。

对于不同的线圈回路,在电流变化率相同的情况下,回路的自感系数L越

大，其产生的自感电动势 ε_L 也越大，回路中的原电流也就越不容易变化。换句话说，自感作用越强的回路，保持其回路中电流不变的性质也就越强，回路的这一性质我们称为电磁惯性，电磁惯性的大小可用回路自感系数 L 的大小来进行衡量：自感系数越大，保持其回路电流不变的惯性就越强，回路的电磁惯性就越大，电流越难被改变；反之，自感系数越小，保持其回路电流不变的惯性就越弱，回路的电磁惯性就越小，电流越容易被改变。这类似于力学中描述物体运动惯性大小的物理量质量。

实际线圈的自感系数 L 一般计算起来比较复杂，工程上常用仪器来进行测定，只有少数规则元件可以利用理论进行计算。求解自感系数 L 的一般步骤是：先假定回路中有电流 I，从而计算出通过回路的磁通链 Ψ_m，根据磁通链 Ψ_m 与电流 I 之间的关系可以计算出其自感系数 $L=\Psi_m/I$。

【例 16-6】 如图 16-21 所示，已知长直螺线管横截面积为 S，长度为 l，线圈总匝数为 N，内部充满磁导率为 μ 的磁介质。试计算其自感系数。

解　长直螺线管内的磁感强度分布为

$$B=\mu nI$$

其中，$n=\dfrac{N}{l}$，则穿过单匝线圈的磁通量为

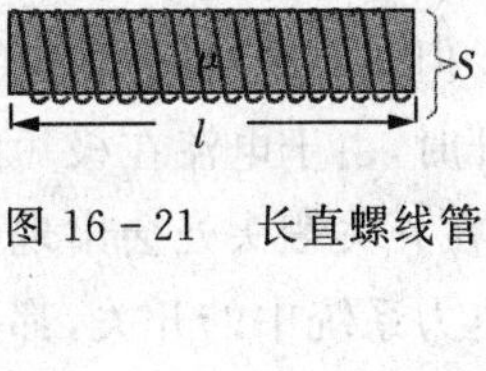

$$\Phi=\boldsymbol{B}\cdot\boldsymbol{S}=\mu nIS$$

图 16-21　长直螺线管

穿过 N 匝线圈的磁通链为

$$\Psi_m=N\mu nIS=LI$$

可得

$$L=\Psi_m/I=N\mu nS$$

上式可简化为

$$L=\mu\frac{N^2}{l^2}V=\mu n^2V$$

【例 16-7】 如图 16-22 所示，有两个同轴圆筒型导体，其半径分别为 R_1 和 R_2，通过它们的电流均为 I，但电流的流向相反。设在两圆筒间充满磁导率为 μ 的均匀磁介质，求其自感系数 L。

解　应用安培环路定理可得空间磁感强度分布：

$$B=\frac{\mu I}{2\pi r}(R_1<r<R_2)$$

$$B=0(r<R_1\text{ 或 }r>R_2)$$

如图，若在两圆筒之间取一长为 l 的面积 $PQRS$，穿

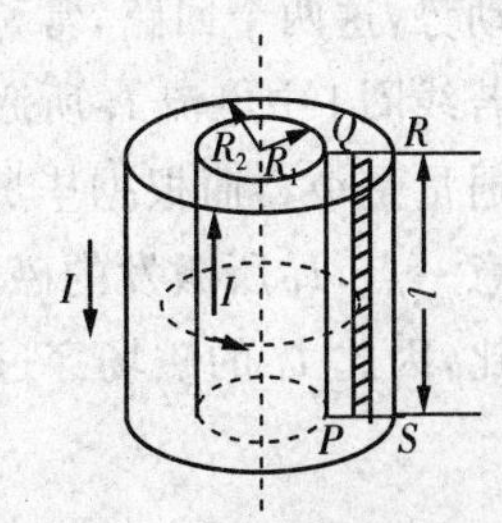

图 16-22　同轴圆管型导体

过此面积的磁通量为

$$\mathrm{d}\Phi = \boldsymbol{B} \cdot \mathrm{d}\boldsymbol{S}$$

$$\Phi = \int \mathrm{d}\Phi = \int_{R_1}^{R_2} \frac{\mu I}{2\pi r} l \, \mathrm{d}r$$

则

$$\Phi = \frac{\mu I l}{2\pi} \ln \frac{R_2}{R_1}$$

由自感定义得

$$L = \frac{\Phi}{I} = \frac{\mu l}{2\pi} \ln \frac{R_2}{R_1}$$

则单位长度的自感为

$$L_0 = \frac{L}{l} = \frac{\mu}{2\pi} \ln \frac{R_2}{R_1}$$

自感现象在工程技术和日常生活中都有广泛的应用。例如在无线电技术和电工中用扼流圈构成稳流、滤波及电磁振荡等电路。日光灯上的镇流器也是利用线圈自感现象的实例。

但在有些情况下自感现象也会带来危害。例如，当载有强大电流的电路被断开时，由于电流在极短时间内发生了很大变化，因此会产生较高的自感电动势，在开关触头处会出现强烈的电弧，容易危及设备与人身安全，所以，在大电流电力系统中的开关，都要附加"灭弧"装置。

2. 互感

当一个线圈中的电流发生变化时，在其邻近的线圈回路中产生感应电动势及感应电流的现象称为互感，产生的感应电动势称为互感电动势。

假定有两个邻近的线圈 1 和线圈 2，如图 16－23 所示，当其他条件不变，只是其中一个线圈的电流发生变化时，在另一个线圈中就会引起互感电动势，这两个回路，常称为互感耦合回路。

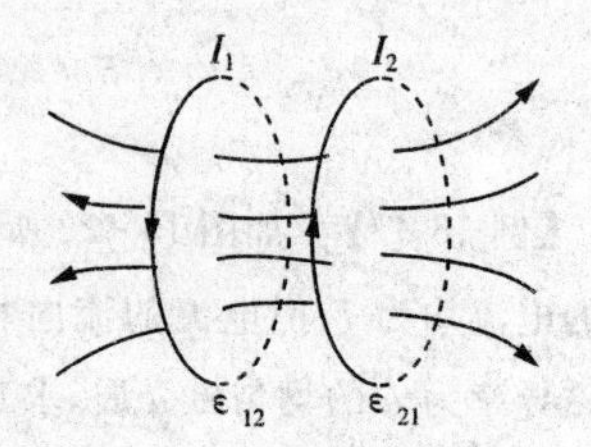

图 16－23　互感现象

若线圈 1 中电流 I_1 所激发的磁场穿过线圈 2 的磁通量是 Φ_{21}，而根据毕奥－萨伐尔定律，在空间任意一点，I_1 所激发的磁场的磁感强度都与 I_1 成正比，因此 I_1 的磁场穿过线圈 2 的磁通量也必然与 I_1 成正比，所以有

$$\Phi_{21} = M_{21} I_1$$

式中 M_{21} 是比例系数。

同理，线圈 2 中电流 I_2 所激发的磁场穿过线圈 1 的磁通量 Φ_{12}，应与 I_2 成正比，所以有

$$\Phi_{12}=M_{12}I_2$$

式中 M_{12} 是比例系数。

M_{21} 和 M_{12} 只与两个线圈的形状、大小、匝数、相对位置以及周围磁介质的磁导率有关，而与两回路中有无电流没有关系，所以把它们称为两线圈的互感系数。理论和实验都表明，在两线圈的形状、大小、匝数、相对位置及周围磁介质的磁导率都保持不变的情况下，M_{21} 和 M_{12} 是相等的，即 $M_{21}=M_{12}=M$，则上述两式可简化为

$$\Phi_{21}=MI_1,\Phi_{12}=MI_2 \qquad (16-14)$$

由此可得当线圈 1 中的电流 I_1 发生变化时，根据法拉第电磁感应定律，在线圈 2 中引起的互感电动势 ε_{21} 为

$$\varepsilon_{21}=-\frac{d\Phi_{21}}{dt}=-M\frac{dI_1}{dt} \qquad (16-15)$$

同理，当线圈 2 中的电流 I_2 发生变化时，在线圈 1 中引起的互感电动势 ε_{12} 为

$$\varepsilon_{12}=-\frac{d\Phi_{12}}{dt}=-M\frac{dI_2}{dt} \qquad (16-16)$$

两个线圈的互感系数 M，在数值上等于一个线圈中的电流随时间的变化率为一个单位时，在另一个线圈中引起的互感电动势的绝对值。

式中的负号，表示在一个线圈中引起的互感电动势，要阻碍另一个线圈中电流的变化。同自感系数类似，互感系数的大小反映了两个线圈之间电磁惯性的大小。互感的单位也是亨利(H)。

互感现象最典型的应用就是变压器，它可以把交变的电信号由一个电路传递到另一个电路，而不需把两个电路连接起来，实现高低电压间的相互转换。另外收音机中磁棒天线，也是利用互感现象实现电磁波信号的接收。

当然，互感现象有时也需要予以避免，如电话串音、电路设计中的互感，为此需要专门采用一定的方法克服其造成的不利影响。

【例 16-8】 如图 16-24a 所示，在磁导率为 μ 的均匀磁介质中，一长直导线与矩形线圈一边相距为 a，线圈共 N 匝，求互感系数。若导线如右图 16-24b 放置，则互感系数为多少？

解　设直导线中通有自下而上的电流 I，它激发的磁场通过矩形线圈的磁通链数为

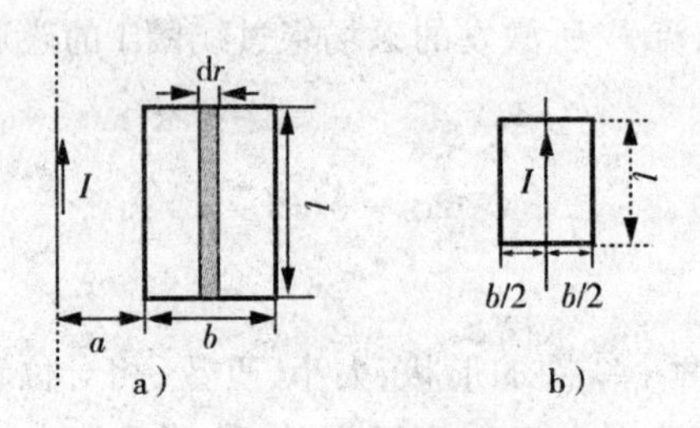

图 16-24　长直导线与矩形线圈音质互感

$$\Psi = N\int_s \boldsymbol{B} \cdot \mathrm{d}\boldsymbol{S}$$

$$= N\int_a^{a+b} \frac{\mu I}{2\pi r} l\,\mathrm{d}r = \frac{\mu NIl}{2\pi}\ln\frac{a+b}{a}$$

互感为

$$M = \frac{\Psi}{I} = \frac{\mu Nl}{2\pi}\ln\frac{a+b}{a}$$

若导线如图 16-24b 放置,则根据对称性得

$$\Phi = 0$$

所以

$$M = 0$$

由上述结果可以看出,无限长直导线与矩形线圈间的互感,不仅与它们的形状、大小、磁介质的磁导率有关,还与它们的相对位置有关。

§16-4　磁场的能量　磁场能量密度

在前面我们看到,对电容器充电过程所做的功等于储存在电容器中的能量,其值为

$$W_e = \frac{1}{2}CU^2$$

这也是电容器在两极板之间建立电场的过程中储存的电场能量。

1. 自感磁能

在电流激发磁场的过程中,也需要外界做功,因此磁场也要相应地储存磁场能量。

如图 16-25 所示,电路中有一自感系数为 L 的线圈,电阻为 R,电源电动势

为 ε，考察在开关 K 合上后的一段时间内，电路中的电流由 0 逐渐增大到某一恒定值 I，在电流逐渐增大的这一短暂的过程，线圈中有自感电动势，它会阻碍电流的增大，与此同时，在电阻 R 上要释放出焦耳热。现在我们就来定量研究电路中电流增长时能量的转换情况。

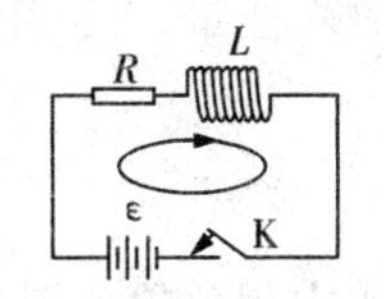

图 16－25　自感电路能量转换

根据全电路欧姆定律，我们有：

$$\varepsilon - L\frac{\mathrm{d}i}{\mathrm{d}t} = iR$$

对上式两边同乘以 $i\mathrm{d}t$，并对时间两边积分，可得

$$\int_0^t i\varepsilon\,\mathrm{d}t = \int_0^I L\frac{\mathrm{d}i}{\mathrm{d}t}i\,\mathrm{d}t + \int_0^t iRi\,\mathrm{d}t = \frac{1}{2}LI^2 + \int_0^\infty i^2R\mathrm{d}t \qquad (16-17)$$

$\int_0^t i\varepsilon\,\mathrm{d}t$ 表示电源在 0 到 t 这段时间内所做的功，也就是电源所供给的能量；式(16－17)右端第一项表示电源反抗线圈自感电动势所做的功，当回路中电流达到稳定值时，这部分能量几乎全部转化为自感线圈所储存的磁场能量，第二项表示消耗在电阻 R 上的焦耳热。所以对自感为 L 的线圈来说，当其电流为 I 时，磁场的能量为

$$W_\mathrm{m} = \frac{1}{2}LI^2 \qquad (16-18)$$

W_m 称为自感磁能，自感线圈与电容器一样，也是一个储能元件。

2. 磁场的能量

为简单起见，我们以长直螺线管为例来讨论磁场的能量问题。设长直螺线管的体积为 V，通有电流 I，内部充满磁导率为 μ 的介质，忽略边缘效应，则螺线管内部的磁感应强度 $B=\mu nI$，其自感系数 $L=\mu n^2V$，代入式(16－18)可得

$$W_\mathrm{m} = \frac{1}{2}LI^2 = \frac{1}{2}\mu n^2V\left(\frac{B}{\mu n}\right)^2 = \frac{1}{2}\frac{B^2}{\mu}V$$

由于在长直螺线管内，磁场分布是均匀的，因此单位体积的磁场能量即磁场能量密度 w_m

$$w_\mathrm{m} = \frac{W_\mathrm{m}}{V} = \frac{1}{2}\frac{B^2}{\mu} \qquad (16-19)$$

上述结果是由长直螺线管中均匀磁场这一特例来推导得出的，但可以证明该式对任意磁场都是普遍成立的。它表明，任何磁场都具有能量。对一般磁场

空间的磁场能量,可以用下式来进行计算:

$$W_m = \int_V w_m \mathrm{d}V = \int_V \frac{1}{2}\frac{B^2}{\mu}\mathrm{d}V \tag{16-20}$$

积分公式中积分的范围为整个磁场分布的空间。

【例 16-9】 如图 16-26 所示,同轴电缆中金属线芯的半径为 R_1,共轴金属圆筒的半径为 R_2,中间充满磁导率为 μ 的磁介质,若芯线与圆筒分别与电源的两极相连,芯线与圆筒上的电流大小相等,方向相反。设可略去金属芯线内的磁场,求此同轴电缆芯线与圆筒之间单位长度上的磁能和自感。

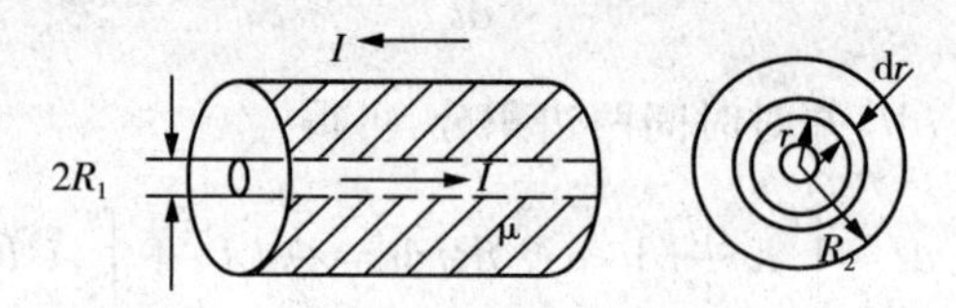

图 16-26 同轴电缆

解 由题意知同轴电缆芯线内的磁场强度为 0,另由安培环路定理可得电缆外部的磁感应强度也为 0,磁场只存在于芯线和圆筒之间,在距轴线 r 处的磁感强度为

$$B = \frac{\mu I}{2\pi r} \quad (R_1 < r < R_2)$$

故在芯线与圆筒之间 r 处,磁场的能量密度为

$$w_m = \frac{1}{2}\frac{B^2}{\mu} = \frac{\mu I^2}{8\pi^2 r^2}$$

则磁场的总能量为

$$W_m = \int_V w_m \mathrm{d}V = \int_V \frac{\mu I^2}{8\pi^2 r^2}\mathrm{d}V$$

对于单位长度的电缆,取一薄层圆筒形体积元 $\mathrm{d}V = 2\pi r\mathrm{d}r \times 1 = 2\pi r\mathrm{d}r$,代入上式,得单位长度同轴电缆的磁场能量为

$$W_m = \frac{\mu I^2}{8\pi^2}\int_{R_1}^{R_2}\frac{2\pi\mathrm{d}r}{r^2} = \frac{\mu I^2}{4\pi}\ln\frac{R_2}{R_1}$$

由磁能公式(16-18),可得单位长度的同轴电缆的自感为

$$L = \frac{\mu}{2\pi}\ln\frac{R_2}{R_1}$$

本章小结

1. 法拉第电磁感应定律

$$\varepsilon_i = -\frac{\mathrm{d}\Phi}{\mathrm{d}t}$$

2. 楞次定律

感应电流在回路中产生的磁通总是阻碍原磁通的变化。

3. 两种电动势

(1) 动生电动势　$\varepsilon_i = \int_b^a \boldsymbol{E}_\mathrm{k} \cdot \mathrm{d}\boldsymbol{l} = \int_b^a (\boldsymbol{v} \times \boldsymbol{B}) \cdot \mathrm{d}\boldsymbol{l}$;

(2) 感生电动势　$\varepsilon = \oint_C \boldsymbol{E}_\mathrm{k} \cdot \mathrm{d}\boldsymbol{l} = -\int_s \frac{\partial \boldsymbol{B}}{\partial t} \cdot \mathrm{d}\boldsymbol{S}$;

4. 自感与互感

(1) 自感系数　$L = \Psi_\mathrm{m} / I$;

自感电动势　$\varepsilon_L = -\frac{\mathrm{d}\Psi_\mathrm{m}}{\mathrm{d}t} = -L\frac{\mathrm{d}I}{\mathrm{d}t}$;

(2) 互感系数　$M = \Phi_{21}/I_1 = \Phi_{12}/I_2$;

互感电动势 $\varepsilon_{21} = -\frac{\mathrm{d}\Phi_{21}}{\mathrm{d}t} = -M\frac{\mathrm{d}I_1}{\mathrm{d}t}$, $\varepsilon_{12} = -\frac{\mathrm{d}\Phi_{12}}{\mathrm{d}t} = -M\frac{\mathrm{d}I_2}{\mathrm{d}t}$。

5. 磁场的能量

(1) 自感磁能 $W_\mathrm{m} = \frac{1}{2}LI^2$;

(2) 磁场能量密度 $w_\mathrm{m} = \frac{1}{2}\frac{B^2}{\mu}$;

(3) 磁场空间的能量 $W_\mathrm{m} = \int_V w_\mathrm{m}\mathrm{d}V = \int_V \frac{1}{2}\frac{B^2}{\mu}\mathrm{d}V$。

习　题

16-1　如图所示，导线 AB 在均匀磁场中做下列四种运动：① 垂直于磁场做平动；② 绕

固定端 A 做垂直于磁场转动;③ 绕其中心点 O 做垂直于磁场转动;④ 绕通过中心点 O 的水平轴做平行于磁场的转动。关于导线 AB 的感应电动势哪个结论是错误的?(　　)。

A. ① 有感应电动势,A 端为高电势

B. ② 有感应电动势,B 端为高电势

C. ③ 无感应电动势

D. ④ 无感应电动势

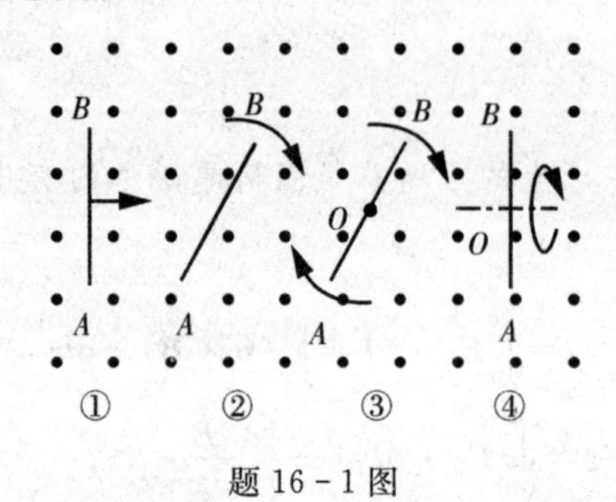

题 16-1 图

16-2　如图所示,两个圆环形导体 a、b 互相垂直地放置,且圆心重合,当它们的电流 I_1 和 I_2 同时发生变化时,则(　　)。

A. a 导体产生自感电流,b 导体产生互感电流

B. b 导体产生自感电流,a 导体产生互感电流

C. 两导体同时产生自感电流和互感电流

D. 两导体只产生自感电流,不产生互感电流

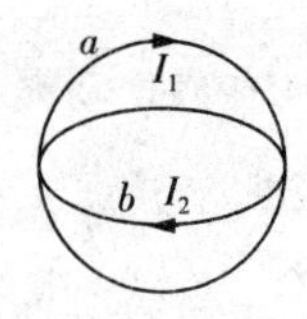

题 16-2 图

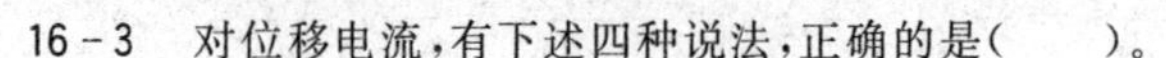

16-3　对位移电流,有下述四种说法,正确的是(　　)。

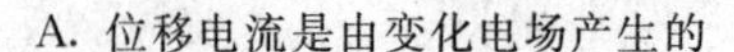

A. 位移电流是由变化电场产生的

B. 位移电流是由变化磁场产生的

C. 位移电流的热效应服从焦耳 — 楞次定律

D. 位移电流的磁效应不服从安培环路定理

16-4　一块铜板垂直于磁场方向放在磁感强度正在增大的磁场中时,铜板中出现的涡流(感应电流)将(　　)。

A. 加速铜板中磁场的增加

B. 减缓铜板中磁场的增加

C. 对磁场不起作用

D. 使铜板中磁场反向

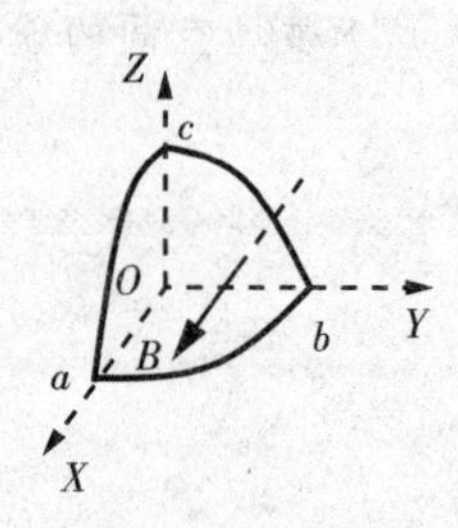

题 16-5 图

16-5　如图所示,一段导线被弯成圆心在 O 点,半径为 r 的三段圆弧 ab,bc,ca,它们构成了一个闭合回路,ab 位于 XOY 平面内,bc 和 ca 分别位于另两个坐标面中,如图所示,均匀磁场 B 沿 X 轴正方向穿过圆弧 bc 与坐标轴所围成的平面。设磁

感应强度随时间的变化率为 $K(K>0)$，则闭合回路 $abca$ 中感应电动势的数值为__________。

16-6　电阻 $r=2\Omega$ 的闭合导体回路置于变化磁场中，通过回路包围面的磁通量与时间的关系为 $\Phi_m=(5t^2+8t-2)\times10^{-3}$(Wb)，则在 $t=2$s 至 $t=3$s 的时间内，流过回路导体横截面的感应电荷 $q_i=$ __________ C。

16-7　一自感系数为 0.25H 的线圈，当线圈中的电流在 0.01s 内由 2A 均匀地减小到零。线圈中的自感电动势的大小为__________。

16-8　一纸筒长 30cm 横截面半径为 3.0cm，筒上绕有 500 匝线圈，则此线圈的自感为__________，若在线圈中放入 $\mu_r=5000$ 的铁芯，此时的自感为__________，若在此线圈内通以 $I=2.0$A 的电流，则储存的磁场能量为__________。

16-9　由金属杆弯成的直角三角形 abc，ab 长为 L，放在与 ac 平行的匀强磁场 B 中，并绕 ac 轴以匀角速转动。求：

(1) 导线 ab、bc、ca 中的动生电动势；

(2) 三角形 abc 中的总电动势。($\angle bac=30°$)

16-10　无限长直线导线与一矩形共面，如图所示，直导线与矩形导线绝缘，它们的互感系数为多少？若长直导线中通有 $I=I_0\sin\omega t$ 的电流，则矩形线圈中互感电动势为多少？

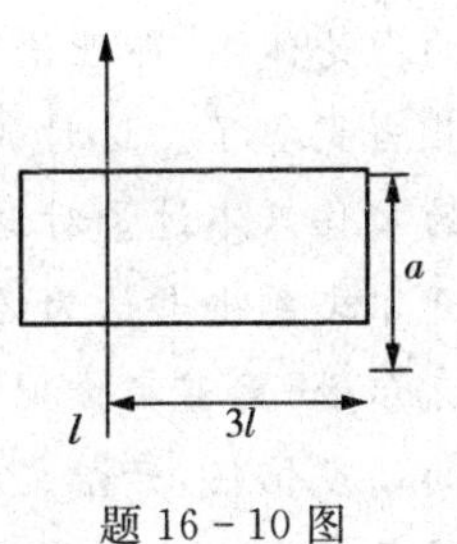

题 16-10 图

16-11　长为 L 的直导线 MN，与“无限长”并载有电流 I 的直导线共面，且垂直于直导线，M 端距长直导线为 a，若 MN 以速度 v 平行于长直导线运动，求 MN 中的动生电动势的大小和方向。

16-12　如图所示，一半径为 r_2 电荷线密度为 λ 的均匀带电圆环，里边有一半径为 r_1 总电阻为 R 的导体环，两环共面同心($r_2\gg r_1$)，当大环以变角速度 $w=\omega(t)$ 绕垂直于环面的中心轴旋转时，求小环中的感应电流。其方向如何？

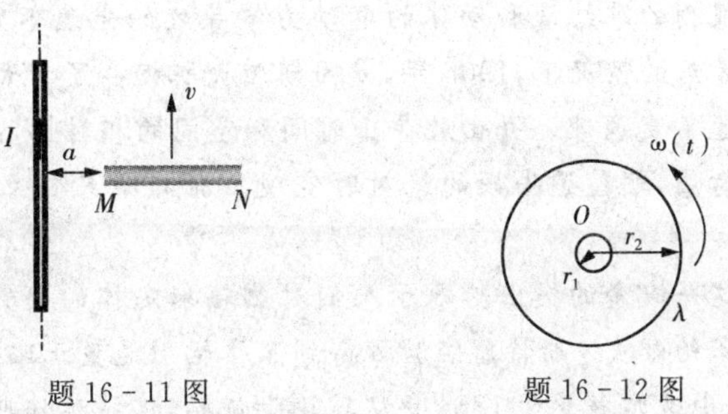

题 16-11 图　　题 16-12 图

近代物理学篇

19世纪末的物理学曾经被描述为一座宏伟的大厦，基于牛顿构建的经典力学的理论体系，即理论力学、统计力学和光学以及麦克斯韦的电磁理论被认为是相当完备了。这时的物理学界普遍认为物理学的发展已经基本完成，后人能做的工作只不过是对这座大厦进行一些小的修补而已。然而当时的物理学权威开尔文爵士却认为还有两个问题没有解决(称为两朵“乌云”)，它们分别是指迈克尔逊-莫雷实验测量的零结果和黑体辐射理论出现的问题。出自对牛顿理论的高度信任，开尔文相信这两个问题会被最终扫清，这也反映了当时物理学界对物理学理论体系的普遍忧虑，但他很有可能没有想到的是，这两朵乌云给物理学带来的是一场突如其来的风暴，这场风暴颠覆了旧理论体系的框架，分别导致了20世纪物理学的两大理论体系，即相对论和量子力学的诞生。

在以太风观测的零结果和动体的电动力学导致的光速不变性与原本的速度叠加原理的矛盾的情况下，1905年，爱因斯坦大胆抛弃了以太的概念，提出相对性原理和光速不变原理。并由此导出时间和空间的相对性，改变了千百年了人类对时空的看法，颠覆了牛顿的绝对时空观。紧接着又创立了广义相对论，并被实验证实。

紫外灾难这一概念的提出起源于人们对热辐射定律的研究，1879年，斯洛文尼亚物理学家约瑟夫·斯特藩经验性得到黑体辐射能量正比于黑体温度的四次方的结论，并由玻尔兹曼于1884年从理论上证明，这被称作斯特藩-玻尔兹曼定律。1893年德国物理学家威廉·维恩得到了描述黑体辐射的电磁波波长与黑体温度之间反比关系的定律，即维恩位移定律。然而，实验观测表明维恩近似并不适用于长波情形，在低频区域需要进行修正。瑞利、金斯二人在研究黑体辐射的过程中导出瑞利-金斯定律。瑞利-金斯定律在紫外区域发散的情形对经典物理学而言是不可理解的，这被奥地利物理学家埃伦费斯特称作“紫外灾难”。紫外灾难是 20 世纪之初物理学的又一朵乌云，它的存在预示着能量均分定理并非永远成立，德国物理学家普朗克自 1897 年起开始进行这项工作，通过将电磁理论应用于热辐射和谐振子的相互作用，他于1899 年得到了维恩辐射定律的理论版本。这种偏差导致了普朗克对能量进行了量子化假设，从而在 1900 年导出了普朗克黑体辐射定律。而普朗克的能量量子化假设则为 20 世纪物理学的另一大支柱 —— 量子力学的建立开创了先河。

而量子力学的大发展，还要归功于后续若干著名物理学家的贡献。对原子内部结构的认识，首先是汤姆逊的蛋糕模型，认为电子均匀分布于原子内部，但卢瑟福的粒子散射实验说明了蛋糕模型的错误，从而建立了原子的核式结构模型，但很快，卢瑟福的学生玻尔从氢原子光谱的巴耳末公式和价电子跃迁辐射等概念中受到启发，提出了玻尔的氢原子理论。1923 年，法国物理学家德布罗意在光的波粒二象性，以及布里渊为解释玻尔氢原子定态轨道所提出的电子驻波假说的启发下，开始了对电子波动性的探索。他提出了实物粒子同样也具有波粒二象性的假说，这被著名的戴维孙-革末实验和汤姆逊的电子单缝衍射实验所证实。

现代量子论始于海森堡的矩阵力学和薛定谔的波动力学，二者被证明是等价的。量子力学的发展，为后续半导体、激光等现代技术提供了重要理论基础。

本篇主要介绍相对论诞生的背景和相对论的一些重要结论；还介绍了量子力学的发展历程、光电效应、康普顿效应、物质波的假设以及由微观粒子波粒二象性导致的不确定关系、波函数的基本概念等。

第 17 章　狭义相对论基础

经典力学理论的研究开始于17世纪，至19世纪末已经建立起完善的体系，以牛顿运动定律为基础的经典力学，反映的是宏观物体在低速情况下的运动规律，其在日常的生活和生产实践中有着极其广泛的指导意义。伴随着麦克斯韦电磁场理论的建立，人们发现，在高速领域中，经典力学理论就失去了原有的意义。爱因斯坦对经典力学的相对性原理与麦克斯韦电磁理论之间的矛盾有所察觉，他在坚信电磁理论正确性的基础上，摆脱了经典力学时空观的束缚，于1905年发表了划时代的论文《论动体的电动力学》，革命性地提出了以光速不变原理和“普遍的”相对性原理为基础的狭义相对论，开辟了物理学的新纪元。

本章对狭义相对论做了较全面的介绍，主要内容有经典力学相对性原理与伽利略变换、狭义相对论基本原理与洛伦兹变换、狭义相对论时空观和狭义相对论动力学基础的一些结论。

§17-1　牛顿力学的相对性原理　伽利略变换式

1. 力学相对性原理　伽利略变换

在力学中，我们知道牛顿运动规律使用的参考系称为惯性系。也就是说，在不同的惯性系中运用牛顿定律进行力学实验时，应得出相同的结论，对于所描述的力学现象，都服从相同的规律。即对于一切惯性系而言，力学规律都是等价的，这就是力学相对性原理，也称伽利略相对性原理。

设有两个惯性系 S 和 S'，S' 相对于 S 以速度 v 做匀速运动。假设它们的 y、z 轴和 y'、z' 相互平行，而 x 轴和 x' 相互重合。当 $t=t'=0$ 时，原点重合。其关系如图17-1所示。

在牛顿力学中，我们常用在某一时刻物体的空间位置来描述物体的运动。

例如,在惯性系 S 中,时刻 t 物体到达或位于(x,y,z);在惯性系 S' 中,时刻 t' 物体到达或位于(x',y',z')。

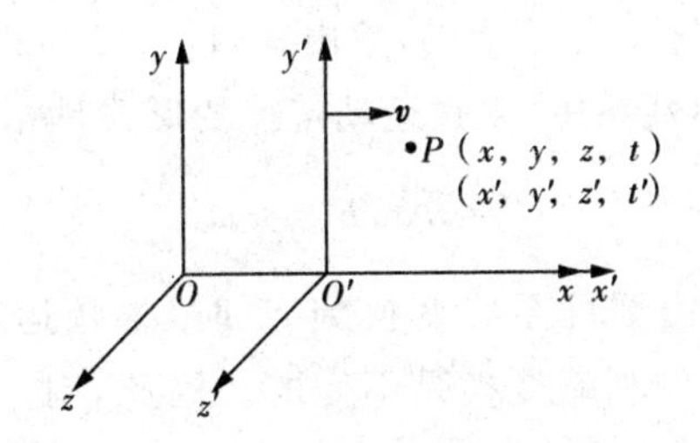

图 17-1　伽利略变换

任意时刻,对于空间一点 P,在两个参考系中的时空坐标(x,y,z,t) 和(x',y',z',t') 之间的关系为

$$\begin{cases} x' = x - vt \\ y' = y \\ z' = z \\ t' = t \end{cases} \quad \text{或} \quad \begin{cases} x = x' + vt \\ y = y' \\ z = z' \\ t = t' \end{cases} \tag{17-1}$$

式(17-1) 称为伽利略坐标变换式,它以数学形式表述了经典力学的时空观。其中,第一组关系称为正变换,第二组关系称为逆变换。

在式(17-1) 中,对时间求一阶导数,可得到伽利略速度变换式为

$$\begin{cases} u'_x = u_x - v \\ u'_y = u_y \\ u'_z = u_z \end{cases} \quad \text{或} \quad \begin{cases} u_x = u'_x + v \\ u_y = u'_y \\ u_z = u'_z \end{cases} \tag{17-2}$$

其中 u'_x,u'_y,u'_z 分别表示点 P 在参考系 S' 中的速度分量,u_x,u_y,u_z 分别表示点 P 在参考系 S 中的速度分量。

式(17-2) 对时间求一阶导数,就得到经典力学中的加速度变换式,即

$$\begin{cases} a'_x = a_x \\ a'_y = a_y \\ a'_z = a_z \end{cases} \tag{17-3}$$

其矢量形式为

$$\boldsymbol{a}' = \boldsymbol{a} \tag{17-4}$$

上式表明,在不同的惯性系 S 和 S' 中观察同一物体,其加速度是相同的。即在伽利略变换里,对不同的惯性系而言,加速度是个不变量。

在经典力学中,质量 m 是不变的,故由式(17-3)和式(17-4)可知,在两个相互匀速直线运动的惯性系中,牛顿运动定律的形式是相同的,即

$$\boldsymbol{F}=m\boldsymbol{a},\boldsymbol{F}'=m\boldsymbol{a}' \tag{17-5}$$

上述结果表明,当由惯性系 S 变换到 S' 时,牛顿运动方程的形式是不变的,即牛顿运动定律对伽利略变换是不变的。因此,对于所有的惯性系,牛顿运动定律都应具有相同的数学表达式。这就是牛顿力学的相对性原理。应当指出,在宏观、低速的范围内,牛顿力学的相对性原理得到了很好的解释与应用。

2. 经典力学的绝对时空观

经典力学认为:自然界中存在着同物质运动无关的且彼此独立的"绝对空间"和"绝对时间"。

空间只是物质运动的"场所",是与其中的物质完全无关而独立存在的,并且是永恒的、绝对静止的。因此,空间的量度就应当与惯性系无关,是绝对不变的。

根据坐标变换中的位置关系,可知一个物体在两个不同的惯性系 S 和 S' 的运动中测量长度分别为 Δr 和 $\Delta r'$,则

$$\Delta r=\sqrt{(\Delta x)^2+(\Delta y)^2+(\Delta z)^2}=\sqrt{(x_2-x_1)^2+(y_2-y_1)^2+(z_2-z_1)^2} \tag{17-6}$$

$$\begin{aligned}\Delta r'&=\sqrt{(\Delta x')^2+(\Delta y')^2+(\Delta z')^2}\\&=\sqrt{(x_2'-x_1')^2+(y_2'-y_1')^2+(z_2'-z_1')^2}\end{aligned} \tag{17-7}$$

因为 $x'_2-x'_1=(x_2-vt)-(x_1-vt)=x_2-x_1$,所以

$$\Delta r=\Delta r' \tag{17-8}$$

式(17-8)表明:在伽利略变换下,空间任何两点间的距离也有绝对不变的量值。即在不同的参考系中所测量物体的长度是相同的,跟选择的参考系无关,这称为经典力学的绝对空间观。

与此同时,时间也是与物质的运动无关而永恒地、均匀地流逝的,时间也是绝对的。在坐标变换中,物体在两个不同的惯性系 S 和 S' 中运动时,所经历过的时间分别为 Δt 和 $\Delta t'$,它们之间的关系为

$$\Delta t' = t'_2 - t'_1 = t_2 - t_1 = \Delta t \tag{17-9}$$

式(17-9)在式(17-2)和式(17-3)中已经被“不自觉”地使用。因此,在伽利略变换下,任何事件所经历的时间有绝对不变的量值。即在不同的参考系中所测量物体运动的时间间隔是相同的,而与参照系的选择(或观测者的相对运动)无关。这被称为经典力学的绝对时间观。

3. 经典力学遇到的困难

在物体低速运动的领域中,牛顿力学的相对性原理与伽利略变换都取得了辉煌的成就。然而考虑到运动速度接近光速时,这些理论却遇到了困难。

19 世纪 60 年代,英国著名物理学家麦克斯韦(S. C. Maxwell,1831－1879)的电磁学理论得到了确立。他给出了麦克斯韦方程组,并预言了电磁波的存在,电磁波在真空中的传播速度为

$$c = \frac{1}{\sqrt{\varepsilon_0 \mu_0}} \tag{17-10}$$

实验证明,式(17-10)结果与光在真空中的传播速度相同,因而光也是一种电磁波。

根据经典力学的理论,物体的运动总是相对于一定的参考系而言的,同一个运动在不同的参考系中其运动的速度也是不同的。然而在式(17-10)中测出的电磁波在真空中的速度是固定值,不因参考系的改变而改变。因此,在麦克斯韦电磁学理论与伽利略变换之间产生了分歧。

19 世纪,有些物理学家认为,电磁波的传播速度与传播介质有关,它们称这种介质为“以太”。他们认为“以太”无处不在,布满整个空间,在相对以太静止的参考系中,光在各个方向上的速度都是相同的。假设有另外一个相对于以太以速率 v 运动的参考系,根据力学相对性原理,光在参考系中的速度为

$$c = c' + v \tag{17-11}$$

其中 c 是光在以太参考系中的光速,c' 是光在运动参考系中的光速。从式(17-11)知,光速不是一成不变的,是相对于参考系变化的。

许多物理学家对这个问题进行了思考,试图证明绝对参考系的存在,但都以失败而告终,其中最著名的是迈克尔逊(A. A. Michelon,1852－1931)和莫雷(E. W. Morley,1838－1923)经过实验证明以太绝对参考系是不存在的。

§17-2 狭义相对论的基本原理 洛伦兹变换式

1. 狭义相对论的基本原理

当时许多科学家曾提出过不同的假设来解释迈克尔逊-莫雷试验的结论，很少有人怀疑伽利略变换的真伪，但最终的结果都失败了。爱因斯坦以其独特的思维方式、严谨的治学态度和锲而不舍的钻研精神，在深入研究牛顿力学和麦克斯韦电磁学理论的基础上，于1905年发表了具有划时代意义的论文《论动体的电动力学》，并提出了关于“狭义相对论”的两个基本假设：

(1) 相对性原理

物理定律在所有的惯性系中都具有相同的表达形式，即所有的物理规律与惯性系的选择无关，所有的惯性系中所描述的物理规律都是等价的。

(2) 光速不变原理

真空中，光在所有的惯性系中沿任一方向测量到的光速都是一样的，与惯性参考系的选择无关，且与光源运动无关。

爱因斯坦提出的狭义相对论的基本原理，是与伽利略变换背道而驰的。在高速领域中进行相关的计算时，爱因斯坦根据上面提出的两个假设，推导出了一套两个惯性系之间时、空变换关系，一般称之为洛伦兹变换。

2. 洛伦兹变换

如图17-2所示，设有两个惯性参考系S系和S'系，其中运动的参考系S'以速度v相对于静止参考系S沿着xx'轴匀速直线运动，则有$y'=y$，$z'=z$，并在两个参考系上的观察者都是从两个参考系的原点O和O'重合的时刻开始计时($t'=t=0$)。

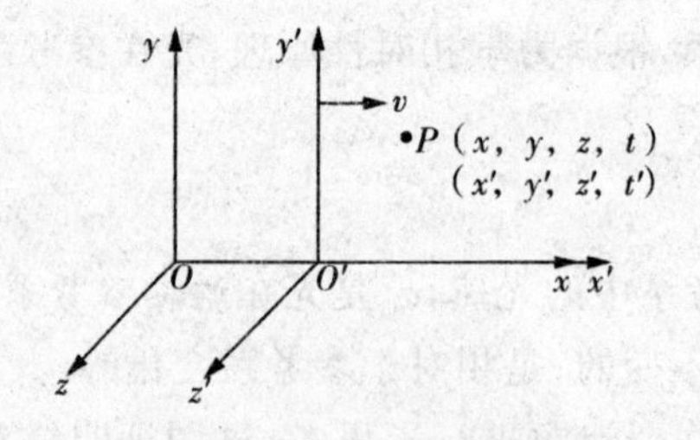

图17-2 洛伦兹变换

设某时刻t，在P点发生一事件，在S系和S'系中的坐标分别为：$x=ct$，$x'=ct'$，则

$$xx' = c^2 tt' = k^2(x - vt)(x' + vt') = k^2(ct - vt)(ct' + vt')$$
$$= k^2 tt'(c^2 - v^2) \tag{17-12}$$

其中 k 是一比例常数。

由此可以得到

$$k = \frac{c}{\sqrt{c^2 - v^2}} = \frac{1}{\sqrt{1 - (v/c)^2}} \tag{17-13}$$

根据式(17-12)和式(17-13)可知

$$x' = \frac{x - vt}{\sqrt{1 - \left(\frac{v}{c}\right)^2}} \text{ 与 } x = \frac{x' + vt'}{\sqrt{1 - \left(\frac{v}{c}\right)^2}} \tag{17-14}$$

从而得到

$$t' = \frac{t - \frac{vx}{c^2}}{\sqrt{1 - \left(\frac{v}{c}\right)^2}} \text{ 与 } t = \frac{t' + \frac{vx'}{c^2}}{\sqrt{1 - \left(\frac{v}{c}\right)^2}} \tag{17-15}$$

综上所述,由狭义相对论的时空观可以推导出二系的坐标变换式为

$$\begin{cases} x' = \dfrac{x - vt}{\sqrt{1 - \left(\frac{v}{c}\right)^2}} \\ y' = y \\ z' = z \\ t' = \dfrac{t - \frac{vx}{c^2}}{\sqrt{1 - \left(\frac{v}{c}\right)^2}} \end{cases} \text{ 或 } \begin{cases} x = \dfrac{x' + vt'}{\sqrt{1 - \left(\frac{v}{c}\right)^2}} \\ y = y' \\ z = z' \\ t = \dfrac{t' + \frac{vx'}{c^2}}{\sqrt{1 - \left(\frac{v}{c}\right)^2}} \end{cases} \tag{17-16}$$

式(17-16)就是著名的洛伦兹变换。其中第一组关系式称为洛伦兹正变换,第二组关系式称为洛伦兹逆变换。式中的(x, y, z, t)与(x', y', z', t')分别为事件在参考系 S 和 S' 中的空间和时间坐标。

下面就洛伦兹变换进行一些有意义的讨论:

① 由式(17-16)可知,时间和空间坐标是紧密联系的,因而时间和空间的量度也是紧密联系的,然而在伽利略变换中,时间和空间是不相干的。在狭义相对论中,它以数学语言反映了相对论理论与经典牛顿力学理论的本质差别。

② 在式(17-16)中,当 $v \ll c$ 时,式(17-16)就变成了伽利略变换式,说明伽利略变换是洛伦兹变换在低速时的近似表达。

③ 由式(17-16)可知,当 $t=0$ 时,$x'=\dfrac{x}{\sqrt{1-(\frac{v}{c})^2}}$,就要求 $v \leqslant c$,因此物体运动的速度是有上限的,即光速 c,也就是说,真空中的光速是一切实际物体的极限速度。

④ 具有因果关系的两个事件是不会因果颠倒的。

设在 S 系中,t 时刻在 x 处的物体,经 Δt 时间运动到 $x+\Delta x$ 处,则依洛伦兹变换有

$$t'=\frac{t-\frac{vx}{c^2}}{\sqrt{1-(\frac{v}{c})^2}}$$

因而得

$$\Delta t'=\frac{\Delta t-\frac{v\Delta x}{c^2}}{\sqrt{1-(\frac{v}{c})^2}}=\gamma\Delta t(1-\frac{uv}{c^2})$$

其中 $\gamma=\dfrac{1}{\sqrt{1-\left(\frac{v}{c}\right)^2}}$,称为相对论因子,$u=\dfrac{\Delta x}{\Delta t}$ 是物体运动的速度。由于光速是物体运动极限速度,所以$\dfrac{uv}{c^2}<1$,所以 Δt 和 $\Delta t'$ 是同号,即存在因果关系的两个事件,不会发生因果颠倒。

【例 17-1】 设有两个参考系 S 系和 S' 系,在两个参考系上的观察者都是从两个参考系的原点 O 和 O' 重合的时刻开始计时($t'=t=0$),某一事件 P,在 S' 系中发生在 $t'=8.0\times10^{-8}$ s,$x'=60$m,$y'=0$,$z'=0$ 处,若 S' 系相对于 S 系以速度 $v=0.6c$ 沿着 xx' 轴方向运动,则事件 P 在 S 系中的时空坐标各为多少?

解 根据洛伦兹的逆变换可知,事件 P 在 S 系中的时空坐标为

$$x=\frac{x'+vt'}{\sqrt{1-(\frac{v}{c})^2}}=93\text{m}$$

$$y=y'=0$$

$$z=z'=0$$

$$t=\frac{t'+\frac{vx'}{c^2}}{\sqrt{1-(\frac{v}{c})^2}}=2.5\times10^{-7}\,\mathrm{s}$$

3. 洛伦兹速度变换*

在图17-2中，假设P点在空间中运动，将洛伦兹变换式(17-16)对时间求一阶导数，可得到洛伦兹速度变换(推导过程略)为

$$\begin{cases}u'_x=\dfrac{u_x-v}{1-\dfrac{v}{c^2}u_x}\\[2ex] u'_y=\dfrac{u_y\sqrt{1-(\dfrac{v}{u})^2}}{1-\dfrac{v}{c^2}u_x}\\[2ex] u'_z=\dfrac{u_z\sqrt{1-(\dfrac{v}{u})^2}}{1-\dfrac{v}{c^2}u_x}\end{cases}\quad\text{或}\quad\begin{cases}u_x=\dfrac{u'_x+v}{1+\dfrac{v}{c^2}u_x}\\[2ex] u_y=\dfrac{u'_y\sqrt{1-(\dfrac{v}{u})^2}}{1+\dfrac{v}{c^2}u_x}\\[2ex] u_z=\dfrac{u'_z\sqrt{1-(\dfrac{v}{u})^2}}{1+\dfrac{v}{c^2}u_x}\end{cases}\qquad(17-17)$$

这就是洛伦兹速度变换式，亦称爱因斯坦速度合成律，其中，第一组称为正变换，第二组称为逆变换。它与经典力学中的速度变换不同，其速度不是简单的相加关系。

若$v\ll c$，即物体运动的速度远远小于光速，则式(17-17)可以转化成伽利略变换式，即

$$u'_x=u_x-v,u'_y=u_y,u'_z=u_z\qquad(17-18)$$

因此，在处理低速领域的问题时，考虑的是伽利略速度变换，而如果处理高速领域的问题时，就需要考虑洛伦兹速度变换了。

【例17-2】 设想一飞船以$0.80c$的速度在地球上空飞行，如果这时从飞船上沿速度方向发射一物体，物体相对飞船速度为$0.90c$，如图17-3所示。问：从地面上看，物体速度多大？

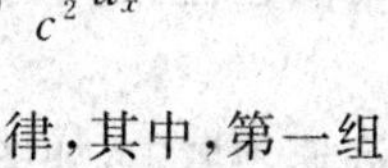

解 选飞船惯性系为S'系，地面惯性系为S系，根据洛伦兹速度变换式，有

$$u_x=\frac{u'_x+v}{1+\frac{u'_xv}{c^2}}$$

图17-3　洛伦兹速度变换

$$v = 0.80c, u'_x = 0.90c$$

代入数据得 $u_x = \dfrac{0.90c + 0.80c}{1 + 0.80 \times 0.90} = 0.99c$

§17－3 狭义相对论的时空观

前面我们曾讨论牛顿经典力学的绝对时空观,即时间和空间的测量是绝对的,不会因为参考系的变化而变化,本节将从洛伦兹变换出发,讨论狭义相对论中的时间和空间的基本性质。

1. 同时的相对性

我们都知道,在低速领域中,根据牛顿经典力学与伽利略变换可知,如果在静止系中,两个事件同时发生,即 $t_1 = t_2$,则这两个事件在相对运动的参考系中的时间坐标为 $t'_1 = t'_2$,即这两个事件在相对运动的参考系中发生的时间也是相同的。这就是牛顿的绝对时空观。

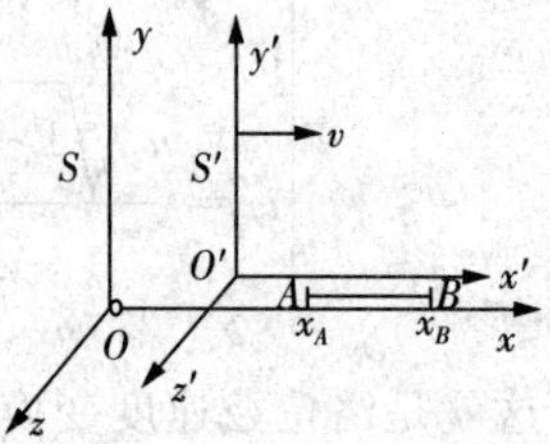

图 17－4 同时的相对性(一)

在高速领域中,如图 17－4 所示,设 S 是相对地面静止的参考系,S' 系是以速度 v 相对地面向前运动的参考系。在静止参考系中观察事件 A 和 B,测得同时发生的两个事件 A 和 B 的时间间隔应是 $\Delta t = t_B - t_A = 0$,即 $t_B = t_A$。在相对运动的参考系中,根据洛伦兹变换,这两个事件 A 和 B 的时间间隔为

$$\Delta t' = t'_B - t'_A = \frac{t_B - \dfrac{vx_B}{c^2}}{\sqrt{1-\left(\dfrac{v}{c}\right)^2}} - \frac{t_A - \dfrac{vx_A}{c^2}}{\sqrt{1-\left(\dfrac{v}{c}\right)^2}}$$

$$= \frac{t_B - t_A - \dfrac{v}{c^2}(x_B - x_A)}{\sqrt{1-\left(\dfrac{v}{c}\right)^2}} = \frac{-\dfrac{v}{c^2}(x_B - x_A)}{\sqrt{1-\left(\dfrac{v}{c}\right)^2}} \qquad (17-19)$$

当 $x_B = x_A$ 时,$t'_B = t'_A$,即在相对运动的参考系 S' 中,事件 A 与事件 B 可以同时发生;当 $x_B \neq x_A$ 时,则 $t'_B \neq t'_A$,即在相对运动的参考系 S' 中,事件 A 与事件 B

不能同时发生。所以，若两事件在某一惯性系中是同时发生的，则在另外任意一个惯性参考系中，这两个事件不一定同时发生，这就是狭义相对论中的同时的相对性。

下面用另一例子说明同时的相对性。

如图 17－5 所示，一车厢以高速 u 相对于地面平行运动，在车厢的两端分别放置两个信号接收器 A',B'，在车厢的中间有一光源 M'，M' 发出光信号，向车厢两端的信号接收器 A',B' 传去。设运动的车厢所在的惯性系为 S' 系，地面惯性系为 S 系。把信号接收器 A' 接收到信号叫做 A 事件，信号接收器 B' 接收到信号叫做 B 事件。

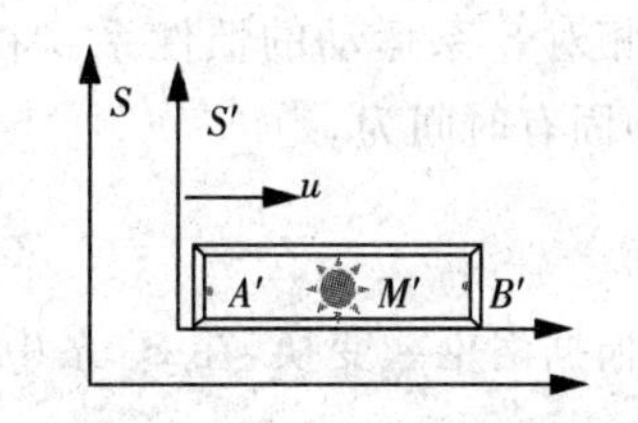

图 17－5　同时的相对性(二)

在 S' 系中，A 事件发生的时间、空间坐标为 t'_A,x'_A，B 事件发生的时间、空间坐标为 t'_B,x'_B，A,B 两事件同时发生，所以 $\Delta t'=t'_B-t'_A=0$。但是在 S 系中，A,B 两事件发生的时空坐标为 t_A,x_A 和 t_B,x_B，则

$$\Delta t=t_B-t_A=\frac{t'_B-t'_A+\frac{u}{c^2}(x'_B-x'_A)}{\sqrt{1-\frac{u^2}{c^2}}}=\frac{\frac{u}{c^2}(x'_B-x'_A)}{\sqrt{1-\frac{u^2}{c^2}}}\neq 0 \quad (17-20)$$

上式说明：在一个惯性系的不同地点同时发生的两个事件，在另一个惯性系中一般是不同时的。也就是说对于不同地点发生的两个事件，是否同时，与观察者所在的参照系有关，这就是同时的相对性。

由上面的分析可以得到以下结论：

① 在一个惯性系中同时不同地发生的两事件，在别的惯性系中不同时发生。

② 同时同地发生的两事件，在所有惯性系中必定同时同地发生。

③ 在一个惯性系中不同时，也不同地发生的两件事，在另一惯性系中倒有可能同时发生。

2. 时间间隔的相对性 —— 时间膨胀

在低速领域中，根据伽利略变换，可知时间间隔是绝对的，即时间与运动无关；而在高速领域中，根据洛伦兹变换，时间是相对的，即时间与观察者的运动有关。

在不同参考系观察同一事件所经历过的时间关系中，我们先定义两个物理量。

(1) 固有时间：一个物理过程用相对于它静止的惯性系上测量到的时间，用

字母 τ_0 表示。

(2) 运动时间:一个物理过程用相对于它运动的惯性系上测量到的时间,用字母 τ 表示。

设 S 系为相对于地球静止的惯性系,某一事件相对于 S 系静止,S' 是以速度 v 相对 S 系运动的惯性系。在 S 系中同一地点观测某一事件发生的时间间隔,即固有时间为

$$\tau_0 = \Delta t = t_B - t_A \tag{17-21}$$

根据洛伦兹变换,在 S' 系中所观测到此事件的时间间隔,即运动时间为

$$\tau = \Delta t' = t'_B - t'_A = \frac{t_B - \frac{vx_B}{c^2}}{\sqrt{1-(\frac{v}{c})^2}} - \frac{t_A - \frac{vx_A}{c^2}}{\sqrt{1-(\frac{v}{c})^2}}$$

$$= \frac{t_B - t_A}{\sqrt{1-(\frac{v}{c})^2}} = \frac{\Delta t}{\sqrt{1-(\frac{v}{c})^2}} = \frac{\tau_0}{\sqrt{1-(\frac{v}{c})^2}} \tag{17-22}$$

在式(17-22)中,由于 $\sqrt{1-(\frac{v}{c})^2} < 1$,所以 $\Delta t' > \Delta t$。因此,上面的结论表明,在任一惯性系中,运动的时钟比静止的时钟走得慢,这一现象称为时间膨胀,也叫做爱因斯坦延缓。

我们以下面的例子来说明时间膨胀效应。一对孪生子中的哥哥乘着接近光速的火箭去旅行,火箭相对地球的速度为 v,火箭上有一朵相对火箭静止的玫瑰花,弟弟留在地球上,设地球所在的惯性系为 S 系,火箭所在的惯性系为 S' 系,如图17-6所示。分别用 x'_1、t'_1 表示玫瑰花在 S' 系开花的时间和位置,用 x_1、t_1 表示在 S 系中玫瑰花开的时间和位置,用 x'_2、t'_2 表示在 S' 系中玫瑰花谢的时间和位置,用 x_2、t_2 表示在 S 系中玫瑰花谢的时间和位置,则

$$\Delta t' = t'_2 - t'_1 \text{(玫瑰花固有寿命)} \tag{17-23}$$

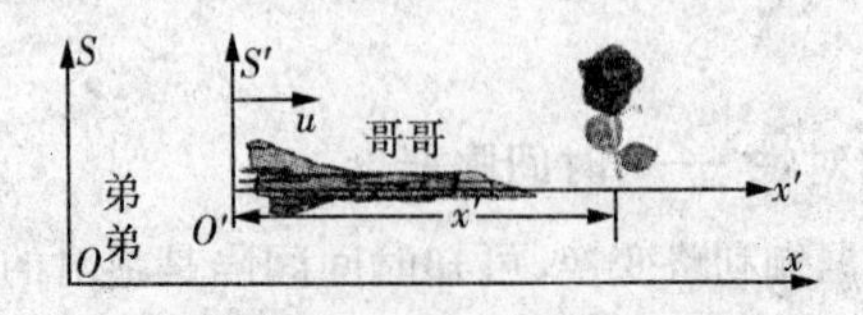

图 17-6　时间延缓

在 S 系中的观察者(弟弟)观测到花的寿命:

$$\Delta t = t_2 - t_1 \tag{17-24}$$

$$t_1 = \frac{t'_1 + \frac{v x'_1}{c^2}}{\sqrt{1-\left(\frac{v}{c}\right)^2}}, t_2 = \frac{t'_2 + \frac{v x'_2}{c^2}}{\sqrt{1-\left(\frac{v}{c}\right)^2}} \tag{17-25}$$

因为 $x'_2 = x'_1$，则

$$t_2 - t_1 = \frac{t'_2 - t'_1}{\sqrt{1-\left(\frac{v}{c}\right)^2}} = \frac{\tau_0}{\sqrt{1-\left(\frac{v}{c}\right)^2}} \tag{17-26}$$

即 S 系测得的时间要长些，说明原时(固有时间)最短，动钟变慢。

特别需要强调：

① 固有时间是相对于事件发生点相对静止的惯性系测得的时间。

② 运动时间是相对于事件发生点相对运动的惯性系测得的时间。

③ 时间膨胀公式适用条件：必须是在相对于事发点静止的惯性系中，同一地点先后发生的两个事件。

【例 17-3】 π 介子是一种不稳定的粒子，很容易衰变。某一加速器发出的带正电的 π 介子的速度为 $2.74 \times 10^8 \text{m/s}$，飞行距离为 17.135m。求：$\pi$ 介子的固有寿命。

解　实验室相对于 π 介子是运动的，因此在实验室中测量的飞行时间为 π 介子的运动时间，即

$$\tau = \frac{17.135\text{m}}{2.74 \times 10^8 \text{m/s}} \approx 6.28 \times 10^{-8}\text{s}$$

根据时间膨胀效应 $\tau = \dfrac{\tau_0}{\sqrt{1-(\frac{v}{c})^2}}$，可以得到 π 介子的固有寿命为

$$\tau_0 = \tau\sqrt{1-(\frac{v}{c})^2} = 2.604 \times 10^{-8}\text{s}$$

【例 17-4】 设想有一光子火箭以 $v = 0.95c$ 速率相对地球做直线运动，若火箭上宇航员的计时器记录他观测星云用去 10min，则地球上的观察者测得此事用去多少时间？

解　火箭上记录的时间 10min 为固有时间，地球上记录的时间为运动时间，则

$$\tau_0 = 10\text{min}, \tau = \frac{\tau_0}{\sqrt{1-(v/c)^2}} = \frac{10}{\sqrt{1-0.95^2}}\text{min} = 32.026\text{min}$$

可见，动钟变慢了。

3. 空间间隔的相对性——长度收缩

在伽利略变换中，空间中的两点的距离不随惯性系的变化而变化，因此，长

度是绝对的;而在洛伦兹变换中,对于同一长度的物体,在不同的参考系中所测量的长度是不一样的,即长度是相对的。

设有两个参考系,运动的参考系 S' 系和静止的参考系 S 系,S' 系相对于 S 系以速度 v 向前运动。假定直尺 $A'B'$ 相对惯性 S' 静止,如图 17-7 所示。

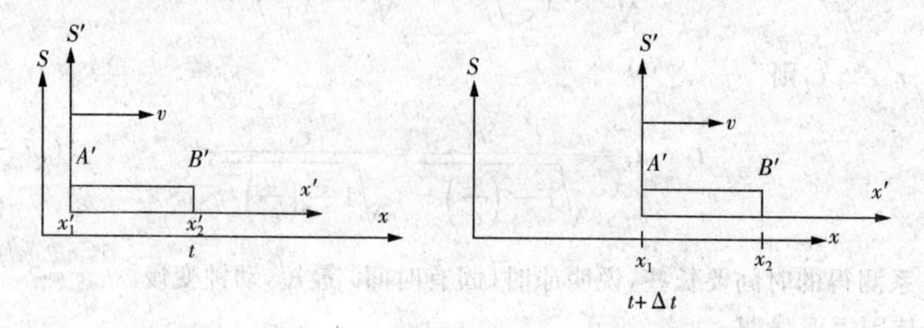

a) 在t时刻$A'B'$的位置　　b) 在$t+\Delta t$时刻$A'B'$的位置

图 17-7　长度的收缩

在运动参考系 S' 系中测量的 $A'B'$ 的长度为固有长度,设其两端的坐标分别为 x'_1、x'_2,则有

$$L_0 = x'_2 - x'_1 \tag{17-27}$$

在静止参考系 S 系中,直尺 $A'B'$ 的长度的测量应为运动长度,设其两端的坐标分别为 x_1、x_2,则有

$$L = x_2 - x_1 \tag{17-28}$$

由于 S 系相对于 $A'B'$ 运动,在测量两端坐标时,必须同时测量,即 $t_1 = t_2$,根据洛伦兹变换 $\begin{cases} x'_1 = \gamma(x_1 - vt_1) \\ x'_2 = \gamma(x_2 - vt_2) \end{cases}$,得

$$L_0 = L' = x'_2 - x'_1 = \gamma(x_2 - x_1) = \gamma L \tag{17-29}$$

式(17-29)中由于 $\gamma = \dfrac{1}{\sqrt{1-\left(\dfrac{v}{c}\right)^2}} > 1$,则有 $L_0 > L$。也就是说,物体沿运动方向的长度出现收缩现象,这种现象被称为洛伦兹收缩。

【例 17-5】 原长为 10m 的飞船以 $u = 3\times10^3\,\mathrm{m/s}$ 的速率相对于地面匀速飞行时,从地面上测量,它的长度是多少?

解　相对于飞船静止的惯性系观测到的飞船长度为固有长度,飞船相对于地面上的观测者是运动的,所以有

$$l = l_0\sqrt{1-\frac{u^2}{c^2}} = 10\sqrt{1-(3\times10^3/3\times10^8)^2}\,\text{m} \cong 9.9999999995\text{m}$$

可见，由于飞船的速度远小于光速，长度收缩效应不明显。

§17－4　狭义相对论的动力学基础

前面几节中讨论的是狭义相对论的运动学效应，本节中将要讨论狭义相对论的动力学效应。其中主要讨论的问题为：质速关系；牛顿运动定律的相对论形式；动能与质能的关系；最后讨论动量与能量的关系。

1. 相对论动量　质量和速率的关系

根据狭义相对论原理，可知任何物理学定律在所有的惯性系中的表现形式是相同的。因而，动量守恒定律在所有的惯性系中具有相同的形式。在经典力学建立起来的动量守恒定律在高速领域中不再适应，因此，需要重新定义动量，以满足在高速领域中的动量守恒定律。

在经典力学中，物体的动量是物体的质量与物体运动速度的乘积，即

$$\boldsymbol{p} = m\boldsymbol{v} \tag{17-30}$$

其中，物体的质量是与速度无关的常量，动量与速度成正比关系，而且在不同的惯性系中物体的速度变换都遵循伽利略变换。但是，在洛伦兹变换条件下要使动量守恒定律对所有的惯性系成立，需要对动量表达式进行修正。

根据狭义相对论原理和洛伦兹变换式，动量守恒在任意惯性系中都保持不变性，即物体的动量表达式为

$$\boldsymbol{p} = \frac{m_0\boldsymbol{v}}{\sqrt{1-\left(\frac{v}{c}\right)^2}} = \gamma m_0\boldsymbol{v} \tag{17-31}$$

式(17－31)被称为相对论动量表达式。

根据动量的基本定义可知

$$\boldsymbol{p} = m\boldsymbol{v} \tag{17-32}$$

其中

$$m = \frac{m_0}{\sqrt{1-\left(\frac{v}{c}\right)^2}} \tag{17-33}$$

式(17 - 33) 被称为质量速度关系,其中 m_0 为物体静止时的质量,称为静质量,v 为物体相对于惯性系运动的速度。当物体运动时,有 $m > m_0$,即物体运动时的质量大于静止质量,说明物体的质量随着运动速度的增加而增加。

2. 狭义相对论力学的基本方程

在经典力学中,由于物体的质量不随速度的变化而变化,所以,动力学的基本方程为 $\boldsymbol{F}=\frac{\mathrm{d}\boldsymbol{p}}{\mathrm{d}t}=\frac{\mathrm{d}}{\mathrm{d}t}(m\boldsymbol{v})$。在狭义相对论中,我们仍用上式的形式,但此处的物体质量是速度的函数,即

$$\boldsymbol{F}=\frac{\mathrm{d}}{\mathrm{d}t}\left(\frac{m_0}{\sqrt{1-\left(\frac{v}{c}\right)^2}}\boldsymbol{v}\right) \tag{17-34}$$

式(17 - 34) 称为相对论动力学基本方程。当物体运动的速度远小于光速时,则上式可以转化为牛顿第二定律的基本方程。

3. 相对论动能和质能关系

在狭义相对论中,假设其功能关系仍然可以由经典力学中的功能关系导出,根据相对论动力学基本方程,可知物体的动能为

$$E_\mathrm{k}=mc^2-m_0c^2 \tag{17-35}$$

式(17 - 35) 便是狭义相对论的动能关系式。

当物体的运动速度 $v\to c$ 时,即物体要获得与光相同的速度,外力所做的功需要是无限大,这样的功是不存在的,因此光速是物体运动的极限速度。当物体运动速度 $v\ll c$ 时,根据泰勒展开式,则有

$$E_\mathrm{k}=\left(\frac{m_0}{\sqrt{1-\left(\frac{v}{c}\right)^2}}-m_0\right)c^2$$

$$=m_0\left[1+\frac{1}{2}\left(\frac{v}{c}\right)^2-1\right]c^2$$

$$=\frac{1}{2}m_0v^2$$

于是就得到了在低速领域中的经典力学的动能关系。

在式(17 - 35) 中,m_0c^2 是物体静止质量和光速平方的乘积,爱因斯坦称之为物体的静能,用 E_0 表示,即

$$E_0 = m_0 c^2 \tag{17-36}$$

它是因为物体有了质量而具有的能量，是物体内部的能量的总和。

式(17-35)中，mc^2 是物体的动能和静能的总和，爱因斯坦称为物体的总能量，用 E 表示，即

$$E = mc^2 = E_k + E_0 \tag{17-37}$$

式(17-37)就是著名的相对论质能关系式。它是狭义相对论中一个重要的结论，由式(17-37)可以看出，物体的质量和能量这两个物理量是紧密相关的。如果物体的质量发生 Δm 的变化，其能量也必然发生 ΔE 的变化，两者之间的关系为

$$\Delta E = \Delta mc^2 \tag{17-38}$$

上式表明物体质量减少，必然会释放相应的能量。在原子核反应中，无论是核聚变还是核裂变都会释放大量的能量，根据质能关系式，该质量应该等于反应粒子与生成粒子的静止质量之差，称之为质量亏损，用 Δm_0 表示，即

$$\Delta E = \Delta m_0 c^2 \tag{17-39}$$

这是原子核反应的一个基本公式。

4. 动量和能量的关系

根据相对论中的动量 p、静能 E_0 和总能量 E 之间的关系，由 $E = \dfrac{m_0 c^2}{\sqrt{1-(\frac{v}{c})^2}}$ 和 $p = \dfrac{m_0 v}{\sqrt{1-(\frac{v}{c})^2}}$ 可以得到

$$E^2 = p^2 c^2 + m_0^2 c^4 \tag{17-40}$$

上式就是相对论动量和能量的关系。它们之间的关系可用如图 17-8 所示的三角形表示：

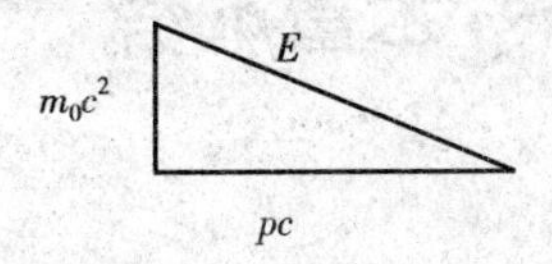

图 17-8　相对论中动量、总能量和静能量的关系

由 $E = mc^2$ 和 $p = mv$ 可以得到

$$v = \frac{c^2}{E} p \tag{17-41}$$

如果令式(17-40)中的 $m_0=0$,则 $E=pc$,将其带入式(17-41)中得到

$$v=\frac{c^2p}{pc}=c \tag{17-42}$$

上式表明没有静质量的粒子(光子就是这种粒子)速度等于光速。

【例17-6】 静止质量为 m_0 的粒子的运动速度为 v,则其总能量是多少?求当 $v=0.8c$ 时,其质量与静质量的比值。

解 (1) $E=mc^2=\dfrac{m_0c^2}{\sqrt{1-\left(\dfrac{v}{c}\right)^2}}$

(2) $\dfrac{m}{m_0}=\dfrac{1}{\sqrt{1-(0.8c)^2/c^2}}=\dfrac{5}{3}$

【例17-7】 试计算氢弹爆炸中核聚变反应之一所释放出的能量,其聚变方程为

$${}_1^2\mathrm{H}+{}_1^3\mathrm{H}\rightarrow{}_2^4\mathrm{He}+{}_0^1\mathrm{n}$$

其中,氘核:$m_1=3.3437\times10^{-27}\,\mathrm{kg}$;氚核:$m_2=5.0049\times10^{-27}\,\mathrm{kg}$;氦核:$m_3=6.6425\times10^{-27}\,\mathrm{kg}$;中子:$m_4=1.6750\times10^{-27}\,\mathrm{kg}$。

解 根据上式的聚变反应方程,可知质量的亏损为

$$\Delta m_0=(m_1+m_2)-(m_3+m_4)=0.0311\times10^{-27}\,\mathrm{kg}$$

则在反应中释放的能量应为

$$\Delta E_k=\Delta m_0c^2=2.799\times10^{-12}\,\mathrm{J}$$

1kg这种核燃料所释放的能量为

$$\frac{\Delta E}{m_1+m_2}=\frac{2.799\times10^{-12}}{8.3486\times10^{-27}}\,\mathrm{J/kg}=3.35\times10^{14}\,\mathrm{J/kg}$$

这相当于同质量的优质煤燃烧所释放热量的1000多万倍。

本章小结

1. 牛顿的绝对时空观

在一切惯性系中,力学现象的规律都是等价的,即长度和时间的测量与参考系无关,而且时空相互独立。

伽利略坐标变换式:$x'=x-vt,y'=y,z'=z,t'=t$;

伽利略速度变换式:$u'_x=u_x-v,u'_y=u_y,u'_z=u_z$。

2. 狭义相对论基本原理

爱因斯坦相对性原理：物理定律在所有的惯性系中都具有相同的表达式，即所有的惯性参考系对所有物理规律的描述都是等效的。

光速不变原理：真空中的光速是常量，它与光源或观测者的运动无关，即不依赖于惯性系的选择。

3. 狭义相对论的时空观

长度和时间的测量是相互联系的，且与观察者所在的参考系有关，即

$$\Delta t = \Delta t' / \sqrt{1 - v^2/c^2}, L = L_0 \sqrt{1 - v^2/c^2}$$

4. 洛伦兹变换

洛伦兹坐标变换 $\begin{cases} x' = (x - vt) / \sqrt{1 - v^2/c^2}, \\ y' = y, \\ z' = z, \\ t' = (t - vx/c^2) / \sqrt{1 - v^2/c^2}; \end{cases}$

洛伦兹速度变换 $\begin{cases} u'_x = (u_x - v)/(1 - vu_x/c^2), \\ u'_y = u_y \sqrt{1 - v^2/c^2} / (1 - vu_x/c^2), \\ u'_z = u_z \sqrt{1 - v^2/c^2} / (1 - vu_x/c^2)。 \end{cases}$

5. 相对论中的质量、动量和能量的关系

质量与速度的关系：$m = m_0 / \sqrt{1 - v^2/c^2}$；

动量与速度的关系：$p = mv = m_0 v / \sqrt{1 - v^2/c^2}$；

质量与能量的关系：$E = mc^2 = m_0 c^2 / \sqrt{1 - v^2/c^2}$。

6. 相对论中能量与动量的关系

$$E^2 = p^2 c^2 + m_0^2 c^4$$

习　题

17-1　关于同时性的以下结论中，正确的是(　　)。

A. 在一惯性系同时发生的两个事件，在另一惯性系一定不同时发生

B. 在一惯性系不同地点同时发生的两个事件,在另一惯性系一定同时发生

C. 在一惯性系同一地点同时发生的两个事件,在另一惯性系一定同时发生

D. 在一惯性系不同地点不同时发生的两个事件,在另一惯性系一定不同时发生

17-2　远方的一颗星以 $0.8c$ 的速度离开我们,地球惯性系的时钟测得它辐射出来的闪光按 5 昼夜的周期变化,固定在此星上的参照系测得的闪光周期为(　　)。

A. 3 昼夜　B. 4 昼夜　C. 6.5 昼夜　D. 8.3 昼夜

17-3　宇宙飞船相对地面以匀速度 v 直线飞行,某一时刻宇航员从飞船头部向飞船尾部发出一光讯号,经 Δt 时间(飞船上的钟)后传到尾部,则此飞船固有长度为(　　)。

A. $c\Delta t$　B. $v\Delta t$　C. $\dfrac{c\Delta t}{\sqrt{1-(\frac{v}{c})^2}}$　D. $\sqrt{1-(\frac{v}{c})^2}\,c\Delta t$

17-4　一列高速火车以速度 u 驶过车站时,固定在站台上的两只机械手在车厢上同时划出两个痕迹,静止在站台上的观察者同时测出两痕迹之间的距离为 1m,则车厢上的观察者应测出这两个痕迹之间的距离为__________。

17-5　某人测得一静止棒长为 l,质量为 m,于是求得此棒的线密度为 $\rho=\dfrac{m}{l}$,假定此棒以速度 v 垂直于棒长方向运动,则它的线密度为__________。

17-6　有一速度为 u 的宇宙飞船沿 x 轴正方向飞行,飞船头尾各有一个脉冲光源在工作,处于船尾的观察者测得船头光源发出的光脉冲的传播速度大小为__________;处于船头的观察者测得船尾光源发出的光脉冲的传播速度大小为__________。

17-7　一宇宙飞船固有长度 $L_0=90\text{m}$,相对地面以 $v=0.8c$ 匀速度在一观测站上空飞过,则观测站测得飞船船身通过观测站时间间隔是多少?宇航员测得船身通过观测站的时间隔是多少?

17-8　在惯性系 S 中,有两事件发生于同一地点,且第二事件比第一事件晚发生 $\Delta t=2\text{s}$;而在另一惯性系 S' 中,观测第二事件比第一事件晚发生 $\Delta t'=3\text{s}$. 那么在 S' 系中发生两事件的地点之间的距离是多少?

17-9　一电子以 $v=0.99c$(c 为真空中光速)的速率运动。试求:

(1) 电子的总能量是多少?

(2) 电子的经典力学的动能与相对论动能之比是多少?(电子静止质量 $m_e=9.11\times10^{-31}\text{kg}$)

第 18 章　量子物理基础

“我思考量子力学的时间百倍于广义相对论，但依然不明白。”

——阿尔伯特·爱因斯坦

“如果一个人没有被量子力学所震惊，那么他根本就不懂量子力学。”

——尼尔斯·玻尔

20 世纪初以来，物理学的研究范围扩展到高速运动的物体和微观粒子，物理学理论随之高速发展。通常，把 20 世纪初以来所建立的新的物理学理论称为近代物理。20 世纪初，爱因斯坦建立了相对论；20 世纪 30 年代由海森堡、薛定谔、狄拉克等建立了量子力学。量子论和相对论是 20 世纪初的重大理论成果，是近现代物理学的理论支柱。量子论是研究微观粒子运动规律及物质的微观结构的理论，它的建立开辟了人们认识微观世界的道路，找到了探索原子、分子的微观结构及在原子、分子水平上探索物质结构的理论方法。

19 世纪末发现了一些新的实验现象，如黑体辐射、光电效应、康普顿散射等，这些现象无法用光的电磁波理论解释，它们揭示了光不仅具有波动性，还有粒子性，光具有波粒二象性。进一步的研究表明，一切实物粒子都具有波粒二象性，波粒二象性是一切物质的普遍属性。由于微观粒子具有波粒二象性，因此它们的位置和动量不能同时被确定，这是微观粒子运动的基本特征，微观粒子运动的状态需要用新的方法即波函数来描述。从 19 世纪末到 20 世纪 20 年代，人们对微观领域进行了大量的研究，力图建立反映微观粒子运动规律的新理论。经过许多物理学家的努力，逐步建立了有关微观粒子运动规律的较完整的理论，即量子力学。本篇主要介绍量子理论的实验基础和非相对论量子力学的入门知识，这些知识对于我们了解微观世界中粒子运动的规律，深入认识客观世界的本质，进一步学习相关的后续课程都是必要的。

§18－1 黑体辐射 普朗克能量子假设

1. 热辐射

加热一个铁块时，起初只能感觉到它在发热，看不到发光，当温度上升到500℃以上，它就变成红色，开始辐射出光线。随着温度继续上升，颜色由红变成橙色，再变成白色。根据波动光学知识，我们可以说所发出电磁波的波长在不断地变短，或者说频率在不断地增高。其他物体在加热时也会发光，所发出的光的颜色同样随着温度类似地变化。

任何物体在任何温度下都会发射各种波长(或频率)的电磁波，不同温度下所发出的电磁波的强度按波长的分布也不同，这种强度分布随温度变化的电磁辐射称为热辐射。热辐射是由于物质中的分子、原子等受到热激发而产生的。

为了定量描述物体热辐射的能力，我们把一定温度 T 下，单位时间内从物体表面单位面积上在所有波长范围内所辐射的电磁波能量总和称为辐出度，记为 $M(T)$；为了更加细致描述热辐射现象，我们把单位时间内从物体表面单位面积上在波长 λ 附近的单位波长范围内所辐射的电磁波能量称为单色辐出度，记为 $M(\lambda, T)$。显然，辐出度与单色辐出度之间有如下关系

$$M(T)=\int_{0}^{\infty} M(\lambda, T)\mathrm{d}\lambda \tag{18-1}$$

物体不仅能够发射电磁波，而且也可以吸收和反射电磁波。实验表明，同一温度下，物体吸收电磁波的能力与其发射能力成正比。物体在某个波长范围内发射电磁波的能力越大，则它吸收该波长范围内电磁波的能力也越大。一般来说颜色越深的物体其吸收和发射电磁波的能力越强。我们把能够全部吸收外来一切电磁辐射的物体称为绝对黑体，简称黑体。黑体只是一种理想的模型，炭黑能够很好地吸收外来的电磁波，可以近似地看成黑体。一个开小孔的不透光空腔几乎可以全部吸收外来的电磁波，可视为绝对黑体模型，如图 18－1。

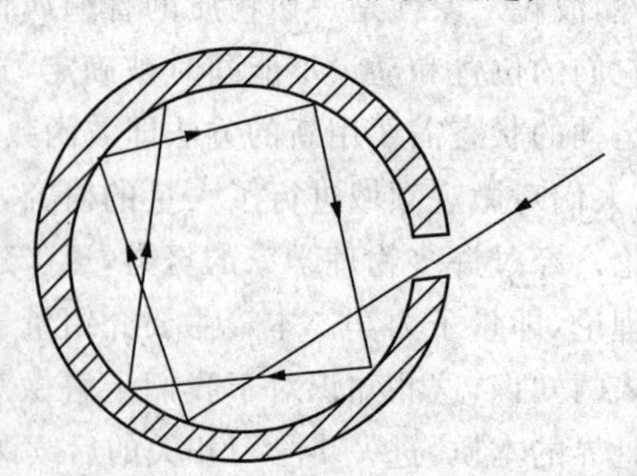

图 18－1 绝对黑体模型

2. 黑体辐射的实验定律

根据实验，在不同温度下黑体辐射能量按波长的分布曲线如图 18－2 所示。

自下而上的 4 条曲线对应的温度分别是 1100K、1300K、1500K 和 1700K。通过对实验数据进行分析，可以得到下面两个经验公式。

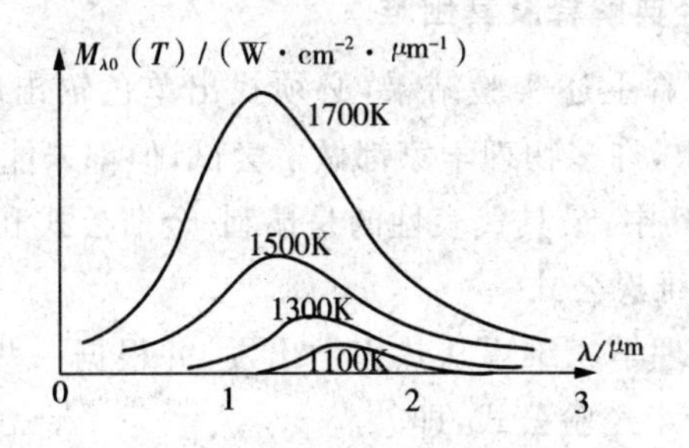

图 18－2　绝对黑体的辐出度按波长分布曲线

(1) 斯特藩-玻耳兹曼定律

黑体的辐出度 $M_B(T)$（即图 18－2 中曲线与横坐标轴所围的面积）与黑体的热力学温度 T 的四次方成正比，即

$$M_B(T)=\sigma T^4 \tag{18-2}$$

其中比例系数 $\sigma=5.670\times10^{-8}\,\mathrm{W\cdot m^{-2}\cdot K^{-4}}$，称为斯特藩常量。可见黑体的辐出度随温度的升高急剧增加。

(2) 维恩位移定律

当黑体的热力学温度 T 升高时，与单色辐出度 $M_B(\lambda,T)$ 的最大值相对应的波长 λ_m 以同样的比例向短波方向移动，即 $\lambda_m\propto T^{-1}$。这个规律用波长形式表示为

$$\lambda_m=b/T \tag{18-3}$$

其中 λ_m 为辐射最强时的波长位置。比例系数 $b=2.898\times10^{-3}\,\mathrm{m^{-1}K}$，称为维恩常量。

根据维恩位移定律可知，温度升高，峰值波长向短波方向移动。可以算出温度较低（常温），辐射波长在红外区，随着温度的升高，λ_m 向短波方向移动，辐射由红变黄、变白。

【例 18－1】　温度为室温（27℃）的黑体，其辐出度是多少？

解　由斯特藩-玻耳兹曼定律得到辐出度为

$$M_B(T)=\sigma T^4=5.67\times10^{-8}\times300^4=459(\mathrm{Wm^{-2}})$$

【例 18-2】 实验测得太阳辐射最强处的波长为 4.65×10^{-7} m,假定太阳可以近似看成黑体,试估算太阳表面的温度。

解 根据维恩位移定律,$\lambda_m T=b$,由 $\lambda_m=4.65\times10^{-7}$ m,可得太阳表面的温度大约为

$$T=\frac{b}{\lambda_m}=\frac{2.898\times10^{-3}}{4.65\times10^{-7}}=6.232\times10^{3}(\mathrm{K})。$$

3. 黑体辐射的经典解释及其困难

为了从理论上解释上述实验结果,必须找出单色辐出度 $M_B(\lambda,T)$ 的数学表达式。在19世纪末,许多物理学家都做了尝试,但都未能如愿,反而得到了与实验不相符的结果,其中,最具代表性的是瑞利-金斯公式和维恩公式。

(1) 黑体辐射的维恩公式

1896 年,德国物理学家维恩从热力学出发,并根据一些特殊的假设提出了一个黑体辐射半理论半经验公式,即

$$M_B(\lambda,T)=A\lambda^{-5}e^{-B/\lambda T} \tag{18-4}$$

上式称为维恩公式,式中的常量 A 和 B 由实验确定。

(2) 黑体辐射的瑞利-金斯公式

1900 年 6 月,英国物理学家瑞利发表论文批评维恩在推导辐射公式时引入的假设不可靠。他利用电磁波振动模型导出了一个新的辐射公式,后经金斯改进,合称瑞利-金斯公式,即

$$M_B(\lambda,T)=C\lambda^{-4}T \tag{18-5}$$

公式中 C 是需要用实验确定的待定常量。

上述两个理论公式与实验数据的对比如图 18-3 所示。理论依据不足的维恩公式在短波部分与实验符合,但在长波部分与实验有较大的误差;与之相反,瑞利-金斯公式在长波部分符合得较好,但在短波部分与实验明显不相符,特别是当波长趋于无穷小时,辐出度趋于无穷大,这在物理上是不能接受的。

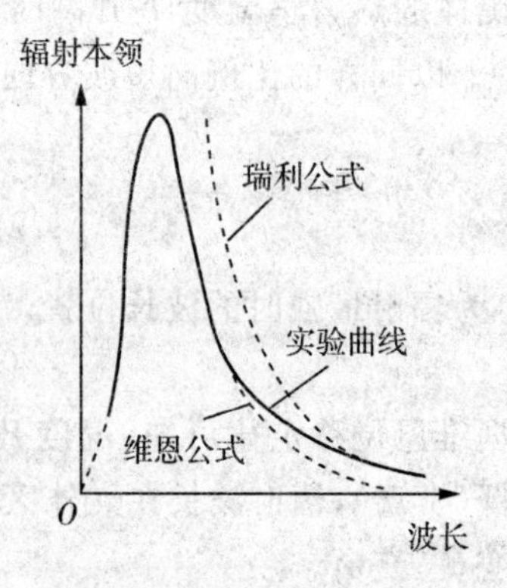

图 18-3 热辐射的理论公式与实验结果的比较

瑞利-金斯公式是严格按照经典电磁场理论和经典统计物理理论导出的,它在短波部分与实验的矛盾不可调

和，给物理学界带来很大困惑，在当时被称为是“紫外灾难”，它动摇了经典物理的基础。

4. 普朗克公式与能量子假设

在得知上述理论与实验的矛盾之后，德国物理学家普朗克坚信实践第一的观点，认为理论仅仅在符合实际时才是正确的。维恩公式仅在短波部分是正确的，而瑞利-金斯公式仅在长波部分才正确，一个在全频范围内都正确的公式应该以瑞利-金斯公式为长波极限，而以维恩辐射定律为短波极限。

1900 年，普朗克从理论上推导出一个与实验符合得很好的公式：

$$M_{B}(\lambda, T)=\frac{2\pi hc^{2}\lambda^{-5}}{e^{hc/\lambda kT}-1} \tag{18-6}$$

上式称为普朗克公式，式中 $h=6.626\times10^{-34}$ J·s 称为普朗克常数。普朗克导出的这个新的辐射公式，虽然没有现成的理论依据，但是在短波时趋近维恩公式，在长波时则趋近瑞利公式，与实验完全一致，而且在中频部分和实验曲线符合得也非常好。

为了导出上面的公式，普朗克提出了与经典物理学概念截然不同的新假设——能量量子化：把组成空腔壁的分子、原子的振动看成线性谐振子，它吸收或发射电磁辐射能量时，有一个基本单元。这个能量的基本单元与振子的频率成正比，即 $\Delta\varepsilon=h\nu$，称为能量子。空腔壁上带电谐振子所吸收或发射的能量必须是能量子 $h\nu$ 的整数倍，即

$$E=n\Delta\varepsilon=nh\nu, n=1,2,3,\cdots \tag{18-7}$$

换句话说，空腔腔壁与腔内电磁场交换的能量不是连续的，而是以不连续的量子方式进行的。

在上述假设的基础上，利用统计物理方法可以从理论上推出普朗克公式(18-6)，而根据普朗克公式可以推导出斯特藩-玻耳兹曼定律和维恩位移定律，说明理论与实验是相符的。

【例 18-3】 设有一音叉尖端的质量为 0.05kg，将其频率调到 $\nu=480$Hz，振幅 $A=1.0\times10^{-3}$m。求尖端振动的量子数。

解　振动能量为

$$E=\frac{1}{2}m\omega^{2}A^{2}=\frac{1}{2}m(2\pi\nu)^{2}A^{2}=0.227\text{J}$$

由能量量子化公式 $E=nh\nu$，得到

$$n=E/h\nu=7.13\times10^{29}$$

可见,对宏观谐振子,量子数 n 非常大,n 每改变一个单位,能量的相对变化率 $\Delta E/E$ 非常小,实际上无法观察到,所以可认为能量是连续变化的,或者可以把普朗克常数看成零;而对于微观谐振子(分子、原子等),量子数 n 比较小,能量的变化量 ΔE 与其现有能量 E 的数量级相同,普朗克常数 h 不可忽略,能量量子化的特性便显现出来了。

§18-2 光电效应与光子

1. 光电效应

在紫外光的照射下,电子从金属表面逸出的现象叫做光电效应。如图 18-4 所示为光电效应实验的示意图,在阳极 A 与阴极 K 之间加上电压 U,当紫外线照射到金属阴极 K 上时,回路中就会出现电流,称为光电流。

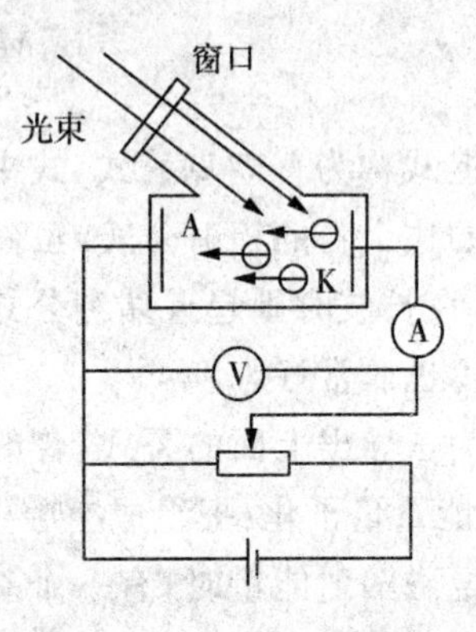

图 18-4 光电效应实验

在正常情况下,金属里的自由电子受到正电荷的束缚,就像井里的皮球,需要一定的能量才能从金属表面逸出,这个过程中电子所做的最小功称为逸出功,记为 W,其大小与金属的性质有关。光具有一定的能量,当它射入金属时,金属里的自由电子就会吸收光从而得到能量 E,当 E 大于逸出功 W 时,电子就能摆脱束缚从金属表面逸出,逸出后的最大动能为

$$E_k = E - W \tag{18-8}$$

按经典理论,光是一种电磁波,其强度与光的频率 ν 无关,完全由电磁振动的振幅决定。只要光的振幅足够大,经过一段时间后电子就会吸收很大的能量,从而摆脱金属的束缚,形成光电流。然而,光电效应的实验研究发现:

① 存在一个截止频率 ν_0(红限),只有当入射光频率 $\nu > \nu_0$ 时,电子才能逸出金属表面;当入射光频率 $\nu < \nu_0$ 时,无论光强多大、无论光照射时间多长,也无光电流出现。截止频率 ν_0 的大小与金属的性质有关,参见表 18-1。

表 18-1　几种金属的截止频率

金属	钨	铂	钙	钠	钾	铷	铯
截止频率 ν_0(10^{14} Hz)	10.95	9.60	7.73	5.53	5.44	5.15	4.69

② 存在一个反向遏止电压 U_A，当外电路电压 $U \leqslant -U_A$ 时，不存在光电流，这说明逸出的光电子的动能有一个上限 eU_A。实验表明，遏止电压 U_A 与入射光的频率 ν 之间存在线性关系(如图 18-5)，即

$$U_A = k\nu - k\nu_0 \tag{18-9a}$$

或者

$$eU_A = ek\nu - ek\nu_0 \tag{18-9b}$$

上式中的系数 k 与金属的性质无关。

③ 在满足上述条件时，只要光一照，立即出现光电流。根据测量，从光开始照射金属表面到发射光电子，时间间隔不超过 10^{-9} s。

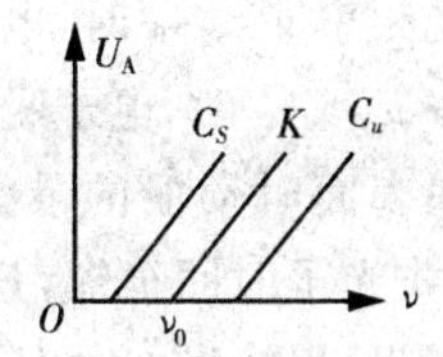

图 18-5　遏止电压与入射光频率的关系

光电效应实验所表现出的这些特点，是经典理论所无法解释的。按照经典理论，无论何种频率的入射光，只要强度足够大，就能使电子具有足够的能量逸出金属。但实验结果显示，若入射光的频率小于截止频率，无论其强度多大，都不能产生光电效应。另外，依据经典理论，电子逸出金属所需的能量，需要有一定的时间积累，一直积累到足以使电子逸出金属表面为止。然而，实验却指出，光的照射和光电子的释放，几乎是同时发生。可见，要解释光电效应必须用新的理论。

2. 光量子假设

为了正确地说明光电效应，我们把式(18-8)与实验公式(18-9b)进行对比。由于光电子动能的上限 eU_A 等于其最大动能 E_k，因此有

$$ek\nu - ek\nu_0 = E - W \tag{18-10}$$

上式中左边的 $ek\nu$ 与右边的 E 都与金属的性质无关，而左边的 $ek\nu_0$ 与右边的 W 都与金属的性质有关，由此可以推测出电子吸收的光能为 $E = ek\nu$，而逸出功为 $W = ek\nu_0$。

1905 年，爱因斯坦在普朗克能量子假设的启发下，通过对光电效应实验结

果的分析,提出了光量子假设。他认为光在空间传播时,具有粒子性,一束光就是一束以光速运动的粒子流,这些粒子称为光量子,简称光子。频率为ν的光的一个光子具有的能量为$h\nu$。在光电效应中,电子要么吸收整个一份能量,要么一点也不吸收。

按爱因斯坦的光量子假设,在光电效应中,金属中的电子吸收了光子的能量,一部分消耗在电子逸出功W上,另一部分变为光电子的动能,即有爱因斯坦光电效应公式

$$h\nu = E_k + W \tag{18-11}$$

利用爱因斯坦光量子假设和公式(18-10),我们还可以看出实验公式(18-9a)中斜率k和截止频率ν_0的物理意义是

$$k = h/e, \quad \nu_0 = W/h \tag{18-12}$$

当入射光频率$\nu < \nu_0$时,电子吸收的能量小于逸出功,无法逸出金属表面;当入射光频率$\nu > \nu_0$时,电子吸收的能量大于逸出功,可以逸出金属表面,而且电子逸出金属表面时动能的最大值等于反向遏止电压所对应的电势能(绝对值)。电子吸收光子时间很短,只要光子频率大于截止频率,电子就能立即逸出金属表面,无需积累能量的时间,与光强无关。

美国物理学家密立根花了十年时间做了“光电效应”实验,在1915年证实了爱因斯坦光电效应公式,所得实验值ke与普朗克常数h完全一致,又一次证明了“量子”假设的正确性。

【例18-4】 实验测出钾的截止频率$\nu_0 = 5.44\times10^{14}$ Hz,求其逸出功W。如果以波长$\lambda = 435.8$nm的光照射,求反向遏止电压U_A。

解 由$\nu_0 = W/h$,得到

$$W = h\nu_0 = 6.63\times10^{-34}\times5.44\times10^{14} = 3.616\times10^{-19}(\text{J})$$

与波长$\lambda = 435.8$nm相对应的频率为

$$\nu = \frac{c}{\lambda} = \frac{3\times10^8}{435.8\times10^{-9}} = 6.88\times10^{14}(\text{Hz})$$

由$U_A = k\nu - k\nu_0 = (h\nu - W)/e$,得到

$$U_A = (6.63\times10^{-34}\times6.88\times10^{14} - 3.616\times10^{-19})/1.6\times10^{-19} = 0.59(\text{V})$$

3. 光的波粒二象性

在波动光学中讲过,干涉和衍射表明光是一种波动——电磁波,现在光电效应又表明光是粒子——光子,综合起来,光既有波动性,又有粒子性,即具有

波粒二象性。光在传播过程中表现出波动性，如干涉、衍射、偏振等现象；光在与物质发生作用时表现出粒子性，如光电效应以及下面要讲到的康普顿效应。光的本质在于这两者的对立统一。

波动性用波长 λ 和频率 ν 描述，粒子性用能量 ε 和动量 p 描述，按照量子假设，光子的能量为

$$\varepsilon = h\nu \tag{18-13}$$

根据相对论的质能关系，$\varepsilon = mc^2$，光子的质量为 $m = h\nu/c^2$，由此可得光子的动量为

$$p = mc = \frac{h\nu}{c} = \frac{h}{\lambda} \tag{18-14}$$

式(18－13)和式(18－14)是描述光性质的基本关系式，等式左边描述光的粒子性，右边描述光的波动性，普朗克常数 h 将光的粒子性与波动性联系起来。

【例 18－5】　求波长为 20nm 紫外线光子的能量和动量。

解　由光性质的基本关系式(18-13)和式(18-14)，可以得到该光子能量和动量分别为

$$\varepsilon = h\nu = hc/\lambda = \frac{6.63\times10^{-34}\times3\times10^{8}}{20\times10^{-9}} = 9.95\times10^{-18}(\text{J})$$

$$p = h/\lambda = \frac{6.63\times10^{-34}}{20\times10^{-9}} = 3.3\times10^{-26}(\text{kg}\cdot\text{m}\cdot\text{s}^{-1})$$

4. 康普顿效应

1922～1923 年，康普顿研究了 X 射线被轻物质(石墨、石蜡等)散射后光的谱线，发现散射谱线中除了有波长与原波长相同的成分外，还有波长较长(频率较低)的成分，这种散射现象称为康普顿效应。

如图 18－6 所示是康普顿效应的示意图，从 X 射线管发出波长为 λ_0 的 X 射线，被轻物质(如石墨)散射后，散射光的波长为 λ，散射方向和入射方向之间的夹角为 θ，称为散射角，如图 18－7 所示是康普顿效应的实验结果。

从实验结果中可见：

① 散射光中除了和原波长 λ_0 相同的谱线外还有 $\lambda > \lambda_0$ 的谱线；

② 波长的改变量 $\Delta\lambda = \lambda - \lambda_0$ 随散射角 θ 的增大而增加，而与散射物质的种类及入射光的波长无关；

③ 在同一散射角下，对于不同元素的散射物质，波长的改变量相同。波长 λ 的散射光强度随散射物原子序数的增加而减小。

按照波动理论，单色电磁波作用于带电粒子上时，会引起受迫振动并向外

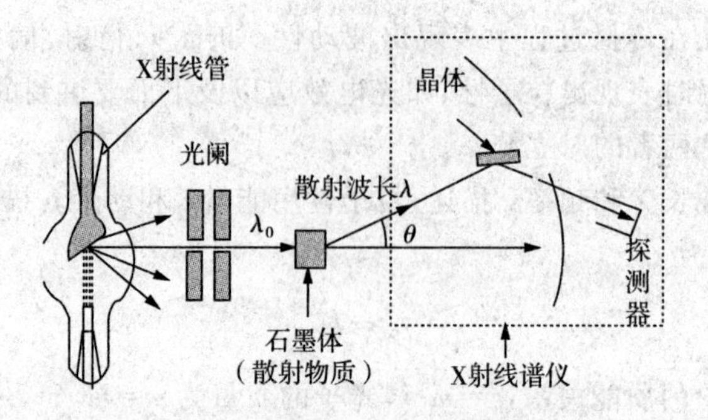

图 18－6　康普顿效应实验装置示意图

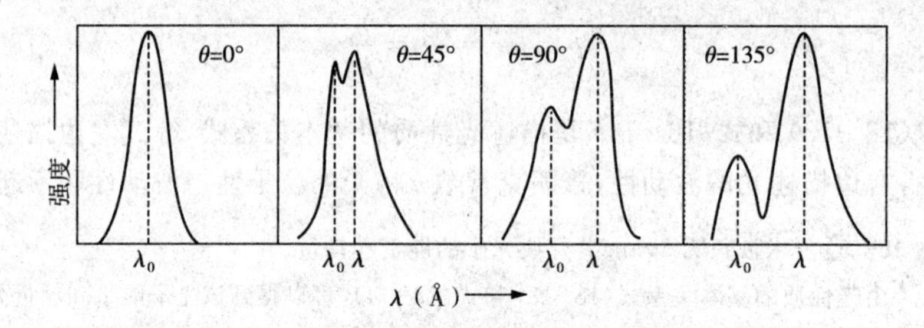

图 18－7　康普顿效应的实验结果

辐射电磁波,受迫振动的频率等于入射光波的频率。因此,散射光的波长λ应与入射光的波长λ_0相同,不应出现波长变长的现象。

康普顿利用光子理论成功解释了实验结果。按照光子理论,X 射线为一些$\varepsilon=h\nu$的光子,散射时与散射物质的粒子发生完全弹性碰撞,粒子获得一部分能量。由于能量守恒,散射的光子能量减小,因而频率减小,波长变长。由于波长的改变量与散射物质的种类无关,因此物质粒子应该是各种原子中相同的成分,即电子。

设电子的静止质量为m_0,由于电子在碰撞前的平均动能与其静止能量m_0c^2或入射的 X 射线光子的能量比起来可以略去不计,因而这些电子在碰撞前可以近似看作是静止的;弹性碰撞后,电子的能量变为mc^2,动量变为mv。光子在散射前的能量为hc/λ_0,动量为$h/\lambda_0\boldsymbol{n}_0$;散射后的能量为$hc/\lambda$,动量为$h/\lambda\boldsymbol{n}$,这里$\boldsymbol{n}_0$和$\boldsymbol{n}$分别为碰撞前和碰撞后的光子运动方向上的单位矢量,它们与散射角的关系为$\cos\theta=\boldsymbol{n}\cdot\boldsymbol{n}_0$。按照能量和动量守恒定律,有

$$\frac{hc}{\lambda_0}+m_0c^2=\frac{hc}{\lambda}+mc^2,\ \frac{h}{\lambda_0}\boldsymbol{n}_0=\frac{h}{\lambda}\boldsymbol{n}+m\boldsymbol{v} \qquad (18-15)$$

将上面两式中第一式的平方减去第二式的平方,得到

$$\frac{2}{\lambda\lambda_0}(\cos\theta-1)+2\left(\frac{1}{\lambda_0}-\frac{1}{\lambda}\right)\frac{m_0c}{h}+\left(\frac{m_0c}{h}\right)^2=\left(\frac{mc}{h}\right)^2-\left(\frac{mv}{h}\right)^2$$

计算中我们已经利用了散射角与单位矢量的关系。考虑到相对论质量与速度的关系，容易得到

$$\frac{2}{\lambda\lambda_0}(\cos\theta-1)+2\left(\frac{1}{\lambda_0}-\frac{1}{\lambda}\right)\frac{m_0c}{h}=0$$

化简后可以得到波长的改变量为

$$\Delta\lambda=\lambda-\lambda_0=\lambda_c(1-\cos\theta) \tag{18-16}$$

这个结果称为康普顿散射公式，式中 $\lambda_c=h/(m_0c)=2.4263\times10^{-12}$ m 称为电子的康普顿波长。

上式表明波长的改变量与散射物质的种类及入射光的波长无关，只与散射角 θ 有关，随 θ 的增大，$\Delta\lambda$ 增大，与实验数据相符。

由于电子的康普顿波长非常小，康普顿散射只有在入射光的波长也很小时，波长的相对改变量才显著，这就是选用 X 射线观察康普顿效应的原因，如果用可见光或紫外光，则康普顿效应引起的波长相对改变量过小，结果难以观察到。

当电子处于原子的内层时，由于它被原子核紧紧地束缚着，光子与这种电子碰撞，相当于和整个原子相碰，电子的有效质量比原来增加几千倍，按照康普顿散射公式，散射光波长的改变极小，无法与实验误差相区别。

康普顿效应的发现，不仅有力地证明了光子假说的正确性，并且证实了在微观粒子的相互作用过程中，也严格遵守能量守恒和动量守恒定律。

【例 18-6】 波长 $\lambda_0=0.01$nm 的 X 射线与静止的自由电子碰撞，在与入射方向成 90° 角的方向上观察时，散射 X 射线的波长多大？反冲电子的动能和动量各为多少？

解　将散射角 $\theta=90^\circ$ 代入康普顿散射公式得

$$\Delta\lambda=\lambda-\lambda_0=\frac{h}{m_0c}(1-\cos 90^\circ)=\frac{h}{m_0c}=\lambda_c$$

得到

$$\lambda=\lambda_0+\lambda_c=0.01+0.0024=0.0124(\text{nm})$$

当然，在这一方向还有波长不变的 X 射线。

根据能量守恒定律，反冲电子所获得的动能 E_k 等于入射光子损失的能量，故有

$$E_k=h\nu_0-h\nu=hc\left(\frac{1}{\lambda_0}-\frac{1}{\lambda}\right)=\frac{hc\Delta\lambda}{\lambda_0\lambda}$$

$$= \frac{6.63 \times 10^{-34} \times 3 \times 10^{8} \times 0.0124 \times 10^{-9}}{0.01 \times 10^{-9} \times 0.0124 \times 10^{-9}} = 3.85 \times 10^{-15}(\text{J})$$

设电子动量为 $\boldsymbol{p}_e$,它与 $\boldsymbol{n}_0$ 夹角为 j,根据动量守恒定律

$$\boldsymbol{p}_e = \frac{h}{\lambda_0}\boldsymbol{n}_0 - \frac{h}{\lambda}\boldsymbol{n}$$

考虑到散射角 $\theta = 90°$,于是有

$$p_e = h\sqrt{\frac{1}{\lambda_0^2} + \frac{1}{\lambda^2}} = 6.63 \times 10^{-34} \times \sqrt{\frac{1}{(0.01 \times 10^{-9})^2} + \frac{1}{(0.0124 \times 10^{-9})^2}}$$

$$= 8.5 \times 10^{-23}(\text{kg} \cdot \text{m} \cdot \text{s}^{-1})$$

$$\cos\varphi = \frac{\boldsymbol{p}_e \cdot \boldsymbol{n}_0}{p_e} = \frac{h}{p_e \lambda_0} = \frac{6.63 \times 10^{-34}}{8.5 \times 10^{-23} \times 0.01 \times 10^{-9}} = 0.78$$

$$\varphi = 38°44'$$

§18-3 氢原子的玻尔理论

19世纪末20世纪初,电子、X射线和放射性元素的相继发现,表明了原子是可以分割的,它具有比较复杂的结构。我们面临的问题是:原子是由什么组成的?怎样组成的?原子内部运动又遵循什么规律?

研究原子内部结构有两条途径:一是通过在外界激发下原子的发射光谱来分析原子的内部结构;二是利用其他粒子与原子碰撞,根据碰撞的结果来研究原子内部的组成和结构。

1. 氢原子光谱的规律性

我们知道,炽热的物体会发光,热辐射中包括各种波长(或频率)的电磁波,从而形成一个连续的光谱。然而在气体放电的过程中,原子还会发出某些特定波长(或频率)的电磁波,在底片上形成彼此分立的亮线。这些光谱线能够反映物质原子的特性及其内部组成结构,称为该物质原子的特征谱线。由于氢原子是最简单的原子,所以我们首先选择氢原子光谱来研究。

1853年,瑞典人埃格斯特朗测出了氢原子在可见光和近紫外线波段的光谱,根据埃格斯特朗的光谱实验数据,1885年瑞典一位中学教师巴耳末推出了一个经验公式,能非常精确地代表可见光和近紫外线波段的部分光谱线,这些光谱线合称巴耳末系,如图18-8所示。

巴耳末系中光谱线的波长公式为

$$\lambda = B\frac{n^2}{n^2-2^2}, n=3,4,5,\cdots \tag{18-17}$$

式中系数$B=364.57\text{nm}$。

为了便于分析，里德伯将上式改用波长的倒数（波数）来表示，它的物理意义是单位长度内所包含完整波长的数目，则式(18-17)可写成

$$\tilde{\nu}=\frac{1}{\lambda}=\frac{\nu}{c}=R_{\mathrm{H}}\left(\frac{1}{2^2}-\frac{1}{n^2}\right), n=3,4,5,\cdots \tag{18-18}$$

其中，$R_{\mathrm{H}}=1.097\times10^7\text{m}^{-1}$称为里德伯常数。

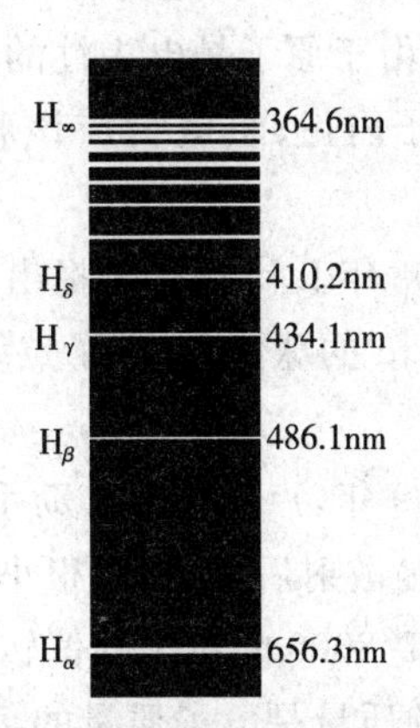

图18-8　氢原子光谱巴耳末系谱线

以后又陆续发现了氢原子可见光以外的光谱，它们的波数也有类似的形式。

1904年在紫外线波段发现了莱曼系，光谱线公式为

$$\tilde{\nu}=R_{\mathrm{H}}\left(\frac{1}{1^2}-\frac{1}{n^2}\right), n=2,3,4,\cdots$$

1908年在红外线波段发现了帕邢系，光谱线公式为

$$\tilde{\nu}=R_{\mathrm{H}}\left(\frac{1}{3^2}-\frac{1}{n^2}\right), n=4,5,6,\cdots$$

1922年发现了布拉开系，光谱线公式为

$$\tilde{\nu}=R_{\mathrm{H}}\left(\frac{1}{4^2}-\frac{1}{n^2}\right), n=5,6,7,\cdots$$

1924年发现了普丰德系，光谱线公式为

$$\tilde{\nu}=R_{\mathrm{H}}\left(\frac{1}{5^2}-\frac{1}{n^2}\right), n=6,7,8\cdots$$

上面的光谱线公式可以统一地表示为

$$\tilde{\nu}=R_{\mathrm{H}}\left(\frac{1}{m^2}-\frac{1}{n^2}\right), m=1,2,3,\cdots; n=m+1,m+2,m+3,\cdots \tag{18-19}$$

称为广义巴耳末公式,它给出了氢原子光谱的一般规律。

2. 卢瑟福的原子有核模型

如果要正确解释光谱的规律性,必须了解原子的结构。1897 年,汤姆逊发现 β 射线是由带负电荷的粒子——电子所组成的,并测定了电子的电量 e 和质量 m_e。由于原子是电中性的,里面除了有带负电的电子,一定存在带正电部分,而且原子内正、负电荷应该相等。那么在原子中正、负电荷到底是如何分布的呢?

1903 年 J. J. 汤姆逊提出,原子中的正电荷和原子质量均匀地分布在半径约为 10^{-10} m 的球体内,电子点缀于此球体中,人们把这种模型比喻为"葡萄干蛋糕模型"。

1909 年,卢瑟福及其助手进行了 α 粒子散射实验。他们发现绝大部分 α 粒子经金箔散射后,散射角很小,为 $2° \sim 3°$,这与汤姆逊模型的预言一致;但是,还有大约 1/8000 的粒子的偏转角大于 90°,甚至有散射角接近 180° 的情况。由于 α 粒子的质量是电子质量的 7500 倍,按汤姆逊模型,这个结果"好比你对一张纸发射一枚 15 英寸的炮弹,结果却被顶了回来而打在自己身上",明显地不合常理。

经过认真思考和仔细计算,卢瑟福发现只有当原子的绝大部分质量集中在一个微小的核内时,才会发生大角度偏转,由此他提出了原子的有核模型。他认为:原子的中心是一个带正电的原子核,它几乎占有原子的全部质量,电子绕核旋转,原子核的线度($10^{-14} \sim 10^{-15}$ m)与整个原子相比是很小的。

根据这个模型,由于原子核很小,大多数 α 粒子穿过原子时受原子核的作用很小,所以它们的散射角很小,只有少部分 α 粒子能进入离核较近的地方,这些 α 粒子受核的作用较大,故散射角也较大。极少数 α 粒子正对核运动,故散射角可接近 180°。如图 18-9 所示给出了 α 粒子经过原子核附近时被散射的示意图。

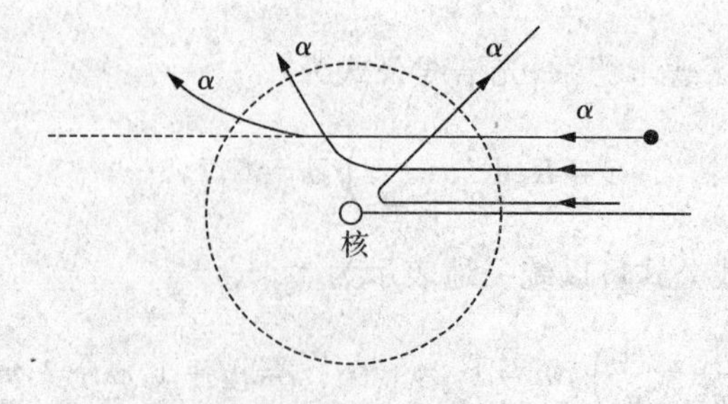

图 18-9 α 粒子在原子核附近散射示意图

3. 玻尔理论

卢瑟福的原子有核模型在解释原子的稳定性和光谱的时候遇到了困难。按经典理论，电子绕原子核旋转，具有向心加速度，于是电子将不断向四周辐射电磁波，其能量不断减小，从而将沿螺旋形轨道逐渐靠近原子核，最后落入原子核上；在这个过程中，由于电子的轨道及转动频率连续变化，辐射电磁波的频率也是连续的，即原子光谱应是连续的光谱。而实验表明原子一般处于某一稳定状态；而且实验测得的原子光谱是线状光谱。

为了解决经典理论所遇到的困难，丹麦物理学家玻尔于1913年在卢瑟福有核模型基础上，把普朗克的能量子概念和爱因斯坦的光子概念运用到原子系统，提出了三条基本假设：

(1) 定态假设

原子系统存在一系列不连续的能量状态，处于这些状态的原子中的电子只能在一定的轨道上绕核做圆周运动，但不辐射能量。这些状态为原子系统的稳定状态，简称定态，相应的能量只能是一些不连续的值 $E_1, E_2, E_3, \cdots$，称为能级。

(2) 频率假设

当原子从一个具有较高能量 E_n 的定态跃迁到另一个较低能量 E_m 的定态时，原子辐射出一个光子，其频率由下式决定

$$h\nu = E_n - E_m \tag{18-20}$$

式中 h 为普朗克常量。

反之，原子如果要由一个较低能量的定态跃迁到另一个较高能量的定态，必须吸收一个频率恰好满足式(18－20)的光子。

(3) 轨道角动量量子化假设

以速度 v 在半径为 r 的圆周上绕核运动的电子，只有电子的角动量 L 等于 $\frac{h}{2\pi}$ 的整数倍的轨道才是稳定的，即

$$L = mvr = n\frac{h}{2\pi} \tag{18-21}$$

式中 $n=1,2,3,\cdots$，称为主量子数，上式也称为轨道角动量量子化条件。

玻尔利用三个假设计算了氢原子在稳定态中的轨道半径和能量。氢原子核的电荷为 $+e$，质量为 M，电子电荷为 $-e$，质量为 m_e，由于核质量远远大于电子质量，我们可以把原子核近似看成是静止的；氢原子核与电子之间的电场力

为$\frac{1}{4\pi\varepsilon_0}\cdot\frac{e^2}{r^2}$,它远远大于两者之间的万有引力,因而可以忽略万有引力的作用。假设在某个定态中,电子在以r为半径的圆轨道上绕核运动,向心力为电场力有

$$\frac{m_e v^2}{r}=\frac{1}{4\pi\varepsilon_0}\cdot\frac{e^2}{r^2} \tag{18-22}$$

由此可以推出电子的动能为

$$E_k=\frac{1}{2}m_e v^2=\frac{1}{8\pi\varepsilon_0}\cdot\frac{e^2}{r} \tag{18-23}$$

以无穷远处为势能零点,氢原子系统的势能为

$$E_p=-\frac{1}{4\pi\varepsilon_0}\cdot\frac{e^2}{r} \tag{18-24}$$

因此,系统的总能量为

$$E=E_k+E_p=-\frac{1}{8\pi\varepsilon_0}\cdot\frac{e^2}{r} \tag{18-25}$$

容易看出,半径大的轨道能量较大。

联立式(18-21)和式(18-22)利用r_n表示第n个稳定轨道的轨道半径,得

$$r_n=n^2\left(\frac{\varepsilon_0 h^2}{\pi m e^2}\right)=n^2 r_1 \tag{18-26}$$

其中$r_1=\frac{\varepsilon_0 h^2}{\pi m e^2}=5.29\times10^{-11}\,\text{m}$,称为玻尔半径,是氢原子核外电子最小的轨道半径。则式(18-25)变为

$$E_n=-\frac{1}{n^2}\left(\frac{m e^4}{8{\varepsilon_0}^2 h^2}\right) \tag{18-27}$$

式中$n=1,2,3,\cdots$,可见能量是量子化的,这些分立的能量称为能级,当$n=1$时,得

$$E_1=-\frac{m e^4}{8{\varepsilon_0}^2 h^2}=-13.58\text{eV} \tag{18-28}$$

则有

$$E_n=-\frac{13.58}{n^2}\text{eV} \tag{18-29}$$

E_1是能量最小值,原子处于能量最低时的状态称为基态,当$n=2,3,4,\cdots$,

对应的能量为 $E_2, E_3, E_4, \cdots$，分别称为第一激发态、第二激发态…… 当 $n \to \infty$ 时，$E_\infty = 0$，这时电子已经脱离原子核成为自由电子。

将式(18-29)代入式(18-20)，可以得到

$$h\nu = E_n - E_m = \frac{me^4}{8\varepsilon_0^2 h^2}\left(\frac{1}{m^2} - \frac{1}{n^2}\right) \tag{18-30}$$

用波数表示为

$$\tilde{\nu} = \frac{\nu}{c} = \frac{me^4}{8\varepsilon_0^2 h^3 c}\left(\frac{1}{m^2} - \frac{1}{n^2}\right) \tag{18-31}$$

与氢原子光谱的广义巴耳末公式(18-19)比较，可得

$$R_{\mathrm{H}} = \frac{me^4}{8\varepsilon_0^2 h^3 c} \tag{18-32}$$

将各量值代入，得理论值 $R_{理论} = 1.097373 \times 10^7\,\mathrm{m}^{-1}$，而实验值为 $R_{实验} = 1.096776 \times 10^7\,\mathrm{m}^{-1}$，可见，理论和实验值符合的较好，进一步说明了玻尔假设的合理性。

利用能级公式(18-29)和式(18-20)，可以从理论上计算出氢原子光谱的频率或波数，从而对氢原子光谱的实验规律给出解释，如图 18-10 所示。

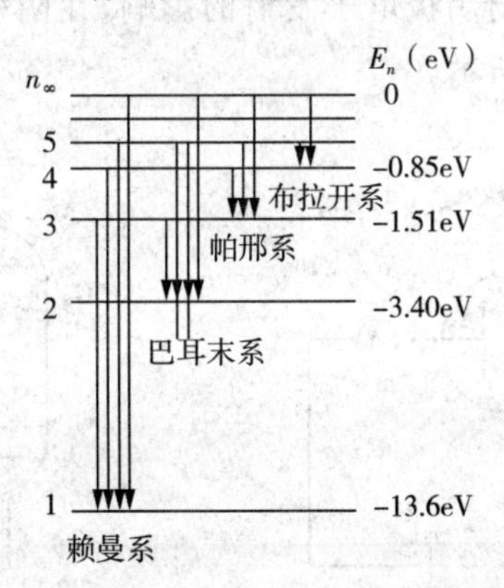

图 18-10　氢原子的能级与光谱

【例 18-7】　处于基态的氢原子被外来的单色光激发后发出的光仅有三条谱线，问此外来光的频率为多少？

解　由于发出的光仅有三条谱线，由氢原子的能级与光谱图18-9中可见氢原子在吸收外来光子后，处于 $n = 3$ 的激发态，所发出的 3 条谱线分别是：$3 \to 2, 2 \to 1, 3 \to 1$。

氢原子原来处于 $n = 1$ 的基态，吸收外来光子后跃迁到 $n = 3$ 的激发态，由频率假设(18-

20)和能级公式(18－30)可以得到光子频率为

$$\nu = \frac{E_3 - E_1}{h} = cR_{\mathrm{H}}\left(\frac{1}{1^2} - \frac{1}{3^2}\right) = 2.92 \times 10^{15}\ \mathrm{Hz}$$

4. 原子能级的实验验证

1914年(玻尔理论发表的第二年),夫兰克(J. Franck)和赫兹(G. Hertz)用慢电子与稀薄气体中的原子碰撞的方法,使原子从低能级激发到高能级,通过测量电子和原子碰撞时交换某一定值的能量,直接证明了玻尔提出的原子能级的存在,并指出原子发生跃迁时吸收和发射的能量是完全确定的、不连续的。他们因这一伟大的成就而获得了1925年的诺贝尔物理学奖。

夫兰克-赫兹实验仪器最初设计如图18－11所示。在玻璃器中充入要测量气体。电子由热阴极K发出,在K与栅极G之间加电场使电子加速,在G与接收极A之间有一反电压。当电子通过KG空间,进入GA空间时,如果仍有较大能量,就能冲过反电场而达到电极A,成为通过电流计的电流。如果电子在KG空间与原子碰撞,把自己一部分的能量给了原子,使后者被激发。电子剩余的能量就可能很小,以致过栅极G后已不足以克服反电势,那就达不到A,因而也不流过电流计。如果发生这种情况的电子很多,电流计中的电流就要显著地降低。为了消除空间电荷对阴极电子发射的影响,在阴极附近再增加一栅极,构成四极管,如图18－12所示。

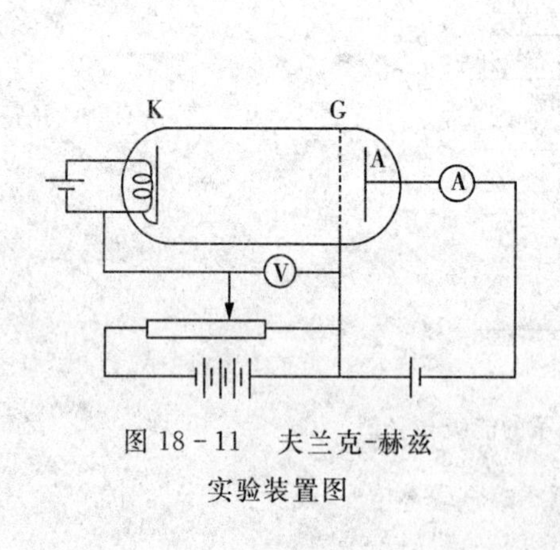

图18－11 夫兰克-赫兹实验装置图

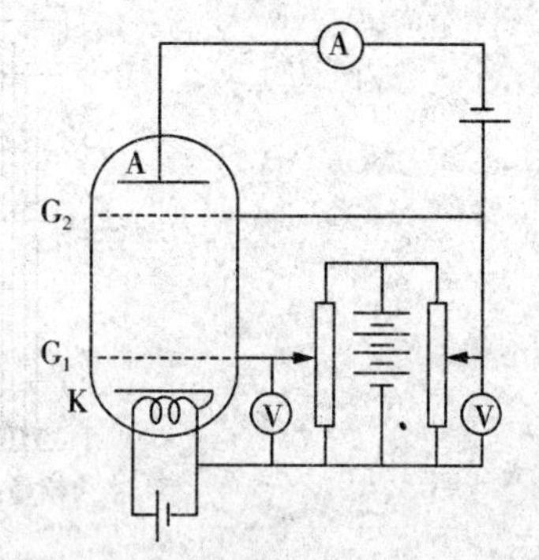

图18－12 改进后的夫兰克-赫兹实验装置

最常见的夫兰克-赫兹管是充汞蒸汽、氩气的,下面以充氩的三极管为例说明实验原理。实验时,把K,G间的电压逐渐增大,观察电流计的电流,这样就得到A极电流 I_{p} 随K,G间电压的变化情况,如图18－13所示。

电子在加速运动过程中,必然要与氩原子发生碰撞。如果碰撞前电子的能量小于原子的第一激发电位 U_0（对氩原子 $U_0=11.8\text{V}$），那么它们之间的碰撞是弹性的（这类碰撞过程中电子能量损失是很小的，约 10^{-5} 倍）。然而如果电子的能量 U 达到 U_0（实验中 $U>U_0$），那么电子与原子之间将发生非弹性碰撞。在碰撞过程中，电子的能量传递给氩原子。假设这种碰撞发生在栅极附近，那些因碰撞而损失了能量的电子在穿过栅极之后将无力克服减速电压 U_{GA} 而到不了 A 极板，因此这时板流 I_p 是很小的。

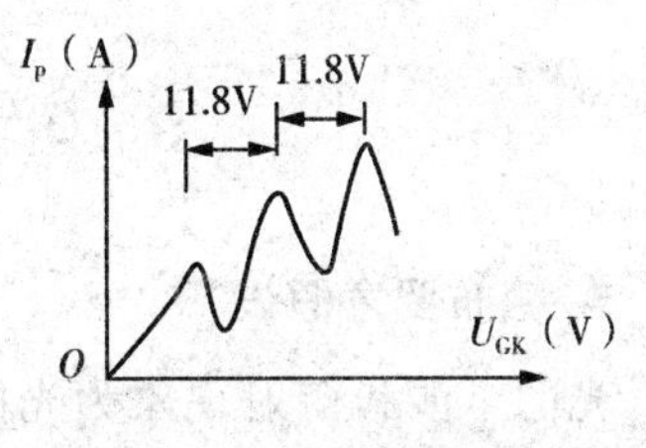

图 18－13　I_p-U_{GK} 曲线

随着 U_{GK} 的增加，电子与原子的非弹性碰撞区域将向阴极方向移动。经碰撞而损失能量的电子在奔向栅极的剩余路程上又得到加速，以致在穿过栅极之后有足够的能量来克服减速电压 U_{GA} 而达到板极 A，此时，板流 I_p 又将随 U_{GK} 增加而升高。若 U_{GK} 的增加使电子在到达栅极前其能量又达到 U_0，则电子与氩原子将再次发生非弹性碰撞，即 I_p 又一次下降。在 U_{GK} 较高的情况下，电子在向栅极飞奔的路程上，将与氩原子多次发生非弹性碰撞。每当 $U_{GK}=nU_0$（$n=1,2,\cdots$），就发生这种碰撞（在实验中，可看出，由于仪器的接触电势的存在，每次 I_p 达到极小值时，所对应的 U_{GK} 并不是落在外加电压 nU_0 处），即在 $I_p \sim U_{GK}$ 曲线上出现 I_p 的多次下降。对于氩，I_p 的每两个相邻峰值的 U_{GK} 差值均约为 11.8V，即氩的第一激发电位为 11.8V。

弗兰克-赫兹实验直接验证了原子能级的存在，还测量出了氩汞原子第一激发态与基态能量之差为 11.8eV。

5. 玻尔理论的局限性评论

玻尔的氢原子理论在处理氢原子及类氢离子的光谱问题上取得了圆满的成功，从理论上算出了里德伯常数，并对氢原子光谱的实验规律给出了定量解释。能级概念也被弗兰克-赫兹实验证实，取得了巨大的成功。玻尔提出的定态假设和频率假设在现代量子力学理论中至今仍占有一席之地。

然而，玻尔理论有很大的局限性：他只能说明氢原子及类氢离子的光谱规律，不能解释多电子原子的光谱，对谱线的强度、宽度、偏振等问题也无能为力。他虽然把微观粒子看成是遵守经典力学的质点，但同时又赋予它们量子化的特性，如能量量子化和角动量量子化，这使得微观粒子很不协调，缺乏完整一致的理论体系。因此，必须有更正确的概念和理论来解决玻尔理论所遇到的困难，即后来在波粒二象性基础上建立起来的量子力学。

§18-4 波粒二象性

1. 德布罗意假设

光的干涉和衍射现象为光的波动性提供了有力的证据，而黑体辐射、光电效应和康普顿散射则证明了光具有粒子性。光子的能量和动量分别为 $E=mc^2=h\nu$ 和 $p=mc=h/\lambda$，能量和动量是粒子性的特征量，而频率和波长是波动性的特征量，它们通过普朗克常数 h 联系起来了，所以光具有波粒二象性已被人们理解和接受。自然界中物质组成的另一种形式即实物粒子，它的粒子性也早已被人们接受，但它们是否也具有波动性呢？

在光的波粒二象性的启发下，1924 年，法国青年物理学家德布罗意在他的博士论文《关于量子理论的研究》中大胆地提出：一切微观粒子(包括无静止质量的光子和有静止质量的实物粒子)都同时具有波动性和粒子性，其本质在于两者的统一，即波粒二象性是物质的基本属性。德布罗意把对光的波粒二象性的描述应用到实物粒子上。一个实物粒子对应的波称为德布罗意波或物质波，它的能量 E 与频率 ν、动量 p 与波长 λ 之间的关系为

$$E=h\nu,p=h/\lambda \tag{18-33}$$

上式给出了与实物粒子相联系的波的波长和粒子动量之间的关系，称为德布罗意公式。

应用德布罗意波可以导出玻尔理论中角动量量子化条件。电子以半径 r 绕原子核做稳定的圆轨道运动形成电子波，由于波的可叠加性，在叠加中出现干涉现象，当轨道周长为波长的整数倍时即形成稳定的驻波(如图 18-14)，即

$$2\pi r=n\lambda$$

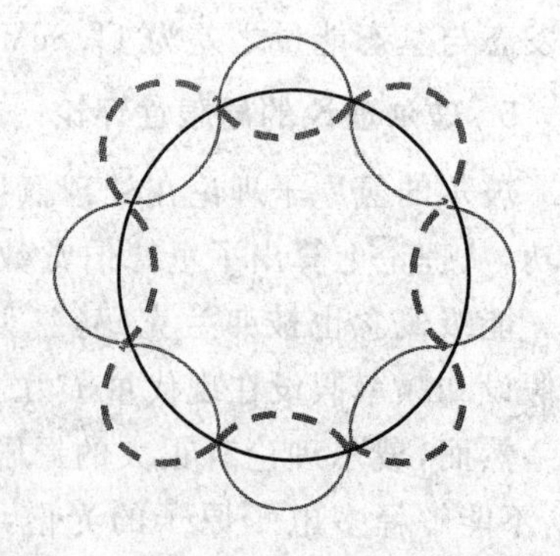

图 18-14 氢原子中的电子驻波

利用德布罗意公式，立即得到角动量量子化条件

$$L=rp=n\frac{h}{2\pi}$$

【例 18-8】 求静止电子分别经 1V、100V 和 10000V 电压加速后的德布罗意波长。

解 设加速电压为 UV，静止电子经加速后的动能为 $E=eU$。对题中所给电压，所得动

能远远小于电子的静止质量能 $mc^2=5.11\times10^{-5}\text{eV}$，因而可以使用非相对论公式

$$p=\sqrt{2mE}=\sqrt{2meU}$$

将上式代入德布罗意公式后，得到

$$\lambda=\frac{h}{p}=\frac{h}{\sqrt{2meU}}=\frac{6.63\times10^{-34}}{\sqrt{2\times9.1\times10^{-31}\times1.6\times10^{-19}}\sqrt{U}}=\frac{1.225\times10^{-9}}{\sqrt{U}}$$

将 $U=1,100,10000$ 分别代入上式，得到波长 λ 分别等于 $1.225\times10^{-9}\text{m}$，$1.225\times10^{-10}\text{m}$，$1.225\times10^{-11}\text{m}$，这些数值比可见光的波长都要小得多。如果加速的是质子，由于其质量远大于电子质量，因此对应的德布罗意波长将更小。

2. 德布罗意波的实验证明

1927年，戴维孙和革末通过电子在晶体表面的衍射实验证实了电子具有波动性。实验装置如图18-15所示，一个电子枪连续地射出一束电子，以直角角度，入射在一个镍单晶(垂直于晶体的表面)。电子枪内部的金属丝，在经过加热后，释放出热受激态电子。这些电子经过位势差 U 的加速，给予它们动能 eU。在与镍单晶碰撞后，电子会朝各个方向散射出去。使用电子探测器，可以测量出来电子的散射强度与散射角度的数据关系。在一定的散射角度方向，戴维森与革末发现散射强度特别显著。

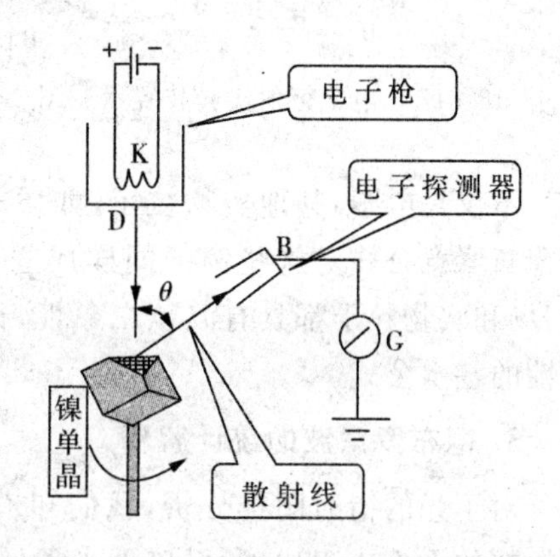

图18-15　戴维孙—革末实验装置图

将电子束类比于X射线，实验过程和X射线在晶体点阵结构上的衍射很相似，即只有满足布拉格定律 $2d\sin\theta=k\lambda$ 的电子束才有最强的散射，此时电子电流达到最大值。实验结果如图18-16所示。实验中取 $\theta=80°$，对于镍单晶 $d=0.203\text{nm}$，代入布拉格公式，发现当 $\sqrt{U}=3.06k$ 时电流出现峰值，实验与理论基本吻合，从而证实了电子的波动性。

同年(1927年)，汤姆逊又做了电子衍射实验。实验装置如图18-17所示，灯丝K发射的热电子，在加速电压 U 的电场加速后，通过小孔D，成为一束很细的电子流，电子流穿过很薄的金属箔M，再照射到照相底片P上，电子通过金属箔时产生衍射，在照相底片上可以观察到圆环形的衍射图样，如图18-

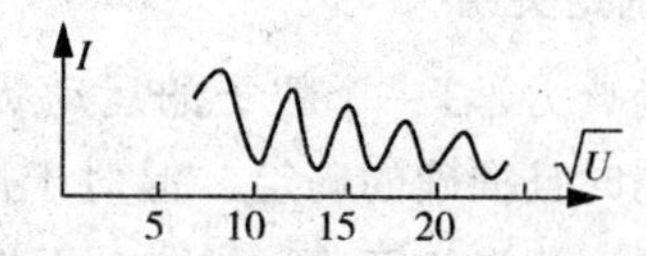

图18-16　电子在镍单晶上衍射实验结果

18所示。此衍射图样与X射线穿过金属箔的衍射图样相似,由圆环的直径可以计算电子的波长,结果与德布罗意公式符合得很好。

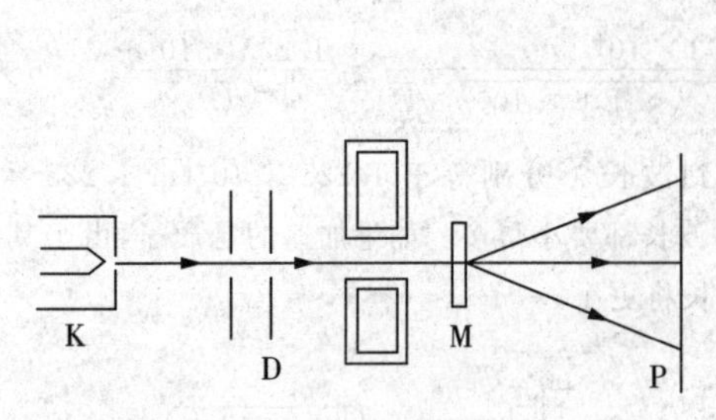

图 18-17 电子衍射实验装置示意图

图 18-18 电子穿过金属箔的衍射图样

不仅是电子,其他实物粒子,如质子、中子、原子、分子等都有衍射现象,而且德布罗意公式对这些例子同样成立。所以说,波粒二象性是物质的基本属性,场和实物粒子都具有波粒二象性,而德布罗意公式是描述微观粒子波粒二象性的基本公式。

3. 德布罗意波的统计解释

对于光的衍射图样分析,我们知道,在衍射明纹处,光波的强度大,而光强与振幅的平方成正比,所以该处光子到达的概率大,暗纹处波的强度小,即光子到达的概率小。类比于电子的衍射,衍射亮纹是由于该点电子出现的概率大(即电子密集),暗纹说明该点电子出现的概率小(即电子稀疏)。1926年玻恩提出:物质波是一种概率波,其波强描述了微观粒子出现的概率密度,即德布罗意波是概率波。

§18-5 不确定关系

1. 不确定关系

按照经典力学,一个粒子的运动状态是由位置坐标和动量描述的,这两个量都可以同时且准确的确定。但对于微观粒子来说,由于具有波粒二象性,情况就发生了变化。1927年,德国青年物理学家海森伯提出:微观粒子不能同时具有确定的位置和确定的动量。下面将以电子的单缝衍射来讨论不确定关系。

考虑一束电子沿 y 轴正方向射到沿 x 轴放置的狭缝上,缝宽为 a。由于电子的波动性，通过狭缝后在屏幕上出现了衍射现象，如图 18－19 所示。

对于一个电子来说，不能确定它从狭缝的哪一点通过，其 x 坐标不能完全确定，不确定范围为 $\Delta x \approx a$。如果只考虑一级衍射图样，则电子经过狭缝后将出现在屏幕中央明条纹两侧的第一级极小的范围内。这表明动量在 x 方向有一个不确定度 $\Delta p \approx p\sin\varphi$，其中 φ 为原点到一级暗纹连线的倾斜角。由单缝衍射，倾斜角 φ 满足一级暗纹公式 $a\sin\varphi = \lambda$，因此有

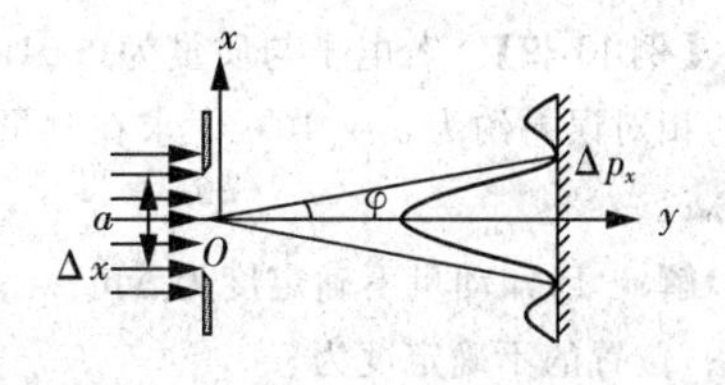

图 18－19　电子的单缝衍射图

$$\Delta p = p\sin\varphi = p\,\frac{\lambda}{a}$$

将德布罗意公式

$$\lambda = \frac{h}{p}$$

代入，有

$$\Delta x \Delta p = h \tag{18-34}$$

上式称为海森伯不确定关系，它表明对于微观粒子不能同时具有确定的位置和动量。

如果考虑衍射图样的次级条纹，则不确定关系为

$$\Delta x \Delta p \geqslant h \tag{18-35}$$

量子力学精确的计算结果为

$$\Delta x \Delta p \geqslant \frac{\hbar}{2} \tag{18-36}$$

其中 $\hbar = \dfrac{h}{2\pi} = 1.0545887 \times 10^{-34}\,\mathrm{J \cdot s}$，称为约化普朗克常数。类似地，有

$$\Delta y \Delta p_y \geqslant \hbar/2, \Delta z \Delta p_z \geqslant \hbar/2$$

海森伯不确定关系不仅适用于电子，而且适用于一切微观粒子，不确定关系表明粒子的坐标和动量是不能同时被精确确定的，在电子衍射实验中，若要精确测量电子的位置，必须使狭缝宽度 Δx 足够小，但此时电子动量的不确定度 Δp_x 就增大了，反之亦然。所以，微观粒子的位置和动量只能在一定的近似程度内确定，要同时精确地确定是不可能的，也是没有意义的，这也是微观粒子波

粒二象性的必然结果。

【例 18-9】 若电子与质量为0.01kg的子弹,都以200m/s的速度沿x方向运动,速率测量的相对误差约为$\delta = 10^{-4}$。求在测量二者速率的同时,测量位置所能达到的最小不确定度Δx。

解 已知动量不确定度为$\Delta p_x = p\cdot\delta = mv\delta = m\times 200\times 0.0001 = 0.02m$,由不确定关系,位置的不确定度为

$$\Delta x \geqslant \frac{\hbar}{2\Delta p_x} = \frac{1.05\times 10^{-34}}{2\times 0.02m} = 2.64\times 10^{-33}/m$$

将电子与子弹的质量分别代入上式,得到

电子位置的最小不确定度为 $\Delta x_1 = \dfrac{2.64\times 10^{-33}}{9.11\times 10^{-31}} = 2.90\times 10^{-3}$

子弹位置的最小不确定度为 $\Delta x_2 = \dfrac{2.64\times 10^{-33}}{0.01} = 2.64\times 10^{-31}$

由于原子直径的数量级为10^{-10}m,电子位置的最小不确定度Δx_1是原子大小的几千万倍,无法忽略;而子弹大小的数量级为10^{-2}m,子弹位置的最小不确定度Δx_2与其大小相差几十个数量级,没有任何可观测的影响。因此,在通常情况下,不确定关系对宏观物体没有影响,换句话说,经典物理理论对宏观物体仍然有效。

2. 时间和能量的不确定关系

一个质量为m的自由粒子从原点出发沿x轴以不变速率v运动,其坐标$x = vt$,$\Delta x = v\Delta t$,动量为$p = mv$,动能为$E = p^2/(2m)$,两端取微分,得

$$\Delta E = \frac{p}{m}\Delta p = v\Delta p = \frac{\Delta x}{\Delta t}\Delta p$$

上式中ΔE是系统的能量不确定度,Δt是时间不确定度。因此

$$\Delta E\Delta t = \Delta x\Delta p \geqslant \hbar/2 \tag{18-37}$$

即能量与时间也有类似的不确定关系。上面的推导没有考虑相对论效应,但是可以严格地证明式(18-37)是普遍成立的。对于束缚态的粒子,ΔE为粒子能量的不确定度,Δt为粒子处于该能态上的寿命,由上式可见,能级寿命越短,该能级宽度越宽。

【例 18-10】 利用不确定关系估算束缚在一个有限范围内的自由粒子的最小能量。

解 不失一般性,假设这个范围的尺度为a,以其中心为基点,位置的不确定度$\Delta x \approx a/2$,由不确定关系式(18-36),得到

$$\Delta p_x \geqslant \frac{\hbar}{2\Delta x} = \frac{\hbar}{a}$$

而约束在有限区域内的粒子只能来回运动，其平均动量 $\bar{p}_x = 0$，因此有 $|p_x| = \Delta p_x$，利用相对论动能公式和不确定关系可以得到

$$E_k = \sqrt{m^2c^4 + p_x^2c^2} - mc^2 = c\sqrt{m^2c^2 + (\Delta p_x)^2} - mc^2$$
$$\geqslant c\sqrt{m^2c^2 + (\hbar/a)^2} - mc^2$$

当 $\Delta p_x \ll mc$ 时，为非相对论情况，这时有

$$E_k \approx \frac{1}{2m}(\Delta p_x)^2 \geqslant \frac{\hbar^2}{2ma^2}$$

当 $\Delta p_x \gg mc$ 时，为极端相对论情况，这时有

$$E_k \approx c\Delta p_x \geqslant c\hbar/a$$

上面的结果表明，由于波粒二象性，被约束在有限区域内的自由粒子不可能静止，必定具有一个非零的最小动能，这个能量称为零点能。区域越小，零点能就越大。

【例 18-11】 钠原子处于某激发能级的平均时间为 $\Delta t = 10^{-8}$ s，在此期间内它发射一个波长为 $\lambda = 589$nm 的光子并跃迁回基态。利用能量与时间的不确定关系，计算该激发能级的最小宽度 ΔE 和所发射谱线的相对线宽 $\Delta\nu/\nu$。

解 原子的激发能级是不稳定的，平均时间 Δt 等价于其寿命的不确定度，而激发能级的能量也不可能精确地测量，有一个不确定度 ΔE，称为能级宽度。利用能量和时间的不确定关系式(18-37)，容易得到激发能级的最小宽度为

$$\Delta E \geqslant \frac{\hbar}{2\Delta t} = \frac{1.05\times10^{-34}}{2\times10^{-8}} = 5.25\times10^{-27}\,(\mathrm{J})$$

由玻尔的频率假设(18-20)，在跃迁过程中辐射光子的频率为

$$\nu = (E_{激发态} - E_{基态})/h$$

由于基态是稳定的，其能量可以确定，于是谱线频率的不确定度为

$$\Delta\nu = \Delta E_{激发态}/h \geqslant 8\times10^6\,\mathrm{Hz}$$

谱线的相对线宽为

$$\frac{\Delta\nu}{\nu} = \frac{\lambda\Delta\nu}{c} = \frac{589\times10^{-9}\times8\times10^6}{3\times10^8} = 1.57\times10^{-8}$$

§18-6　波函数　薛定谔方程

1925 年，奥地利物理学家薛定谔在德拜主持的物理讨论会上作了一场介绍德布罗意物质波的报告，报告刚结束，德拜就尖锐地指出："讨论波动而没有一

个波动方程,未免太幼稚了。”这个评论激发了薛定谔建立一个物质波理论的想法。

我们已经知道,氢原子的玻尔理论把量子观念与经典描述凑合在一起,因此不是一个完善、彻底的量子理论,无法取得更大的成功。那么,一个彻底的新量子理论应当是什么样的呢?它与在宏观范围内得到实验验证的经典理论之间有什么联系?经过深入思考,薛定谔把光学与力学进行了对比:几何光学中处理的是光线,而光在本质上具有波动性,有一个处理光波的波动光学,几何光学只是波动光学的极限;类似地,牛顿力学中处理的是粒子,而粒子在本质上也有波动性,有没有一个处理粒子波的波动力学,使牛顿力学成为波动力学的某种极限呢?

按照这个思路,薛定谔提出了物质波运动的基本规律 —— 薛定谔方程,建立了称为波动力学的新量子理论。薛定谔建立的波动力学是量子力学的主要表现形式。

1. 波函数

德布罗意提出了物质波和波粒二象性,则物质波也应该有一个波函数,这样才能用数学工具来进行深入的定量研究。为了得到物质波的波函数,我们先考虑一个最简单的情况 —— 自由粒子的波函数。自由粒子的能量与动量都取确定值,按照德布罗意关系,对应的频率 ν 和波长 λ 也完全确定,因此其对应的物质波是单色平面波。

一个沿 x 正向传播的单色平面波的波函数为

$$y(x,t)=A\cos 2\pi(\nu t-x/\lambda) \tag{18-38}$$

用复数形式表示为

$$y(x,t)=Ae^{i2\pi(\nu t-x/\lambda)} \tag{18-39}$$

由德布罗意关系 $\lambda=\dfrac{h}{p}$, $\nu=\dfrac{E}{h}$,并用 Ψ 表示,得到与确定能量 E 和动量 p 对应的自由粒子的物质波的波函数为

$$\Psi(x,t)=\Psi_0 e^{-\frac{i}{\hbar}(Et-px)} \tag{18-40}$$

其中 $\hbar=h/2\pi$。将上式推广到三维空间,有

$$\Psi(\boldsymbol{r},t)=Ae^{\frac{i}{\hbar}(Et-\boldsymbol{p}\cdot\boldsymbol{r})} \tag{18-41}$$

波函数的物理意义是什么?经过全面、深入的分析,1926 年玻恩提出:物质波是一种概率波,其波强描述了微观粒子出现的概率密度。具体地说,某时刻

出现在某点附近体积元 dV 中的粒子的概率，与 $\Psi^2 dV$ 成正比。由于 Ψ 是复数，$|\Psi|^2=\Psi\Psi^*$，其中 Ψ^* 是 Ψ 的共轭复数，$|\Psi|^2$ 表示粒子出现在某点附近单位体积元中的概率，称为概率密度。若空间某处 $|\Psi|^2$ 值越大，则粒子出现在该处的概率也越大，$|\Psi|^2$ 值越小，则粒子出现在该处的概率就越小。

任意时刻，粒子出现在整个空间中的概率为 1，则

$$\iiint_V |\Psi(\boldsymbol{r},t)|^2 dV=1 \tag{18-42}$$

上式称为波函数的归一化条件，满足这个条件的波函数称为归一化波函数。一般来说，我们可以调整波函数中的比例系数，使其满足归一化条件，这样的比例系数称为归一化系数。

在一维运动的情况下，波函数的归一化条件可以简化为

$$\int_{-\infty}^{\infty} |\Psi(x,t)|^2 dx=1 \tag{18-43}$$

2. 薛定谔方程

自由运动是粒子最简单的运动，因此我们选择与自由粒子对应的平面波作为建立波动方程的突破口。设有一个质量为 m、能量为 E、动量为 p 的自由粒子沿 x 轴运动，其波函数为

$$\Psi(x,t)=\Psi_0 e^{-\frac{i}{\hbar}(Et-px)}$$

将上式对 t 取一阶偏导数，对 x 取二阶偏导数，分别为

$$\frac{\partial \Psi}{\partial t}=\frac{-i}{\hbar}E\Psi \tag{18-44}$$

$$\frac{\partial^2 \Psi}{\partial t^2}=-\frac{p^2}{\hbar^2}\Psi \tag{18-45}$$

在非相对论范围内，自由粒子动量与动能的关系为 $E=\frac{p^2}{2m}$，将上面两式代入此关系，得

$$i\hbar\frac{\partial \Psi}{\partial t}=-\frac{\hbar^2}{2m}\frac{\partial^2 \Psi}{\partial x^2} \tag{18-46}$$

这就是一维自由粒子的含时薛定谔方程。

若粒子在势能为 V 的外场中运动，则粒子的总能量为 $E=\frac{p^2}{2m}+V$，作类似的推导，得

$$i\hbar \frac{\partial \Psi}{\partial t} = -\frac{\hbar^2}{2m}\frac{\partial^2 \Psi}{\partial x^2} + V\Psi \tag{18-47}$$

上式是在势场中做一维运动的粒子的含时薛定谔方程。

当粒子在三维空间中运动时,上式推广为

$$i\hbar \frac{\partial \Psi}{\partial t} = -\frac{\hbar^2}{2m}\nabla^2 \Psi + V\Psi \tag{18-48}$$

其中∇^2称为拉普拉斯算符,在直角坐标系中$\nabla^2 = \frac{\partial^2}{\partial x^2} + \frac{\partial^2}{\partial y^2} + \frac{\partial^2}{\partial z^2}$。

这就是非相对论粒子的物质波所遵循的一般规律,称为含时薛定谔方程。薛定谔方程是探索和猜测的结果,它的正确性应该由实验来检验。大量的实验已经表明,对于非相对论粒子,薛定谔方程是正确的。

在量子力学中,薛定谔方程占有极其重要的地位,它是描述微观粒子运动状态的基本定律,与经典力学中的牛顿运动定律相似。已知起始状态,由薛定谔方程就可以求出粒子波函数,得到粒子的概率密度以及相关的物理量。由于在推求的过程中利用了非相对论的能量公式,因此薛定谔方程仅在粒子运动速率远小于光速的条件下适用。

3. 定态薛定谔方程

常见的势场大多数是稳定的,即势能函数 V 只是空间坐标的函数,与时间 t 无关,可以表示为 $V=V(\boldsymbol{r})$。在这种情况下,我们可以用分离变量法把波函数 $\Psi(\boldsymbol{r},t)$ 分离为一个空间坐标的函数 $\varphi(\boldsymbol{r})$ 和一个时间函数 $f(t)$ 的乘积,即

$$\Psi(\boldsymbol{r},t) = \varphi(\boldsymbol{r}) f(t) \tag{18-49}$$

在一维情况下,上式化为

$$\Psi(x,t) = \varphi(x) f(t) \tag{18-50}$$

将上式代入式(18-46),得到

$$i\hbar\varphi(x)\frac{\mathrm{d}f(t)}{\mathrm{d}t} = \left[-\frac{\hbar^2}{2m}\frac{\mathrm{d}^2\varphi(x)}{\mathrm{d}x^2} + V\varphi(x)\right]f(t) \tag{18-51}$$

等式两边同时除以 $\varphi(x)f(t)$,则有

$$\frac{i\hbar}{f}\frac{\mathrm{d}f}{\mathrm{d}t} = \frac{1}{\varphi}\left[-\frac{\hbar^2}{2m}\frac{\mathrm{d}^2\varphi}{\mathrm{d}x^2} + V\varphi\right] \tag{18-52}$$

上式等号左边只是时间 t 的函数,等号右边只是空间坐标 x 的函数,要使等式成立,两边必须同时等于一个与坐标和时间都无关的常数,令这个常数为 E,

则有

$$\frac{i\hbar}{f}\frac{\mathrm{d}f}{\mathrm{d}t}=E$$

这个方程的解是

$$f(t)=\mathrm{e}^{-\frac{i}{\hbar}Et}$$

由于它的模$|f(t)|=1$,仅仅影响波函数的幅角(位相)而不影响波函数的模,习惯上被称为相因子。将上式代回式(18-49),得

$$\Psi(x,t)=\varphi(x)\mathrm{e}^{-\frac{i}{\hbar}Et} \tag{18-53}$$

将式(18-52)与自由粒子波函数(18-40)比较,可知分离常数E就是粒子的能量。与分离变量解(18-52)对应的概率密度$\rho=|\Psi(x,t)|^2=|\varphi(x)|^2$,说明在该状态下测到粒子的概率密度不随时间变化,这样的状态叫做定态,对应的波函数(18-51)称为定态波函数。

同样,式(18-52)的等号右边也等于同一常数E,于是就有

$$-\frac{\hbar^2}{2m}\frac{\mathrm{d}^2}{\mathrm{d}x^2}\varphi+V\varphi=E\varphi \tag{18-54}$$

方程(18-54)中不含时间t,称为定态薛定谔方程,它的解$\varphi(x)$给出了定态波函数的空间部分,将这个空间部分添上一个相因子就得到了定态波函数。由此可见,求解薛定谔方程的关键是求解对应的定态薛定谔方程。

波函数的物理解释要求它应当是满足有限、单值和连续三个基本条件的非零函数,这些条件又被称为是波函数的标准条件。由式(18-51)可知,波函数满足标准条件等价于它的空间部分,即定态薛定谔方程的解$\varphi(x)$满足这些条件。由于解要满足波函数的标准条件,定态薛定谔方程(18-54)中的能量E就不能任意取值,而只能取一些特殊值E_n,这些特殊值称为能量本征值,对应的解$\varphi_n(x)$称为能量本征函数,这就从理论上很好地解释了能量量子化的原因。能量本征函数是定态波函数的主要部分,在不引起混乱的情况下,也常常被称为定态波函数或波函数。

§18-7　薛定谔方程在一维量子问题中的应用

为了简单和具体起见,下面我们用定态薛定谔方程来研究几个一维量子运动问题。

1. 一维无限深方势阱

在许多情形下,微观粒子的运动被限制在空间很小的范围内,如原子中的电子、原子核中的质子和中子。此外,金属中的自由电子被限制在金属内部的有限范围内运动,作为粗略的近似,可以认为它在金属内部不受力,势能为零;但电子要逸出金属表面,必须克服正电荷的引力做功 W,就相当于在金属表面处势能突然增大的 $V_0=W$。上述势能的表达式为

$$V(x)=\begin{cases}0 & (0<x<a)\\ V_0 & (x\leqslant 0 \text{ 或 } x\geqslant a)\end{cases} \tag{18-55}$$

称为一维方势阱。上式在 $V_0\to\infty$ 的极限称为一维无限深方势阱(如图 18-20),这是一个理想化模型。

考虑一个在宽度为 a 的一维无限深方势阱中运动的粒子,由于粒子的能量总是有限的,因此它只能在宽为 a 的两个无限高势壁之间运动,在此区域之外的概率密度为零,即定态波函数满足条件

$$\varphi(x)=0,x\leqslant 0 \text{ 或 } x\geqslant a \tag{18-56}$$

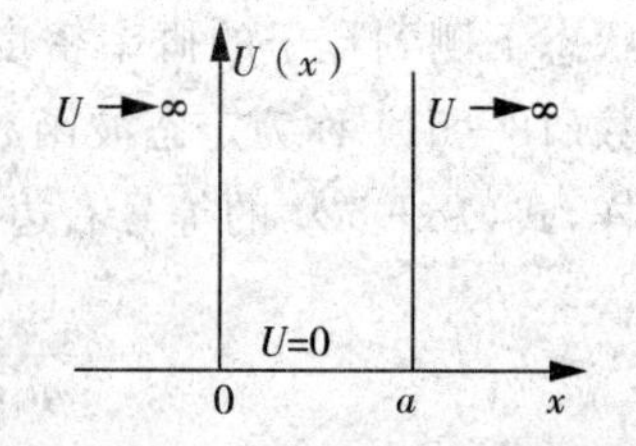

图 18-20　一维无限深方势阱

将势阱内的势能 $V=0$,代入定态薛定谔方程(18-54),得到

$$-\frac{\hbar^2}{2m}\frac{\mathrm{d}^2\varphi(x)}{\mathrm{d}x^2}=E\varphi(x)$$

上式可以化简为

$$\frac{\mathrm{d}^2\varphi(x)}{\mathrm{d}x^2}+k^2\varphi(x)=0 \tag{18-57}$$

其中参数

$$k^2=2mE/\hbar^2 \tag{18-58}$$

微分方程(18-57)的通解是

$$\varphi(x)=C\cos kx+D\sin kx \tag{18-59}$$

其中 C,D 是待定常数,它们的取值以及参数 k 的取值要由标准条件和归一化条件来确定。

由于在势阱外的波函数为零，由标准条件可知，在势阱内的解必须满足边界条件

$$\varphi(0)=\varphi(a)=0$$

将通解代入上面的边界条件，得到

$$\begin{cases}C\cos 0+D\sin 0=0\\C\cos ka+D\sin ka=0\end{cases}$$

由此容易解出 $C=0$ 和 $D\sin ka=0$。如果 $D=0$，得到的波函数恒等于零，不满足标准条件；若要 $D\neq 0$，必须有

$$\sin ka=0$$

这个条件限制了参数 k，使它只能取一些不连续的数值，即

$$k=n\pi/a,n=1,2,3,\cdots \tag{18-60}$$

将上式代入到(18-58)式，可得能量本征值为

$$E_n=\frac{\hbar^2k^2}{2m}=\frac{\pi^2\hbar^2}{2ma^2}n^2\quad n=1,2,3,\cdots \tag{18-61}$$

其中整数 n 称为粒子能量的量子数，必须注意在这里 n 不能为零，否则 $E=0$，即粒子不动了，这是不可能的，所以 n 从 1 开始取值。能量的最小值 $E_1=\frac{\pi\hbar^2}{2ma^2}$，称为零点能。

上面的推导过程说明，由于波函数的标准条件，一维无限深方势阱中粒子能量只能取某些特定值，即是量子化的。可见在量子力学中，能量量子化是自然得到的结果，不像在玻尔理论中需要另外假设。

由式(18-61)我们可以求出相邻能级的间距为

$$\Delta E_n=E_{n+1}-E_n=\frac{\pi^2\hbar^2}{2ma^2}(2n+1),n=1,2,3,\cdots$$

由此可见，只有当 a 和 m 都非常小时，能量的量子化效应才明显。如果 m 是宏观物体的质量，a 是宏观距离，则能级间隔将非常小，能量实际上可以看成是连续的。

另一方面，我们还可以求出相邻能级的相对间隔为

$$\Delta E_n/E_n=(2n+1)/n^2,n=1,2,3,\cdots$$

它随量子数 n 的增大而减小，在量子数 n 趋于无穷大的极限条件下，能级的相对

间隔为 0,可以认为能量从离散变成连续,量子理论转化为经典物理规律,这正是建立波动力学时我们所设想的。

把式(18-60)式代回式(18-59),得到

$$\varphi(x)=D\sin\frac{n\pi}{a}x,0\leqslant x\leqslant a$$

其中常数 D 可由归一化条件

$$\int_0^a D^2\sin^2\frac{n\pi}{a}x\,\mathrm{d}x=1$$

确定。由此容易算出 $D=\sqrt{2/a}$,于是得到归一化的定态波函数为

$$\varphi_n(x)=\begin{cases}\sqrt{\dfrac{2}{a}}\sin\dfrac{n\pi}{a}x,0\leqslant x\leqslant a\\0,x\leqslant 0\ \text{或}\ x\geqslant a\end{cases},\quad n=1,2,3,\cdots \tag{18-62}$$

按照经典力学,粒子在势阱内是以不变的速率 $v=\sqrt{2E/m}$ 来回运动的,各点出现的概率密度应该相等,为 $\rho(x)=1/a$,不随位置或能量而变化。而由式(18-60),粒子在势阱中的概率密度为

$$\rho_n(x)=|\varphi_n(x)|^2=\frac{2}{a}\sin^2\frac{n\pi}{a}x,0\leqslant x\leqslant a \tag{18-63}$$

上式表明,与经典力学不同,粒子在势阱内的概率密度随位置或能量而改变,不再是常数。如图 18-21 给出了前 4 个定态的波函数 $\varphi_n(x)$(实线)和概率密度 $|\varphi_n(x)|^2$(虚线)的函数曲线。

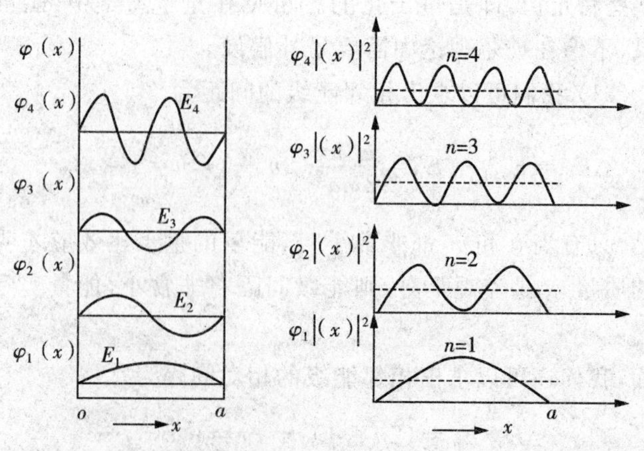

图 18-21 一维无限深势阱中的能级、波函数和概率密度

【例 18-12】 一维无限深方势阱宽度分别为原子尺度 $a=10^{-10}\,\mathrm{m}$ 和宏观尺度 $a=10^{-2}\,\mathrm{m}$ 时，求电子能级和相邻能级间距。

解 由式(18-59)，电子能量为

$$E_n=\frac{\pi^2\hbar^2}{2ma^2}n^2=\frac{(3.14\times1.05\times10^{-34})^2}{2\times9.11\times10^{-31}}\frac{n^2}{a^2}$$

$$=5.97\times10^{-38}\frac{n^2}{a^2}\quad n=1,2,3,\cdots$$

当 $a=10^{-10}\,\mathrm{m}$ 时，有

$$E_n=5.97\times10^{-18}n^2\,\mathrm{J}=37n^2\,\mathrm{eV},\Delta E_n=37(2n+1)\,\mathrm{eV}$$

当 $a=10^{-2}\,\mathrm{m}$ 时，有

$$E_n=5.97\times10^{-34}n^2\,\mathrm{J}=3.7\times10^{-15}n^2\,\mathrm{eV},\Delta E_n=3.7\times10^{-15}(2n+1)\,\mathrm{eV}$$

由此可见，在宏观尺度下，只要量子数 n 不是特别大(实际上不可能)，电子能量在物理上是连续的。

【例 18-13】 计算一维无限深方势阱中粒子处于左侧四分之一范围内的概率。

解 由式(18-61)，所求概率为

$$P=\int_0^{a/4}\rho_n(x)\mathrm{d}x=\int_0^{a/4}\frac{2}{a}\sin^2\frac{n\pi}{a}x\,\mathrm{d}x=\frac{1}{4}-\frac{\sin(\frac{1}{2}n\pi)}{2n\pi}$$

当量子数 n 很大时，这个概率趋向于 1/4，实际上回到了经典结果。

2. 一维简谐振子

对于一个具有极小值的一维势阱，粒子在极小值(稳定平衡位置)附近的微振动可以用简谐振子模型来近似。研究固体中原子在平衡位置附近振动、分子中的原子振动等问题时，都要使用简谐振子模型。质量为 m 的简谐振子的势能函数为

$$V=\frac{1}{2}kx^2=\frac{1}{2}m\omega^2x^2 \tag{18-64}$$

式中 $\omega=\sqrt{k/m}$ 是简谐振子的圆频率，x 是简谐振子离开平衡位置的位移。

简谐振子的定态薛定谔方程为

$$-\frac{\hbar^2}{2m}\frac{\mathrm{d}^2\varphi}{\mathrm{d}x^2}+\frac{1}{2}m\omega^2x^2\varphi=E\varphi \tag{18-65}$$

引入无量纲变量 $\xi=\alpha x$，其中 $\alpha=\sqrt{m\omega/\hbar}$，和无量纲能量 $\lambda=2E/h\omega$，上式可

以简化为

$$\frac{d^2\varphi}{dx^2}+(\lambda-\xi^2)\varphi=0 \tag{18-66}$$

当无量纲能量$\lambda\neq 2n+1$(n为自然数)时,上面的方程不存在满足标准条件的解。这说明无量纲能量本征值为$\lambda_n=2n+1$,容易验证对应的能量本征函数为

$$\varphi_n(\xi)=N_n e^{-\xi^2/2}H_n(\xi),n=0,1,2,\cdots \tag{18-67}$$

其中 $H_n(x)=(-1)^n e^{x^2}\frac{d^n}{dx^n}e^{-x^2}$ 为厄密多项式,具有性质 $H_n(-x)=(-1)^n H_n(x)$,而系数 N_n 可以由归一化条件确定,采用上述的无量纲变量时有 $N_n=(\sqrt{\pi}\,2^n n!)^{-1/2}$。

利用厄密多项式的性质容易证明,$\varphi_n(-x)=(-1)^n\varphi_n(x)$。当$n$为偶数时,波函数为偶函数,坐标变号时波函数保持不变,我们把状态的这种空间对称性称为偶宇称;当n为奇数时,波函数为奇函数,坐标变号时波函数也改变符号,我们把状态的这种空间对称性称为奇宇称。宇称是微观粒子的重要性质之一,简谐振子的定态具有确定的宇称,这与势能具有空间反射对称性有关。

带量纲形式的能量本征值为

$$\begin{aligned}E_n&=\frac{1}{2}\hbar\omega\lambda_n=\left(n+\frac{1}{2}\right)\hbar\omega\\&=\left(n+\frac{1}{2}\right)h\nu,n=0,1,2,3,\cdots\end{aligned} \tag{18-68}$$

其中基态能量(最低能级的能量)为$h\nu/2$,与前一章中利用不确定关系所得到的结果一致。

由经典力学,简谐振子的能量为

$$E=\frac{1}{2m}p^2+\frac{1}{2}m\omega^2x^2$$

由于动能总是非负的,因此有

$$|x|\leqslant\sqrt{\frac{2E}{m\omega^2}}$$

上式对应的无量纲形式为

$$|\xi| \leqslant \sqrt{\lambda} = \xi_0$$

满足上述条件的区域称为经典允许区，反之称为经典禁区，两者的分界点为 ξ_0。由于简谐振子的无量纲基态能量 $\lambda = 1$，故经典允许区与经典禁区的分界点 $\xi_0 = 1$，无量纲能量为 1 的经典粒子只能在经典允许区 $|\xi| \leqslant 1$ 的范围内运动。如图 18－22 给出了简谐振子的无量纲势能曲线 ξ^2、无量纲基态能量及其对应的概率密度 $|\varphi_0(\xi)|^2$ 的图像。

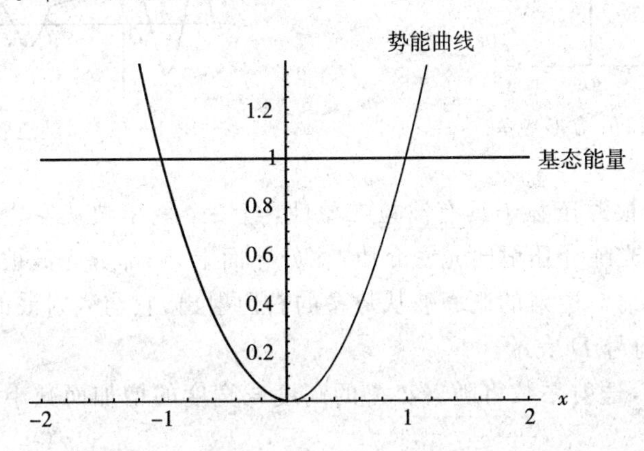

图 18－22　简谐振子的无量纲势能曲线、基态能量及其对应的概率密度

由图 18－22 我们可以清楚地看到，在经典允许区 $|\xi| \leqslant \xi_0 = 1$ 外粒子仍然有一定的存在概率。

【例 18－14】　计算基态简谐振子在经典允许区和经典禁区内的概率。

解　基态简谐振子在经典允许区内的概率为

$$P = \int_{-1}^{1} |\varphi_0(\xi)|^2 \mathrm{d}\xi$$

这个概率可以用 Mathematica 命令 NIntegrate[Ψ[0, x]^2, {ξ, −1, 1}] 来进行计算，结果是 $P = 0.842701$；而在经典禁区内的概率为 $1 - P = 0.157299$。微观粒子会以一定的概率进入经典禁区，这是微观粒子波动性的又一重要表现。

3. 一维方势垒隧道效应

如图 18－23 所示，方形势垒也是一种常用的物理模型，其势能为

$$V(x) = \begin{cases} V_0, & 0 \leqslant x \leqslant a \\ 0, & x < 0 \text{ 或 } x > a \end{cases} \tag{18-69}$$

其中 V_0 称为势垒的高度，a 称为势垒的宽度。

在经典物理中，一个能量 E 小于势垒高度 V_0 的粒子是不可能越过势垒而

从一侧到达另一侧的,因为该势垒是粒子的一个禁区。按量子力学理论,粒子能够以一定的概率进入到经典禁区中,因此也同样能够以一定的概率越过势垒而从一侧到达另一侧。就好像在势垒中有一个“隧道”能使粒子以一定的概率穿过,这种现象称为“隧道效应”(如图 18-24)。

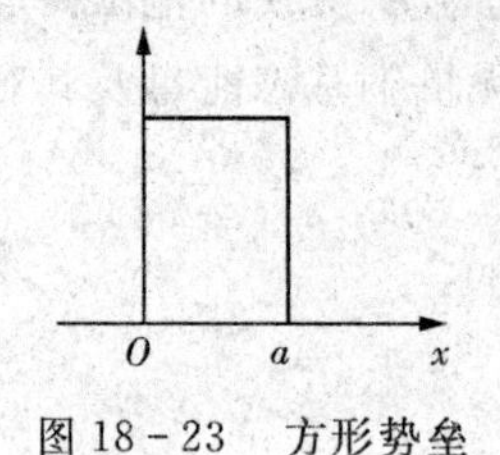

图 18-23　方形势垒

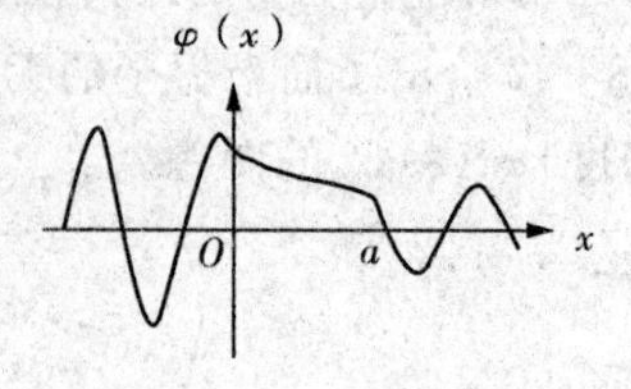

图 18-24　隧道效应

隧道效应根源于粒子具有波粒二象性,当一个概率波从左边射向势垒时,就像一束光从光疏介质射向光密介质,在分界面上,一部分光波被反射,还有一部分光波被透射。透射的概率波从势垒的右边射出,它与入射波的强度比称为透射系数,用符号 D 表示。

可以想象,透射系数将随着势垒的高度或宽度的增加而减小,量子力学的计算指出

$$D=D_0 e^{-2ka}, k=\sqrt{2m(V_0-E)/\hbar^2} \tag{18-70}$$

其中 m 为粒子的质量,D_0 是一个接近 1 的常数。表 18-2 给出了当势垒的高度 V_0 比能量 E 大 5eV 时,电子越过不同宽度 a 的势垒时的透射系数。

表 18-2　电子越过不同宽度势垒时的透射系数

$a(10^{-10}\text{m})$	1.0	2.0	5.0	10.0
D	1.0×10^{-1}	1.2×10^{-2}	1.7×10^{-5}	3.0×10^{-10}

由此可见,透射系数对势垒的宽度极为敏感,扫描隧穿电子显微镜就是根据这一性质制成的。隧穿效应是微观粒子波动性的重要表现,在原子核的 α 衰变、轻原子核的聚变等过程中,都存在着隧穿效应。

4. 扫描隧穿显微镜

扫描隧穿显微镜是用来显示金属表面原子排列图像的仪器。

用一根尖锐的金属探针的尖端靠近金属表面时,由于隧道效应从金属穿透势垒的电子会形成隧道电流,隧道电流的大小与尖端到被观测的表面距离有关,为了使隧道电流保持恒定,探针必须在被测表面上起伏变化,以维持针尖与表面确定的距离,探针针尖在金属表面的起伏运动反映了表面原子的排列情

况,从而可以得到原子分布的图像(图 18－25)。

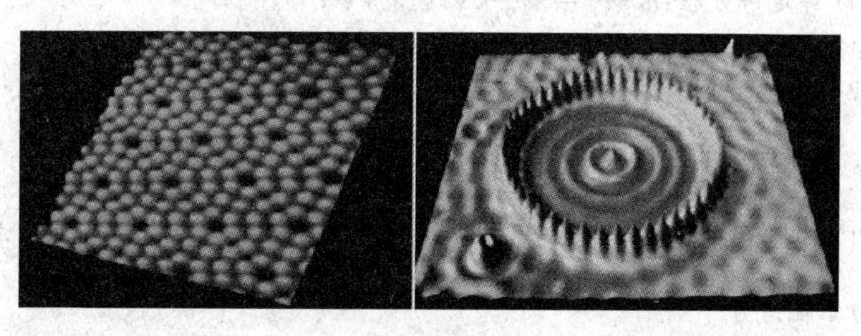

图 18－25　扫描隧穿显微镜下的原子分布图

1981 年,宾尼(G. Binnig) 和罗雷尔(H. rohrer) 首先发明了扫描隧穿显微镜(Scanning Tunneling Microscope,STM),并用它给出了晶体表面的三维图像。利用扫描隧穿显微镜不仅能直接观察到单个原子,还可以按需要搬动单个原子。它的发明对表面科学、材料科学乃至生命科学等领域都具有重大的意义,宾尼和罗雷尔因此获得了 1986 年的诺贝尔物理奖。

本章小结

1. 量子理论的提出

(1) 经典物理无法解释的几个问题:黑体辐射、光电效应、氢原子能谱;

(2) 普朗克能量量子假定:$\Delta\varepsilon = h\nu$;

(3) 玻尔氢原子假设:定态假设、能级跃迁、角动量量子化;

(4) 爱因斯坦光电效应解释:$h\nu = E_k + W$;

(5) 光的波粒二象性:$\varepsilon = h\nu, p = mc = \frac{h\nu}{c} = \frac{h}{\lambda}$;

(6) 量子理论的几个重要实验:康普顿效应、夫兰克－赫兹实验、光电效应实验。

2. 量子理论的发展

(1) 实物粒子波粒二象性(德波罗意关系):$E = h\nu, p = h/\lambda$;

(2) 实物粒子波粒二象性实验验证:戴维孙和革末实验;

(3) 海森堡不确定关系:$\Delta x \Delta p \geqslant h$;

(4) 波函数 $\Psi(x,t)$ 的统计解释:$\int_{-\infty}^{\infty} |\Psi(x,t)|^2 \mathrm{d}x = 1$;

(5) 薛定谔方程：$i\hbar\dfrac{\partial\Psi}{\partial t}=-\dfrac{\hbar^2}{2m}\nabla^2\Psi+V\Psi$；

(6) 定态薛定谔方程：$-\dfrac{\hbar^2}{2m}\dfrac{d^2}{dx^2}\varphi+V\varphi=E\varphi$。

3. 量子理论的应用实例

(1) 一维无限深势阱的势能分布为 $V(x)=\begin{cases}0, & 0<x<a,\\ V_0, & x\leqslant 0 \text{ 或 } x\geqslant a,\end{cases}$ 其本征能量与本征态为

$$\begin{cases}E_n=\dfrac{\hbar^2k^2}{2m}=\dfrac{\pi^2\hbar^2}{2ma^2}n^2, n=1,2,3,\cdots\\ \varphi_n(x)=\sqrt{\dfrac{2}{a}}\sin\dfrac{n\pi}{a}x, 0\leqslant x\leqslant a\\ \varphi_n(x)=0, x\leqslant 0 \text{ 或 } x\geqslant a\end{cases}$$

(2) 一维谐振子的势能函数为 $V=\dfrac{1}{2}kx^2=\dfrac{1}{2}m\omega^2x^2$，由简谐振子的定态薛定谔方程

$$-\frac{\hbar^2}{2m}\frac{d^2\varphi}{dx^2}+\frac{1}{2}m\omega^2x^2\varphi=E\varphi$$

得其本征能量与本征态为

$$E_n=\left(n+\frac{1}{2}\right)\hbar\omega, n=0,1,2,3\cdots$$

$$\varphi_n(\alpha x)=(\sqrt{\pi}2^n n!)^{-1/2}e^{-\alpha^2x^2/2}H_n(\alpha x), n=0,1,2,\cdots$$

(3) 一维方势垒和隧道效应：方形势垒的势能为

$$V(x)=\begin{cases}V_0, 0\leqslant x\leqslant a\\ 0, x<0 \text{ 或 } x>a\end{cases}$$

透射系数：$D=D_0e^{-2ka}$，$k=\sqrt{2m(V_0-E)/\hbar^2}$。

习　题

18-1　先后用三种不同频率的单色光照射同一光电管，三次测得的光电效应伏安特性曲线如下图所示，则三种频率 ν_1、ν_2、ν_3 的关系为(　　)。

A. $\nu_1>\nu_2<\nu_3$　　　　B. $\nu_1=\nu_2=\nu_3$

C. $\nu_1 < \nu_2 < \nu_3$　　　　D. $\nu_1 > \nu_2 > \nu_3$

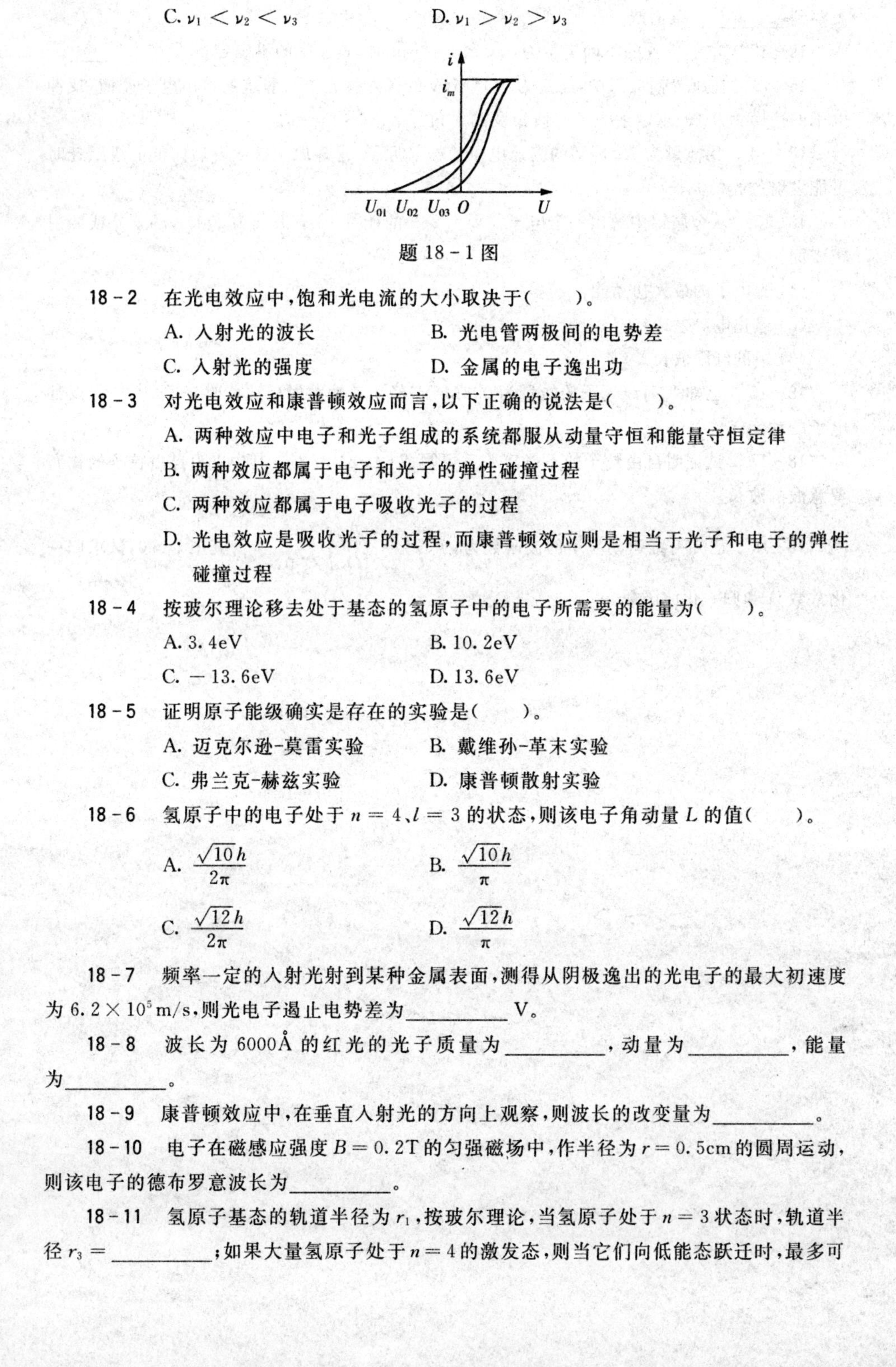

题 18-1 图

18-2　在光电效应中,饱和光电流的大小取决于(　　)。

A. 入射光的波长　　　　B. 光电管两极间的电势差

C. 入射光的强度　　　　D. 金属的电子逸出功

18-3　对光电效应和康普顿效应而言,以下正确的说法是(　　)。

A. 两种效应中电子和光子组成的系统都服从动量守恒和能量守恒定律

B. 两种效应都属于电子和光子的弹性碰撞过程

C. 两种效应都属于电子吸收光子的过程

D. 光电效应是吸收光子的过程,而康普顿效应则是相当于光子和电子的弹性碰撞过程

18-4　按玻尔理论移去处于基态的氢原子中的电子所需要的能量为(　　)。

A. 3.4eV　　　　B. 10.2eV

C. −13.6eV　　　　D. 13.6eV

18-5　证明原子能级确实是存在的实验是(　　)。

A. 迈克尔逊-莫雷实验　　　　B. 戴维孙-革末实验

C. 弗兰克-赫兹实验　　　　D. 康普顿散射实验

18-6　氢原子中的电子处于 $n=4$、$l=3$ 的状态,则该电子角动量 L 的值(　　)。

A. $\dfrac{\sqrt{10}h}{2\pi}$　　　　B. $\dfrac{\sqrt{10}h}{\pi}$

C. $\dfrac{\sqrt{12}h}{2\pi}$　　　　D. $\dfrac{\sqrt{12}h}{\pi}$

18-7　频率一定的入射光射到某种金属表面,测得从阴极逸出的光电子的最大初速度为 6.2×10^5 m/s,则光电子遏止电势差为________V。

18-8　波长为 6000Å 的红光的光子质量为________,动量为________,能量为________。

18-9　康普顿效应中,在垂直入射光的方向上观察,则波长的改变量为________。

18-10　电子在磁感应强度 $B=0.2$T 的匀强磁场中,作半径为 $r=0.5$cm 的圆周运动,则该电子的德布罗意波长为________。

18-11　氢原子基态的轨道半径为 r_1,按玻尔理论,当氢原子处于 $n=3$ 状态时,轨道半径 $r_3=$________;如果大量氢原子处于 $n=4$ 的激发态,则当它们向低能态跃迁时,最多可

观察到__________条谱线。

18－12　电子位置的不确定量为 5.0×10^{-2} nm 时，其速率的不确定量为__________。

18－13　在康普顿散射中，能量为 0.41MeV 的 X 射线光子与静止的自由电子碰撞，反冲电子的速度为 $0.6c$，求散射光子的波长及散射角。

18－14　用能量为 12.5eV 的高速电子撞击氢原子，求氢原子被激发后向低能级跃迁时可能发射的光的波长。

18－15　从金属铝中逸出一个电子需要 4.2eV 的能量，今有波长为 2000Å 的紫外线照射铝表面。求：

(1) 光电子的最大初动能；

(2) 遏止电势差；

(3) 铝的红限波长。

18－16　已知 X 射线光子的能量为 0.3MeV，经康普顿散射后波长改变了 20%，求反冲电子的动能。

18－17　试证明自由粒子的不确定关系可写成：$\Delta x\Delta\lambda\geqslant\lambda^2$。其中 λ 为自由粒子的德布罗意波的波长。

18－18　已知一维运动粒子的波函数为：$\Psi(x)=\begin{cases}Ax\mathrm{e}^{-\lambda x}, x\geqslant0,\\ O, x<0,\end{cases}$ 其中 $\lambda>0$，试求归一化常数 A 和归一化波函数。

下册习题参考答案

第11章

11-1. D

11-2. D

11-3. B

11-4. D

11-5. $\dfrac{3\sqrt{2}q}{4\pi\varepsilon_0 d^2}$.

11-6. $ES = E2RL$.

11-7. $\dfrac{q}{4\pi\varepsilon_0 r}+\dfrac{\sigma R}{\varepsilon_0}$.

11-8. $-3\sigma/(2\varepsilon_0)$，$-\sigma/(2\varepsilon_0)$，$3\sigma/(2\varepsilon_0)$.

11-9. $(3\sqrt{3}qQ)/(2\pi\varepsilon_0 a)$.

11-10. $\dfrac{q_1}{4\pi\varepsilon_0}(\dfrac{1}{r}-\dfrac{1}{R})$.

11-11. 解：(用无限大均匀带电平面产生的电场公式及电场叠加)

Ⅰ 区：$E=-\sigma/(2\varepsilon_0)+2\sigma/(2\varepsilon_0)=\sigma/(2\varepsilon_0)$ 沿 x 轴正方向；

Ⅱ 区：$E=\sigma/(2\varepsilon_0)+2\sigma/(2\varepsilon_0)=3\sigma/(2\varepsilon_0)$ 沿 x 轴正方向；

Ⅲ 区：$E=\sigma/(2\varepsilon_0)-2\sigma/(2\varepsilon_0)=-\sigma/(2\varepsilon_0)$ 沿 x 轴负方向。

11-12. 解：$r<R_1$，$E_1=0$；$R_1<r<R_2$，$E_2=\dfrac{\lambda_1}{2\pi\varepsilon_0 r}$；$r>R_2$，$E_3=\dfrac{\lambda_1+\lambda_2}{2\pi\varepsilon_0 r}$.

11-13. 解：(1) $E_{内}\cdot 4\pi r^2=\dfrac{Q}{\varepsilon_0}=\dfrac{1}{\varepsilon_0}\dfrac{Q}{\frac{4}{3}\pi R^3}$ 得 $E_{内}=\dfrac{1}{4\pi\varepsilon_0}\dfrac{Qr}{R^3}$，$E_{外}=\dfrac{Q}{4\pi\varepsilon_0 r^2}$.

$$(2)\ V_{内}=\int_r^R E_{内}\cdot dr+\int_R^{\infty}E_{外}\cdot dr=\frac{Q}{4\pi\varepsilon_0 R^3}\cdot\int_r^R r\,dr+\frac{Q}{4\pi\varepsilon_0}\int_R^{\infty}\frac{dr}{r^2}$$

$$=\frac{Q(3R^2-r^2)}{8\pi\varepsilon_0 R^3},V_{外}=\frac{Q}{4\pi\varepsilon_0 r}.$$

(3)

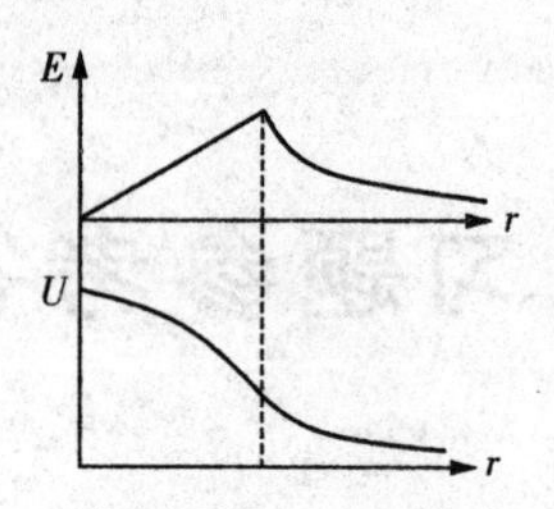

第12章

12-1. A

12-2. B　$U_{AB}=\dfrac{Q}{4\pi\varepsilon_0 r_1}-\dfrac{Q}{4\pi\varepsilon_0 r_2}=\dfrac{Q}{C}, C=\dfrac{Q}{U_{AB}}$(外壳带电量对电势差无影响)

12-3. B　$W=\dfrac{Q^2}{2C}$,加入电介质后,极板上电量Q不变,电容增大为$\varepsilon_r C_0$,故电场能W减少为$\dfrac{W}{\varepsilon_r}$

12-4. B

12-5. 减少　$U=Q/C, C=\varepsilon_0 S/d$减少.

12-6. $\sigma(x,y,z)/\varepsilon_0$,与导体表面垂直朝外($\sigma>0$)或与导体表面垂直朝里($\sigma<0$).

12-7. 解:(1)设A板两个面分别带电为q_1和q_2,则:$q=q_1+q_2=3.0\times10^{-7}$,

B、C两板的感应电荷分别为$-q_1$及$-q_2$,

有:$U_A-U_B=U_A-U_C\Rightarrow E_{AB}d_{AB}=E_{AC}d_{AC}\Rightarrow\sigma_1 d_{AB}/\varepsilon_0=\sigma_2 d_{AC}/\varepsilon_0$

$\Rightarrow q_1 d_{AB}=q_2 d_{AC}\Rightarrow q_1/q_2=d_{AC}/d_{AB}=1/2$,得

$q_1=-1.0\times10^{-7}\,\text{C}, q_2=-2.0\times10^{-7}\,\text{C}$.

(2)A板的电势:$U_A-U_B=E_{AB}d_{AB}=\sigma_1 d_{AB}/\varepsilon_0=q_1 d_{AB}/(S\varepsilon_0)=2.3\times10^3\,\text{V}$

由于$U_B=0$,所以$U_A=2.3\times10^3\,\text{V}$.

12-8. 解:因为所带电荷保持不变,故电场中各点的电位移矢量$\boldsymbol{D}$保持不变,又$w=\dfrac{1}{2}DE=\dfrac{1}{2\varepsilon_0\varepsilon_r}D^2=\dfrac{1}{\varepsilon_r}\dfrac{1}{2\varepsilon_0}D_0^2=\dfrac{w_0}{\varepsilon_r}$,

因为介质均匀,所以电场总能量$W=W_0/\varepsilon_r$.

12-9. 解:选坐标如图,由高斯定理,平板内、外的场强分布为:

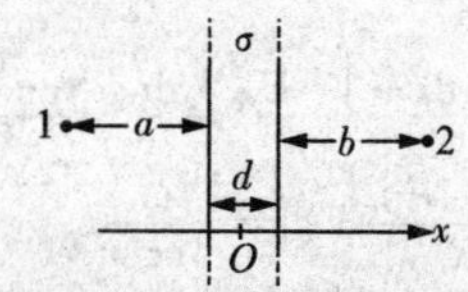

$E=0$(板内)；

$E_x=\pm\sigma/(2\varepsilon_0)$(板外)；

1、2两点间电势差 $U_1-U_2=\int_1^2 E_x\mathrm{d}x=(b-a)\dfrac{\sigma}{2\varepsilon_0}$.

第13章

13-1. A

13-2. B

13-3. B

13-4. B

13-5. $\dfrac{\mu_0 I}{4R}$,垂直纸面向里.

13-6. 0.

13-7. $-\dfrac{1}{2}B\pi R^2$.

13-8. 解:设电子轨道运动的速率为 v,则 $ke^2/r^2=m_e v^2/r$,

$\therefore v=e\sqrt{\dfrac{k}{m_e r}}$ (其中 $k=\dfrac{1}{4\pi\varepsilon_0}$),

设电子轨道运动所形成的圆电流为 i,则

$$i=\frac{e^2}{2\pi r}\sqrt{\frac{k}{m_e r}},\mathrm{m}=iS=\frac{1}{2}e^2\sqrt{kr/m}$$

$$B_0=\frac{\mu_0 i}{2r}=\frac{\mu_0 e^2}{4\pi r^2}\sqrt{\frac{k}{m_e r}}$$

13-9. 解:利用无限长载流直导线的公式求解:

(1) 取离 P 点为 x 宽度为 $\mathrm{d}x$ 的无限长载流细条,它的电流 $\mathrm{d}i=\delta\mathrm{d}x$;

(2) 这载流长条在 P 点产生的磁感应强度为

$$\mathrm{d}B=\frac{\mu_0\mathrm{d}i}{2\pi x}=\frac{\mu_0\delta\mathrm{d}x}{2\pi x}$$

方向垂直纸面向里;

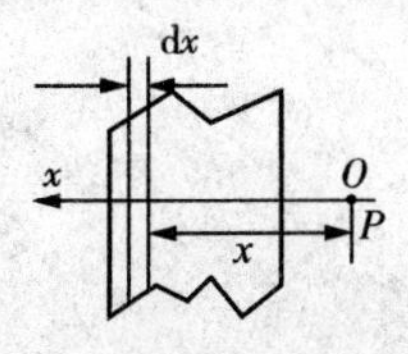

(3) 所有载流长条在 P 点产生的磁感强度的方向都相同,所以载流平板在 P 点产

生的磁感强度 $B=\int dB=\frac{\mu_0\delta}{2\pi x}\int_b^{a+b}\frac{dx}{x}=\frac{\mu_0\delta}{2\pi x}\ln\frac{a+b}{b}$,方向垂直纸面向里。

13-10. 解:在圆柱体内部与导体中心轴线相距为 r 处的磁感强度的大小,由安培环路定律可得 $B=\frac{\mu_0 I}{2\pi R^2}r(r\leqslant R)$,因而,穿过导体内画斜线部分平面的磁通 Φ_1 为

$$\Phi_1=\int \boldsymbol{B}\cdot d\boldsymbol{S}=\int BdS=\int_0^R\frac{\mu_0 I}{2\pi R^2}rdr=\frac{\mu_0 I}{4\pi}$$

在圆形导体外,与导体中心轴线相距 r 处的磁感强度大小为

$$B=\frac{\mu_0 I}{2\pi r}(r>R)$$

因而,穿过导体外画斜线部分平面的磁通 Φ_2 为

$$\Phi_2'=\int \boldsymbol{B}\cdot d\boldsymbol{S}=\int_R^{2R}\frac{\mu_0 I}{2\pi r}dr=\frac{\mu_0 I}{2\pi}\ln 2$$

穿过整个矩形平面的磁通量 $\Phi=\Phi_1+\Phi_2=\frac{\mu_0 I}{4\pi}+\frac{\mu_0 I}{2\pi}\ln 2$.

第14章

14-1. C　I_2 在圆心产生的磁场:$B=\frac{\mu_0 I_2}{2r_2}$,I_1 受的磁力矩:$M=I_1S_1B=I_1\pi r_1^2\frac{\mu_0 I_2}{2r_2}$,$\boldsymbol{M}=\boldsymbol{P}_m\times\boldsymbol{B}$,沿 $-y$ 方向。

14-2. A

14-3. B

14-4. $\pi R^3\lambda B\omega$,在图面中向上.

14-5. 0,0.

14-6. 负,$IB/(nS)$.

14-7. $\boldsymbol{F}=2.5\boldsymbol{i}-1.5\boldsymbol{k}$.

第15章

15-1. A

15-2. A

15-3. A

15-4. 0.266T,300A/m.

15-5. $\mu_0\mu_r nI$,nI.

15－6. 矫顽力大，剩磁也大；永久磁铁。磁导率大，矫顽力小，磁滞损耗低；变压器，交流电机的铁芯．

15－7. 分析：螺线环内的磁感应强度具有同心圆的轴对称分布，对均匀密绕的细螺绕环可认为环内的磁感应强度均匀；环外的磁感应强度为零。磁场强度 H 的环流仅与传导电流有关，形式上与磁介质的磁化无关．

解：(1) 管内为真空时，由安培环路定理得

$$\oint H_0 \cdot \mathrm{d}l = \sum_i I_i$$

$$H_0 = nI = \frac{N}{l}I = 200\mathrm{A/m}$$

磁感应强度为 $B_0 = \mu_0 H_0 = 2.51 \times 10^{-4}\mathrm{T}$.

(2) 管内充满磁介质时，仍由安培环路定理可得

$$H = nI = \frac{N}{l}I = 200\mathrm{A/m}$$

磁感应强度为 $B = \mu H = \mu_0 \mu_r H = 1.06\mathrm{T}$

15－8. 分析：本题可由线圈的自感系数求得磁能的磁能密度。

解：长直密绕螺线管的自感系数为

$$L = \frac{\mu_0 N^2 S}{l}$$

电流稳定后有 $I = \frac{\varepsilon}{R}$，则线圈储存的磁能为

$$W_m = \frac{1}{2}LI^2 = \frac{\mu_0 N^2 S \varepsilon^2}{2lR^2} = 3.28 \times 10^{-5}\mathrm{J}$$

在忽略端部效应时，可认为磁场全部并均匀分布于螺线管的内部，所以磁能密度为

$$w_m = \frac{W_m}{Sl} = 4.17\mathrm{J/m^3}$$

第16章

16－1. B

16－2. D　无互感通量，故互感系数为零。

16－3. A

16－4. B

16－5. $\pi r^2 K/4$.

16－6. 1.65×10^{-2}　$\int_{t_1}^{t_2} i\mathrm{d}t = \int_{t_1}^{t_2} \frac{\varepsilon_i}{r}\mathrm{d}t = \int_{t_1}^{t_2} \frac{(-\mathrm{d}\varphi)}{r} = \frac{\Delta\varphi}{r} = 1.65 \times 10^{-2}\mathrm{C}$

16－7. 50V.

16-8. $750\pi\mu_0\text{H}, 3.75\times10^6\pi\mu_0\text{H}, 1500\pi\mu_0\text{J}$.

16-9. 解：(1)$\varepsilon_{ca}=0, \varepsilon_{ab}=-\varepsilon_{bc}=-\frac{1}{2}\omega B(bc)^2=-\frac{1}{2}\omega B(L\sin30^{\circ})^2=-\frac{1}{8}\omega BL^2$；

(2)$\varepsilon_{\text{total}}=0$.

16-10. 解：$\Psi=\int_l^{3l}\frac{\mu_0 I}{2\pi r}a\,dr=\frac{\mu_0 Ia}{2\pi}\ln3, M=\frac{\Psi}{I}=\frac{\mu_0 a}{2\pi}\ln3.\ \varepsilon=\frac{\mu_0 aI_0\omega}{2\pi}\cos\omega t\ln3.$

16-11. $\varepsilon=\int_M^N(\boldsymbol{v}\times\boldsymbol{B})\cdot dl=\int_a^{a+L}v\frac{\mu_0 I}{2\pi r}dr=\frac{\mu_0 Iv}{2\pi}\ln\frac{a+L}{a}.$

16-12. 解：大环中相当于有电流 $I=\omega(t)\cdot\lambda r_2$，

这电流在 O 点处产生的磁感应强度大小为

$$B=\mu_0 I/(2r_2)=\frac{1}{2}\mu_0\omega(t)\lambda$$

以逆时针方向为小环回路的正方向，$\Phi\approx\frac{1}{2}\mu_0\omega(t)\lambda\pi r_1^2$.

$\therefore\varepsilon=-\frac{d\Phi}{dt}=-\frac{1}{2}\pi\mu_0\lambda r_1^2\frac{d\omega(t)}{dt}, i=\frac{\varepsilon}{R}=-\frac{\pi\mu_0\lambda r_1^2}{2R}\cdot\frac{d\omega(t)}{dt}.$

方向：$d\omega(t)/dt>0$ 时，i 为负值，即 i 为顺时针方向；

$d\omega(t)/dt<0$ 时，i 为正值，即 i 为逆时针方向。

第17章

17-1. C

17-2. A

17-3. A

17-4. $1/\sqrt{1-(u/c)^2}\,m$.

17-5. $\rho'=\frac{m'}{l}=\frac{m}{l\sqrt{1-\frac{v^2}{c^2}}}=\frac{\rho}{\sqrt{1-\frac{v^2}{c^2}}}.$

17-6. c, c.

17-7. 解：观测站测得飞船船身的长度：$L=L_0\sqrt{1-u^2/c^2}=90\sqrt{1-0.8^2}\,\text{m}=54\text{m}$，

船身通过观测站时间间隔：$\Delta t=\frac{L}{u}\frac{54}{0.8c}, \Delta t=2.25\times10^{-7}\text{s}$. 在观察站参考系中，船头和船尾分别通过观测站是同地不同时的两个事件，宇航员测得船身通过观测站的时间间隔：$\Delta t'=\frac{\Delta t}{\sqrt{1-u^2/c^2}}=\frac{L_0}{u}=\frac{90}{0.8c}=3.75\times10^{-7}(\text{s})$.

17-8. 解：令 S' 系与 S 系的相对速度为 v，有

$$\Delta t'=\frac{\Delta t}{\sqrt{1-(v/c)^2}}, (\Delta t/\Delta t')^2=1-(v/c)^2$$

则 $v=c\cdot(1-(\Delta t/\Delta t')^2)^{1/2}=2.24\times10^8\,\text{m}\cdot\text{s}^{-1}$，那么，在 S' 系中测得两事件之间距离为

$$\Delta x' = v\cdot\Delta t' = c\,(\Delta t'^2-\Delta t^2)^{1/2} = 6.72\times10^8\,\text{m}$$

17-9. 解：(1) $E = mc^2 = m_e c^2/\sqrt{1-(v/c)^2} = 5.8\times10^{-13}\,\text{J}$.

(2) $E_{k0} = \frac{1}{2}m_e v^2 = 4.01\times10^{-14}\,\text{J}$，

$E_k = mc^2 - m_e c^2 = [(1/\sqrt{1-(v/c)^2})-1]m_e c^2 = 4.99\times10^{-13}\,\text{J}$，

$\therefore E_{k0}/E_k = 8.04\times10^{-2}$.

第18章

18-1. D　提示：光电效应中，遏止电势差与入射光的频率成正比，即 $U_A \propto \nu$.

18-2. C　饱和光电流大小只取决于单位时间从阴极板上逸出的电子的数目，按爱因斯坦光子理论，光的强度与单位时间内垂直通过单位面积的光子数成正比。光电效应时一个电子一次吸收一个光子能量而逸出金属表面。所以单位时间内从阴极板逸出的光子数仅与入射光强有关，即饱和光电流大小与入射光强成正比。

18-3. D

18-4. D　将处于基态的氢原子中的电子电离，即电子从 $n=1$ 跃迁到 $n=\infty$ 的能级所需要的能量。按玻尔理论，氢原子的能级能量公式为

$$E_n = -\frac{me^4}{8\varepsilon_0 h^2}\frac{1}{n^2} = -\frac{13.6}{n^2}\text{eV}，得\ E_1=-13.6\text{eV}; E_\infty = 0$$

故电离能：$E_{1\infty} = E_\infty - E_1 = 13.6\text{eV}$.

18-5. C

18-6. C　$n=4, l=3$ 时，电子角动量大小为

$$L = \sqrt{l(l+1)}\frac{h}{2\pi} = \sqrt{12}\frac{h}{2\pi}$$

18-7. 1.09　由 $\frac{1}{2}mv_m^2 = eU_0$，得 $U_0 = \frac{1}{2}mv_m^2/e = 1.09\text{V}$.

18-8. $3.68\times10^{-36}\,\text{kg}$，$1.10\times10^{-27}\,\text{kg}\cdot\text{m/s}$，$3.31\times10^{-19}\,\text{J}$.

$$m = \frac{h}{\lambda c} = \frac{6.63\times10^{-34}}{6000\times10^{-10}\times3\times10^8} = 3.68\times10^{-36}(\text{kg});$$

$$p = mc = 3.68\times10^{-36}\times3\times10^8 = 1.10\times10^{-27}(\text{kg}\cdot\text{m/s});$$

$$\varepsilon = mc^2 = 3.68\times10^{-36}\times(3\times10^8)^2 = 3.31\times10^{-19}(\text{J}).$$

18-9. 0.0243　由 $\Delta\lambda = \lambda-\lambda_0 = \frac{h}{m_0 c}(1-\cos\theta)$，当 $\theta=90^\circ$ 时，得 $\Delta\lambda = \frac{h}{m_0 c} = 0.0243$.

18-10. $4.14\times10^{-2}\,\text{Å}$

提示：由 $evB = m\frac{v^2}{r}$，$\lambda = \frac{h}{mv}$，得

$$\lambda=\frac{h}{eBr}=\frac{6.63\times10^{-34}}{1.6\times10^{-19}\times0.2\times0.5\times10^{-2}}=4.14\times10^{-2}(\text{Å})$$

18-11. $9r_1$,6.

提示:由玻尔氢原子理论推得第 n 个稳定轨道半径为

$$r_n=(\frac{\varepsilon_0 h^2}{\pi me^2})n^2=r_1 n^2$$

$\therefore n=3$ 时,$r_3=9r_1$。

从 $n=4$ 激发态到 $n=3,2,1$ 态的跃迁共辐射 3 条谱线;

从 $n=3$ 激发态到 $n=2,1$ 态的跃迁共辐射 2 条谱线;

从 $n=2$ 激发态到 $n=1$ 态的跃迁共 1 条谱线;

所以共有 6 条谱线。

18-12. $1.46\times10^7\,\text{m/s}$.

提示:由于 $\Delta p=m\Delta v$,根据不确定关系:$\Delta p\cdot\Delta x\geqslant h$,可得电子速率的不确定量

$$\Delta v=\frac{h}{m\Delta x}=1.46\times10^7\,\text{m/s}$$

18-13. 解:反冲电子的动能为

$$E_k=mc^2-m_0c^2=m_0c^2(\frac{1}{\sqrt{1-\frac{v^2}{c^2}}}-1)=0.25m_0c^2$$

又 $E_k=h\nu_0-h\nu=h\nu_0-\frac{hc}{\lambda}$,得 $\lambda=\frac{hc}{h\nu_0-E_k}=4.42\times10^{-12}\,\text{m}$,

由 $h\nu_0=h\frac{c}{\lambda_0}=0.41\text{MeV}$,

得 $\lambda_0=\frac{hc}{h\nu_0}=3.04\times10^{-12}\,\text{m}$.

由 $\lambda-\lambda_0=\frac{h}{m_0c}(1-\cos\theta)$,得 $\theta=\arccos\left[1-\frac{m_0c}{h}(\lambda-\lambda_0)\right]$.

$\theta=\arccos(0.4314)=64°27'$.

18-14. 解:设入射光频率为 ν_0,波长为 λ_0,由题知

$$h\nu_0=0.3\text{MeV},\lambda=\lambda_0+20\%\lambda_0=1.2\lambda_0$$

在康普顿散射中,由能量守恒定律得

$$h\nu_0+m_0c^2=h\nu+mc^2$$

反冲电子动能为 $E_k=mc^2-m_0c^2$,

$$\therefore\quad E_k=h\nu_0-h\nu=h\nu_0-\frac{hc}{\lambda}$$

$$=h\nu_0-\frac{hc}{1.2\lambda_0}=\frac{h\nu_0}{6}=0.05\text{MeV}.$$

18-15. 解:由题意知,逸出功 A 和入射光子的能量 E 分别为

$$A=4.2\text{eV}=6.72\times10^{-19}(\text{J})$$

$$E=h\nu=\frac{hc}{\lambda}=\frac{6.63\times10^{-34}\times3\times10^8}{2000\times10^{-10}}=9.95\times10^{-19}(\text{J})$$

(1) 由爱因斯坦方程,可知光电子初动能为

$$\frac{1}{2}mv^2 = h\nu - A = 9.95\times10^{-19} - 6.72\times10^{-19} = 3.23\times10^{-19}\,\text{J}$$

(2) 光电子初动能与遏止电势差关系为

$$eU_0 = \frac{1}{2}mv^2$$

$$U_0 = \frac{mv^2}{2e} = \frac{3.23\times10^{-19}}{1.6\times10^{-19}} = 2.02(\text{V})$$

(3) 当入射光子的能量恰好等于电子从金属表面逸出所需要的逸出功 A 时,光电子的初动能为零。有爱因斯坦方程可得

$$h\nu_0 = \frac{hc}{\lambda_0} = A$$

得 $\lambda_0 = \dfrac{hc}{A} = \dfrac{6.63\times10^{-34}\times3\times10^8}{6.72\times10^{-19}} = 2.96\times10^{-7}(\text{m})$.

18-16. 解:因电子撞击,基态氢原子被激发到第 n 级激发态时所吸收的能量为 $\Delta E = E_n - E_1 = (-\dfrac{13.6}{n^2}) - (-13.6) = 13.6(1-\dfrac{1}{n^2})\text{eV}$.

依题意,$\Delta E \leqslant 12.5\text{eV}$,代入上式得 $n \leqslant 3.5$,取 $n=3$,即氢原子最高可以被激发到 $n=3$ 的能级,亦可被激发到 $n=2$ 的能级,故向低能级跃迁时可能发射的波长有:

n 从 $3\rightarrow1$:$\dfrac{1}{\lambda_1} = r(\dfrac{1}{1^2}-\dfrac{1}{3^2}) = \dfrac{8}{9}r \quad \lambda_1 = 1026\text{Å}$;

n 从 $2\rightarrow1$:$\dfrac{1}{\lambda_2} = r(\dfrac{1}{1^2}-\dfrac{1}{2^2}) = \dfrac{3}{4}r \quad \lambda_2 = 1215\text{Å}$;

n 从 $3\rightarrow2$:$\dfrac{1}{\lambda_3} = r(\dfrac{1}{2^2}-\dfrac{1}{3^2}) = \dfrac{5}{36}r \quad \lambda_3 = 6563\text{Å}$.

18-17. 证明:由 $p = \dfrac{h}{\lambda}$,得

$$\Delta p = \frac{h}{\lambda^2}\Delta\lambda$$

代入不确定关系式 $\Delta x\Delta p \geqslant h$,即可得 $\Delta x\Delta\lambda \geqslant \lambda^2$.

18-18. 解:由归一化条件:$\int|\Psi(x)|^2\,\mathrm{d}x = 1$ 有

$$\int_{-\infty}^{0}0^2\,\mathrm{d}x + \int_0^{\infty}A^2x^2\mathrm{e}^{-2\lambda x}\,\mathrm{d}x = \int_0^{\infty}A^2x^2\mathrm{e}^{-2\lambda x}\,\mathrm{d}x = \frac{A^2}{4\lambda^3} = 1$$

得 $A = 2\lambda\sqrt{\lambda}$.

经归一化后的波函数为

$$\Psi(x) = \begin{cases}2\lambda\sqrt{\lambda}\,x\,\mathrm{e}^{-\lambda x}, x \geqslant 0\\ 0, x < 0\end{cases}$$

参考文献

[1] 理查德·费恩曼(r. P. Feynman),莱顿(r. B. Leighton),桑兹(M. Sands). 费恩曼物理学讲义[M]. 第1卷. 郑永令,华宏鸣,吴子仪,译. 上海:上海科学技术出版社,2013.
[2] 李椿,章立源,钱尚武. 热学[M]. 第二版. 北京:高等教育出版社,2005.
[3] 漆安慎,杜禅英. 力学基础[M]. 北京:高等教育出版社,1992.
[4] (美)K. W. Ford. 经典和近代物理学[M]. 高航等,译. 北京:高等教育出版社,1986.
[5] 程守洙,江之永. 普通物理学[M]. 第五版. 北京:高等教育出版社,1998.
[6] 赵近芳. 大学物理学[M]. 北京:北京邮电大学出版社,2002.
[7] 汪志诚. 热力学·统计物理[M]. 第五版. 北京:高等教育出版社,2013.
[8] 东南大学等七所工科院校. 物理学[M]. 第四版. 北京:高等教育出版社,2002.
[9] 严导淦. 物理学[M]. 第五版. 北京:高等教育出版社,2010.
[10] 马文蔚,周雨青. 物理学教程[M]. 第二版. 北京:高等教育出版社,2006.
[11] 李义宝,张清,章毛连. 大学物理[M]. 合肥:安徽教育出版社,2010.
[12] 赵近芳,王登龙. 大学物理学[M]. 北京:北京邮电大学出版社,2011.
[13] 杨兵初. 大学物理学[M]. 北京:高等教育出版社,2005.
[14] 康颖. 大学物理[M]. 北京:科学出版社,2006.
[15] 吴百诗. 大学物理基础[M]. 北京:科学出版社,2007.
[16] 陈信义. 大学物理教程[M]. 北京:清华大学出版社,2005.
[17] 郭奕玲,沈慧君. 著名经典物理实验[M]. 北京:北京科学技术出版社,1991.
[18] 赵凯华,钟锡华. 光学[M]. 北京:北京大学出版社,1984.